# 工业控制网络
# 蜜罐攻防博弈理论

刘光杰　田文　吉小鹏　著

清华大学出版社

北京

## 内 容 简 介

本书主要针对工业控制网络中的攻防对抗建模问题,在分析了工业控制网络安全威胁和工控蜜罐技术的基础上,系统介绍了作者基于博弈论开展的工业控制网络蜜罐攻防建模研究成果。全书共6章,第1章为工业控制网络安全现状介绍;第2章介绍了蜜罐的相关知识以及工控蜜罐的工作原理;第3章对博弈论在工控攻防建模中的应用进行介绍;第4章介绍了工业控制网络中单次蜜罐攻防对抗建模与策略分析;第5章介绍了工业控制网络中多次蜜罐攻防对抗建模与策略分析;第6章介绍了博弈论视角下攻防策略优化。

本书可供计算机科学、信息科学、管理科学的科研人员、大学教师和相关专业的研究生、本科生,以及从事工控安全管理、安全系统建设以及安全运维的工程技术人员阅读参考。

**图书在版编目(CIP)数据**

工业控制网络蜜罐攻防博弈理论/刘光杰,田文,吉小鹏著.—北京:清华大学出版社,2022.8
ISBN 978-7-302-61361-9

Ⅰ. ①工… Ⅱ. ①刘… ②田… ③吉… Ⅲ. ①工业控制计算机－计算机网络－网络保护
Ⅳ. ①TP393.08

中国版本图书馆 CIP 数据核字(2022)第 124800 号

**责任编辑:**许　龙
**封面设计:**傅瑞学
**责任校对:**欧　洋
**责任印制:**宋　林

**出版发行:**清华大学出版社
　　　　　网　　　址:http://www.tup.com.cn, http://www.wqbook.com
　　　　　地　　　址:北京清华大学学研大厦 A 座　　　邮　　　编:100084
　　　　　社 总 机:010-83470000　　　　　　　　邮　　　购:010-62786544
　　　　　投稿与读者服务:010-62776969, c-service@tup.tsinghua.edu.cn
　　　　　质量反馈:010-62772015, zhiliang@tup.tsinghua.edu.cn
**印 装 者:**小森印刷霸州有限公司
**经　　销:**全国新华书店
**开　　本:**170mm×240mm　　**印　张:**13　　**插页:**2　　**字　　数:**271 千字
**版　　次:**2022 年 8 月第 1 版　　　　　　　　**印　　次:**2022 年 8 月第 1 次印刷
**定　　价:**65.00 元

产品编号:097866-01

# 前 言

## FOREWORD

近年来,在数字产业化、产业数字化浪潮推动下,我国工业企业持续向信息化、网络化和智能化转型,越来越多的工业控制系统从孤立走向互联,从封闭走向开放。在提升生产和管理效率的同时也面临多层次、多维度的信息安全威胁。工控蜜罐是一种典型的运行于工控环境中的欺骗式主动防御技术,可以吸引攻击,分析攻击,推测攻击意图,并通过与防火墙、IDS 以及 IPS 等联动实施威胁阻断,已在电力、石化、钢铁、轨道交通等行业成功应用。随着工控网络对抗持续演进,业界的关注点也逐渐从建设期的工控蜜罐技术方案向实施运行期的运用策略发展,需要系统地考虑动态攻防的决策优化问题。

博弈论作为"互动的决策论"已在军事、经济、社会科学多个领域取得成功,成为很多学科的范式和语言。工业控制系统蜜罐攻防博弈理论的要素主要包括三个方面:工业控制系统蜜罐攻防过程建模、工业控制系统蜜罐博弈建模和工业控制系统博弈过程分析。对于工业控制系统蜜罐攻防博弈而言,其关注的焦点通常在于策略的选取,使得如何在现有网络攻击和防御技术前提下,对抗双方希望尽可能获得更多的收益,同时降低成本的无效消耗。由于攻击者和防御者之间信息通常是不对称的,故一般情况下不仅要解决信息对称下均衡策略获取的问题,还要解决信息不对称约束下策略优化的问题。

本书在对网络攻防博弈理论总结与归纳的基础上,系统地介绍了研究团队近年来在工控博弈理论方面的研究成果。本书作者是国内较早开展攻防博弈研究的团队之一,从 2005 年起就开始从事信息隐藏博弈对抗建模的研究,承担了该研究领域的二十余项国家、省部级研究课题,包括国家重点研发计划课题、国家"863"计划课题、国家科技支撑计划、国家自然科学基金等。本书第 1～3 章内容主要是汇编、整理了该领域的基本概念和相关学术成果,其余章节均为团队多年来的研究积累,第 1～3 章的内容由吉小鹏执笔,第 4 以及第 6 章的部分内容由刘光杰执笔,第 5 以及第 6 章的部分内容由田文执笔。刘光杰负责全书的组织、整理和统稿。本书研究成果得到国家重点研发计划项目(项目号:

2021QY0700)、国家自然科学基金项目（项目号：U21B2003，62072250，U1836104)等项目的支持，在此表示感谢！

由于作者水平所限，书中不足和疏漏之处在所难免，敬请同行专家和读者批评指正！

作　者

2022 年 3 月

# 目 录

CONTENTS

# 第 1 章

# 工业控制网络安全

## 1.1 工业控制系统简介

工业控制系统(industrial control system,ICS)是用于工业生产的多种控制系统的统称,其核心组件包括数据采集与监控系统(supervisory control and data acquisition,SCADA)、分布式控制系统(distributed control system,DCS)、可编程逻辑控制器(programmable logic controller,PLC)、远程终端(remote terminal unit,RTU)、人机交互界面设备(human machine interface,HMI)等。按照功能与通信网络的不同,ICS 一般可以分为采集执行层、现场控制层、集中监控层、网络通信层和管理调度层[1]。

ICS 广泛应用于电力、石油石化、交通、钢铁、化工等领域。几十年来 ICS 经历了多次变革,由最初的集中式控制系统(centralized control system,CCS)、直接数字控制(direct digital control,DDC),到第二代的 DCS,发展到现场总线控制系统(fieldbus control system,FCS)[2],以及以 TCP/IP 网络为基础的工业互联网系统。ICS 基本的发展趋势就是从专用的设备和接口向通用的设备和接口演化,工业控制网络与计算机网络之间呈现融合发展的趋势[3]。

### 1.1.1 工业控制系统架构

完整的工业控制系统,既需要执行状态采集和现场控制的采集执行设备,也需要具备实施对整个工业制造生产的管理与调度的功能。基于大量工业控制系统构建的工程实践,当前广泛接受的完整工业控制系统架构可分为 5 层,包括采集执行层、现场控制层、集中监控层、网络通信层和管理调度层[4],如图 1.1 所示。

(1)采集执行层主要是受控设备,包括传感器与变送器、驱动器与执行器,用于对生产过程进行感知与操作,获取现场状态信息,并通过驱动单元将控制输出驱动放大,以开关量或模拟量的形式执行输出,控制对象执行动作。

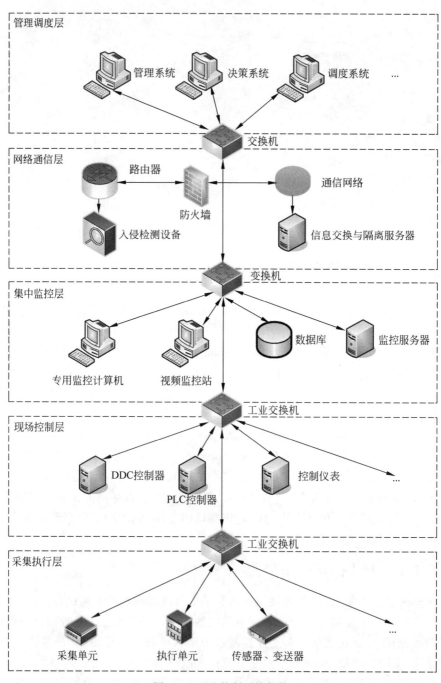

图 1.1　工业控制系统架构

（2）现场控制层主要由 PLC、变频器、DDC、控制仪表、工业控制计算机、通信总线等构成,根据采集单元传送的状态数据,运用控制算法进行逻辑运算,输出控制指令到驱动单元或执行单元,并负责控制器相互之间、控制器与上位机之间的通信联络。

（3）集中监控层主要由工业控制计算机、专用监控计算机、专用监控服务器、通信总线、工业以太网通信等构成,负责对控制现场进行监视、管理和控制,监控采集执行层、现场控制层的工作状态,并负责控制器与集中监控计算机之间、集中监控计算机相互之间、集中监控计算机和上层网络管理计算机之间的通信联络。

（4）网络通信层主要由工业以太网通信、工业路由器、工业网管、网络防火墙、入侵检测设备、安全网关等构成,负责集中监控计算机相互之间、集中监控计算机和上层网络管理计算机之间的通信联络,并具有负载均衡、入侵检测、漏洞扫描等功能。

（5）管理调度层主要由工业控制计算机、通用计算机、专用监控计算机、专用管理服务器、实时数据库、检测维护终端、互联网通信等构成,它们负责监控控制现场的状态信息,从各个工厂的下属系统中获取数据,并使用累计的数据来报告总体生产状态、库存和需求,以及监控采集执行层、现场控制层、集中监控层、网络通信层以及整个控制系统的工作状态,将控制现场状态信息存储、处理服务于更高级别的应用,如应急管理、能源管理、效益管理、企业综合管理等,并负责集中监控计算机和管理调度计算机之间、控制系统与其他非控制系统之间的通信联络,此外还兼顾监测、报警等功能。

## 1.1.2　典型工业控制系统

工业控制系统在电力、能源、交通等领域得到了广泛应用。典型的工业控制系统包括变电站综合控制系统、火力发电厂控制系统、数字油田控制系统、轨道交通综合监控系统等[5]。

### 1. 变电站综合控制系统

在电力系统中,以 RTU、微机保护装置为核心的 SCADA 系统应用最为广泛,技术发展也最为成熟,典型的案例如变电站。

变电站控制系统主要分为五层,分别是管理调度层、网络通信层、集中监控层、现场控制层、采集执行层,如图 1.2 所示。其中,管理调度层由操作员站与工程师站、UPS(uninterruptible power system,不间断电源)、GPS(global positioning system,全球定位系统)、调度中心等组成,主要功能是综合调度与集中控制,包括数据收集整理、支持查询、分析汇总、综合决策等。网络通信层由路由器、安全网关、防火墙和通信管理机等组成,负责底层设备与调度系统的信息交互。集中监控层主要由自动化监测设备等组成,负责对系统运行状态进行实时监督。现场控制层由继电保护装置、测控装置组成,负责对采集单元传送的状态数据,运用控制算法进行逻辑运算。采集执行层主要是受控设备,包括变压器、断路器、隔离开关、电压与电流互感器、智能终端,负责对电压电流进行感知与操作,获取现场状态信息,执行动作。SCADA系统将变电站的控制、信号、测量等各种功能子系统融合到计算机系统中,降低成本的同时提高了可靠性[6]。

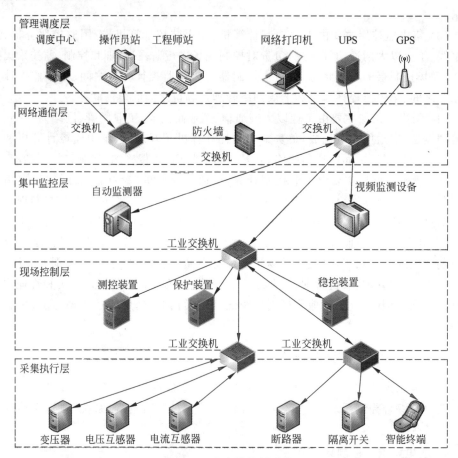

图1.2    变电站控制系统

### 2. 火力发电厂控制系统

火力发电厂控制系统可划分为五层,自上而下分别为管理调度层、网络通信层、集中监控层、现场控制层、采集执行层,如图1.3所示。管理调度层集过程实时监测、优化控制、生产管理为一体,主要根据全厂生产状况信息,实现全厂负荷优化调度、厂级及机组性能计算等功能。网络通信层的管理信息系统(management information system, MIS)部分包括MIS网络、MIS数据库、各种服务器和所有客户端,通过防火墙和路由器与集团网络相连,以支持远程数据访问。集中监控层一般通过厂级监控信息系统,实现对全厂生产过程的监控,将信息通过网络通信层传输至经营决策层影响决策与调度。现场控制层主要保证各个机组、电气自动化及辅助设备的正常、安全、可靠运行。采集执行层主要是受控设备,包括主变压器、发电机装置、电能量采集装置、故障检测装置、各个机组的 DCS、基于 PLC 或者现场总线的其他系统以及 RTU 等[7]。

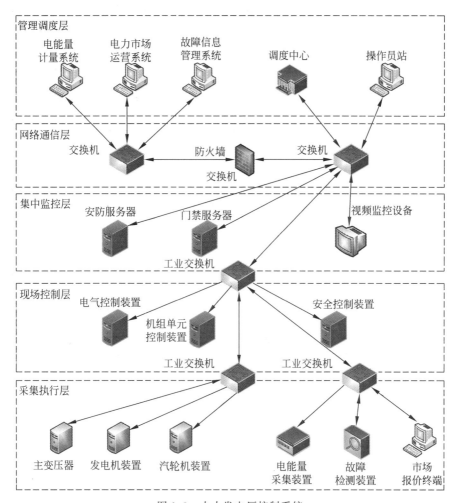

图 1.3 火力发电厂控制系统

### 3. 数字油田控制系统

数字油田控制系统如图 1.4 所示,主要包括管理调度层、网络通信层、集中监控层、现场控制层、采集执行层。管理调度层主要实现报警预警、生产管理、生产动态等。网络通信层主要实现网络连接与数据库存储,连接各种服务器和所有客户端,通过防火墙和路由器与系统网络相连,支持远程数据访问等。集中监控层主要对无人值守的油井、注水站、联合站进行监控。现场控制层主要实现远程控制、远程调参、报警设置。采集执行层主要以数据传输单元(data transfer unit,DTU)、RTU、PLC 为主,采集现场的流量、压力温度、位移等控制参数,同时控制现场设备,以实现采油的自动化控制。在网络通信层中,由于油井分布广泛,所以从控制器到数据库的传输使用无线方式,通过基站转成电信号或光信号传输到服务器。数据通过服务器中转,传达管理调度层的命令或接收服务器的采集数据。管理调度层利用集中监控层进行整体监控,对各级设备进行集中控制管理[8]。

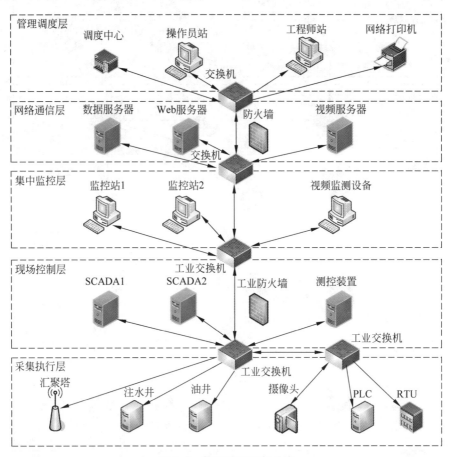

图 1.4　数字油田控制系统

### 4. 轨道交通综合监控系统

　　轨道交通综合监控系统是一个高度集成的综合自动化控制系统,它的目的是实现对轨道交通的主要强弱电设备的集中监控和管理功能,同时实现列车运行情况与客流统计数据的关联监视功能,最终使各个系统信息共享、协调运作。基于以上需求,轨道交通综合监控采用 SCADA 系统,由管理调度层、网络通信层、集中监控层、现场控制层以及采集执行层五部分组成。

　　典型的轨道交通综合监控系统如图 1.5 所示。管理调度层由总调工作站、电调工作站等组成,通过对各部分信息进行分析决策,协调各个相关设备之间的协同运作。网络通信层由数据库、交换机及各类服务器等组成,可分为局域网与广域网两部分,局域网负责连接分布在系统内部的设备组件,进行局部信息交互;广域网负责连接系统与系统的设备信息,实现多系统协同控制。集中监控层由电力监控系统、环境与设备监控系统等组成,主要功能是对机电设备与子系统协调运作情况进行实时集中监控。现场控制层由通信控制器、系统互联控制器、车站控制器等组成,实现对通信设备、电力设备、车站环控设备、乘客信息显示系统等子系统组件的集中控制。采集执行层由自动检票系统、火灾报警系统、信息显示系统等组成,负责响应控制层的命令并执行其应有的功能[9]。

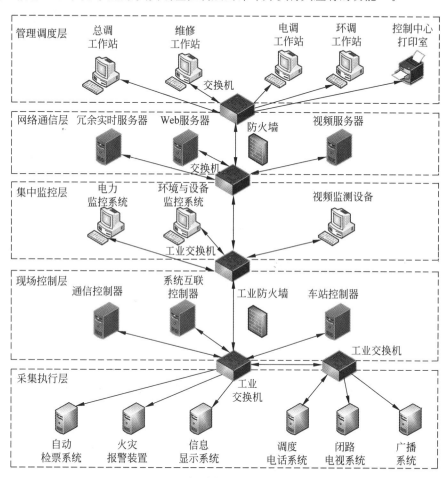

图1.5 轨道交通综合监控系统

## 1.1.3 工业控制系统发展趋势

工业控制系统的发展完成了多次飞跃,第一次是在20世纪50年代中后期,计算机已经被应用到控制系统中,形成了使用计算机的CCS。第二次是在20世纪60年代初,工业控制系统开始由计算机CCS升级为集中式数字控制系统,系统中的模拟控制电路开始逐步更换为数字控制电路,并完成了继电器到可编程逻辑控制器的全面替换,因此也被称为DDC。第三次始于20世纪70年代中期,随着微处理器的出现,计算机控制系统进入一个新的快速发展的时期,1975年世界上第一套以微处理器为基础的分散式计算机控制系统问世,它利用多台微处理器共同分散控制,并通过数据通信网络实现集中管理,被称为DCS。第四次是在20世纪90年代后期,集计算机网络技术、仪表工业技术与控制技术于一体的工业控制系统——FCS应运而生。相比之前的DCS,FCS具有更高的可靠性、更强的功能、更灵活的结构、对控制现场更强的适应性以及更加开放的标准[10]。

21世纪以来,以微电子学和物联网、大数据、云计算及人工智能为代表的新一代信息通信技术(ICT)迅猛发展,并逐渐与传统制造业融合。这种信息化和工业化的相互协调、深度融合的发展模式打破了虚拟数字世界和现实物理世界之间的壁垒,由于其"数字化、网络化、智能化"的特征,工业控制系统逐渐被称为工业互联网(industrial internet)[11]。2011年,孔翰宁等在德国汉诺威工业博览会上首次提出了"工业4.0"的倡议。2012年GE公司提出了工业互联网的概念,最初的定义为:在一个开放的全球化网络中,将人、数据和机器连接起来,打破机器与智慧边界的新技术。2014年GE公司联合AT&T、Cisco、Intel和IBM等公司成立了"工业互联网联盟"(industrial internet consortium,IIC)[12]。IIC对于工业互联网概念的定义是:一种物品、机器、计算机和人组成的互联网,它利用先进的数据分析方法,提供智能化的工业操作,改变商业输出。2015年德国"工业4.0平台"发布了《工业4.0实施战略》,提出了"工业4.0参考架构模型(reference architecture model industry 4.0,RAMI 4.0),同年6月IIC推出了工业互联网参考架构(industrial internet reference architecture,IIRA)"[13]。2017年美国IIC与德国工业4.0的机构共同发布了一份关于IIRA与RAMI 4.0对接分析的白皮书,指出IIRA与RAMI 4.0在概念、方法和模型等方面有不少对应和相似之处,差异之处则互补性很强,可取长补短。2020年我国发布了《工业互联网体系架构(版本2.0)》,它基于方法论构建,包含业务、功能、实施三类视图,体现了"需求引导、能力导向、能力引导、定义功能、指导实施"的价值化理念,以"面向数据流、自顶向下、层层映射、逐步求精"的结构化方式呈现。

## 1.2　工业控制网络简介

工业控制网络简称控制网络,是应用于自动控制领域的计算机网络技术。在工业生产过程中,除了计算机及其外围设备,还存在变送器以及控制生产过程的控制设备。这些设备的各功能单元之间、设备与设备之间以及这些设备与计算机之间,需要遵照统一的通信协议,利用数据传输技术进行数据传输。控制网络就是指将具有数字通信能力的测量控制仪表作为网络节点,采用公开、规范的通信协议,把控制设备连接成可以相互沟通信息,共同完成自控任务的网络系统。目前工业控制网络的架构可分为三层,自上而下分别是企业办公网络、过程控制与监控网络、现场总线控制网络。

工业控制网络技术主要包括现场总线技术和工业以太网技术。现场总线是一种数字通信的技术,它应用于生产现场的现场设备之间、现场设备与控制装置之间。工业以太网技术是普通以太网技术在工业控制网络中的延伸,是指采用与普通以太网(IEEE 802.3标准)兼容的技术,选择适应工业现场环境的产品构建的控制网络。

### 1.2.1 工业控制网络架构

目前工业控制网络的架构可分为三层[14](图1.6),自上而下分别是企业办公网络、过程控制与监控网络、现场总线控制网络。企业办公网络对应一个子层,称为企业资源层。过程控制与监控网络对应两个子层,分别是生产管理层和过程监控层。现场总线控制网络对应两个子层,分别是现场控制层和现场设备层。

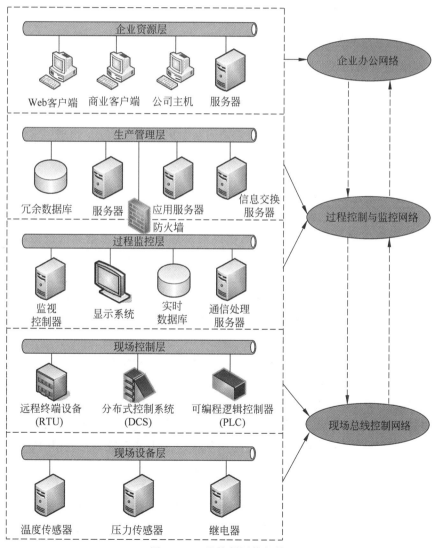

图1.6 工业控制网络架构

企业办公网络包含企业资源层,是工业控制网络的顶层,负责公司日常的商业计划和物流管理、工程系统等,主要涉及企业应用资源,如企业资源配置(ERP)、生产制造执行系统(MES)和办公自动化(OA)等与企业运营息息相关的系统,通常由各种功能的计算机构成。

过程控制与监控网络包含生产管理层和过程监控层。主要负责网络通信和实时监控功能,连接局域网、广域网与各类服务器、数据库与实时监控系统。通常由信息交换机、数据库系统、监视控制器、防火墙等构成。

现场总线控制网络包含现场控制层和现场设备层,是工业控制网络的最底层,负责对现场信息进行采集,根据上层决策实现对现场设备的控制功能,主要由 RTU、DCS、PLC、传感器和继电器等构成。

## 1.2.2　工业控制网络协议

工业控制网络协议主要可分为七层,自下而上分别是物理层、数据链路层、网络层、传输层、会话层、表示层和应用层[15],如图 1.7 所示。

### 1. 物理层

物理层的主要功能是完成相邻节点之间原始比特流的传输。物理层常用的工业控制网络协议有 RS-232、RS-485、RJ45 等。

1) RS-232

RS-232 标准接口,又称 EIA RS-232,是常用的串行通信接口标准之一,它是由美国电子工业协会(EIA)联合贝尔系统公司、调制解调器厂家及计算机终端生产厂家于 1970 年共同制定的,其全名是"数据终端设备(DTE)和数据通信设备(DCE)之间串行二进制数据交换接口技术标准"。该标准规定采用一个 25 个脚的 DB-25 连接器,对连接器每个引脚的信号内容加以规定,并对各种信号的电平加以规定。后来 IBM 公司的 PC 机将 RS-232 简化成了 DB-9 连接器,从而成为事实标准。而工业控制网络中的 RS-232 接口一般只使用 RXD、TXD、GND 三条线。

2) RS-485

RS-485 是一个定义平衡数字多点系统中的驱动器和接收器的电气特性的标准,该标准由电信行业协会和电子工业联盟定义。使用该标准的数字通信网络能在远距离条件下以及电子噪声大的环境下有效传输信号。RS-485 使得连接本地网络以及多支路通信链路的配置成为可能。RS-485 有两线制和四线制两种接线,四线制只能实现点对点的通信方式,现很少采用,两线制接线方式采用较多,这种接线方式为总线式拓扑结构,在同一总线上最多可以挂接 32 个节点。

3) RJ45

RJ45 是布线系统中信息插座(通信引出端)连接器的一种,连接器由插头(接头、水晶头)和插座(模块)组成,插头有 8 个凹槽和 8 个触点。在美国联邦通信委员会标准和规章(FCC)中 RJ 是描述公用电信网络的接口,计算机网络的 RJ45 是标准 8 位

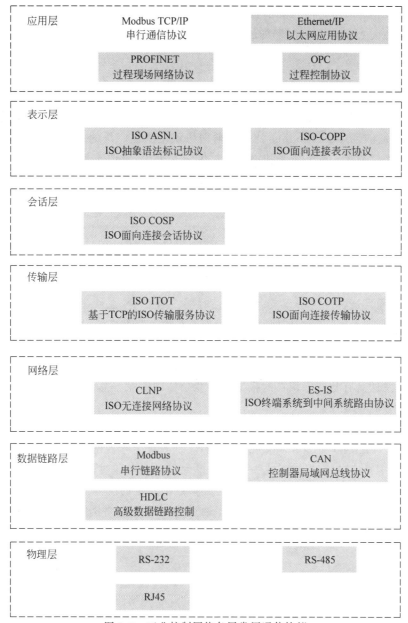

图 1.7 工业控制网络各层常用通信协议

模块化接口的俗称。RJ45 由插头和插座组成,这两种元器件组成的连接器连接于导线之间,以实现导线的电气连续性。RJ45 模块的核心是模块化插孔。镀金的导线或插座孔可维持与模块化的插座弹片间稳定而可靠的电器连接。

**2. 数据链路层**

数据链路层的主要功能是在不可靠的物理线路上进行数据的可靠传输,它完成的是网络中相邻节点之间可靠的数据通信。数据链路层常用的工业控制网络协议有串行链路协议 Modbus、控制器局域网(CAN)总线协议、高级数据链路控制(HDLC)协议等。

1) Modbus

Modbus 是一种串行通信协议,是 Modicon 公司 1979 年为使用 PLC 通信而发表的。Modbus 已经成为工业领域通信协议的业界标准,并且现在是工业电子设备之间常用的连接方式。Modbus 比其他通信协议使用更广泛的主要原因有:公开发表并且无版权要求;易于部署和维护;对供应商来说,修改本地的比特或字节没有很多限制。Modbus 允许多个设备连接在同一个网络上进行通信,在 SCADA 中,Modbus 通常用来连接监控计算机和 RTU。

2) CAN 总线协议

CAN(controller area network)属于现场总线的范畴,是一种有效支持 DCS 的串行通信网络。是由德国博世公司在 20 世纪 80 年代专门为汽车行业开发的一种串行通信总线。CAN 总线使用串行数据传输方式,可以在双绞线上运行,也可以使用光缆连接,而且这种总线协议支持多主控制器。当 CAN 总线上的一个节点发送数据时,它以报文形式广播给网络中所有节点。对每个节点来说,无论数据是否是发给自己的,都对它进行接收。每组报文开头的 11 位字符为标识符,定义了报文的优先级,这种报文格式称为面向内容的编址方案。在同一系统中标识符是唯一的,不可能有两个站发送具有相同标识符的报文。当几个站同时竞争总线读取时,就可以显示出这种配置的重要性。

3) HDLC 协议

HDLC(high-level data link control)协议是一组用于在网络节点间传送数据的协议。在 HDLC 中,数据被组成一个个的单元(称为帧)通过网络发送,并由接收方确认收到。HDLC 协议也用于管理数据流和数据发送的间隔时间。HDLC 协议是在数据链路层中最广泛使用的协议之一,通过 HDLC 规范将网络层的数据帧进行封装,增加了数据链路控制信息。

**3. 网络层**

网络层的主要功能是完成网络中主机间的报文传输,其关键问题之一是使用数据链路层的服务将每个报文从源端传输到目的端。网络层常用的工业控制网络协议有 CLNP(ISO 无连接网络协议)、ES-IS(ISO 终端系统到中间系统路由协议)等。

1) CLNP

CLNP(connection less network protocol)是一种 ISO 网络层数据报协议,它工作在开放式系统互连参考模型(ISO 7498)的网络层中。CLNP 与 TCP/IP 环境下的 IP 相类似,用来向传输层提供服务。因此,CLNP 又称为 ISO-IP。

CLNP 可以用于终端系统的网络实体之间或网络层中继系统中。CLNP 主要提供无连接网络服务。CLNP 的目标是充当子网独立收敛协议(SNICP)的角色,其功能为在定义的一组底层服务上建立 ISO 网络服务,并支持一组相同或不同的互连子网上的 ISO 无连接模式网络服务的统一性。当子网独立收敛协议和子网访问协议没有提供从一个网络服务接入点(NSAP)到另一个 NSAP 的全部或部分路径上支持无连接网络服务所需的功能时,CLNP 可以用来进行调整。除充当 SNICP 之外,CLNP 还可以实现其他协议的功能,因此它也适用于其他子网互连方式。

2)ES-IS

ES-IS 由 ISO 推出,它允许终端系统和中间系统进行配置和路由信息的交换,以推动 ISO 网络环境下网络层的路由选择和中继功能的操作。ISO 网络包含终端系统、中间系统、区域和域。终端系统指用户设备,中间系统指路由器。路由器形成的本地组称为"区域",多个区域组成一个"域"。ES-IS 与 CLNP、IS-IS 和 IDRP 协议相结合,为整个网络提供完整的路由选择。

**4. 传输层**

传输层的主要功能是实现网络中不同主机上的用户进程之间可靠的数据通信。传输层常用的工业控制网络协议有 ISO-ITOT(基于 TCP 的 ISO 传输服务协议)、ISO-COTP(ISO 面向连接传输协议)等。

1)ISO-ITOT

ISO-ITOT 是一种使 ISO 应用程序能够被移植到 TCP/IP 网络的机制。当要实现 ISO 应用程序到 TCP/IP 和 IPv6 环境的移植操作时,可以采取两种基本途径。其一是独立移植每个单个程序,在 TCP 上开发本地协议;其二是以在 TCP/IP 上传输服务分层法的观念为基础,这种方法为使用 ISO 传输服务的所有应用程序解决了问题。ITOT 中定义了两个变量:TCP 分类 0 和 TCP 分类 2,它们分别以 ISO 传输分类 0 和分类 2 协议为基础。分类 0 提供了协商建立连接、分割传输数据以及协议错误报告功能。它为数据连接提供了基于 NS-供应商 TCP 的流量控制,并提供了基于 NS-供应商断开的传输断开。分类 0 适用于没有明确的传输断开的数据传输。分类 2 也提供了协商建立连接、分割传输数据以及协议错误报告功能。它为数据连接提供了基于 NS-供应商 TCP 的流控制,并提供了明确的传输断开。分类 2 适用于需要标准和快速的独立数据通道以及明确的传输断开的情况。

2)ISO-COTP

ISO-COTP 是位于 TCP 之上的协议。目前 ISO-COTP 中包含五种传输层协议:TP0、TP1、TP2、TP3 和 TP4,协议复杂性依次递增。TP0～TP3 只适用于面向连接通信,在该通信方式下,任何数据发送之前,必须先建立会话连接;而 TP4 既可以用于面向连接通信也可以用于无连接通信。TP0 实现分段和重组功能。TP0 先识别底层网络支持的最大协议数据单元(PDU)最小值的大小,根据该最小值对数据包进行分段,然后数据包段在接收端再进行重组。TP1 执行分段、重组和差错恢复功能,对 PDU 进行排序,如果有太多的 PDU 没有获得确认响应,将重发 PDU 或重新启动连接。TP2 实现分段和重组,以及单一虚拟电路上的数据流多路复用技术和解除复用技术等功能。TP3 提供差错恢复、分段和重组,以及单一虚拟电路上的数据流复用技术和解除复用技术等功能;TP3 也支持 PDU 排序操作,如果有太多的PDU 没有获得确认响应,将重发 PDU 或重新启动连接。TP4 提供差错恢复功能,实现分段和重组,并支持单一虚拟电路上的数据流复用技术和解除复用技术;TP4 也支持 PDU 排序操作,如果有太多 PDU 没有获得确认响应,将重发 PDU 或重新启动连接。TP4 能提供可靠的传输服务和功能,既支持面向连接网络服务,也支持无连接网络服务。TP4 是开放式系统互联(open system intercomect,OSI)传输协议中使用最为普遍的,它类似于 TCP/IP 协议中的传输控制协议。

**5. 会话层**

会话层的主要功能是允许不同机器上的用户之间建立会话关系、进行会话管理与控制。会话层常用的工业控制网络协议有 ISO-COSP(ISO 面向连接会话协议)。

OSI 会话层协议 ISO-COSP 支持会话管理,例如打开和关闭会话。如果连接丢失,该协议提供恢复连接功能。如果连接使用周期不长,会话层会关闭该连接,同时重新打开新连接会话。上述操作过程对高层协议是透明的,会话层支持交换包流中的同步点。会话协议机制(SPM)是一种用于实现会话层协议指定程序的抽象机制,通过会话服务访问点的服务原语实现与会话服务用户之间的通信。通过建立的传输连接,进行会话协议数据单元交换。这些协议交换通过传输层服务实现。会话连接终点在终端系统实现识别,从而使会话服务用户和 SPM 能够查阅每个会话连接。会话层功能填补了传输层可使用服务的空缺,并且是会话服务用户所需要的。会话层功能与对话管理、数据流同步和数据流再同步等是相关的。

**6. 表示层**

表示层的主要功能是为了让采用不同数据表示法的计算机之间能够相互通信而且交换数据,在通信过程中使用抽象的数据结构来表示所传送的数据。表示层常用的工业控制网络协议有 ISO ASN.1(ISO 抽象语法标记协议)、ISO-COPP(ISO 面向连接表示协议)等。

1) ISO ASN.1

ASN.1(abstract syntax notation one)是一种 ISO/ITU-T 标准,描述了一种对数据进行表示、编码、传输和解码的数据格式。它提供了一整套正规的格式用于描述对象的结构,而不管语言上如何执行及这些数据的具体指代,也不用去管到底是什么样的应用程序。在任何需要以数字方式发送信息的地方,ASN.1 都可以发送各种形式的信息(声频、视频、数据等)。ASN.1 和特定的 ASN.1 编码规则推进了结构化数据的传输,尤其是网络中应用程序之间的结构化数据传输,它以一种独立于计算机架构和语言的方式来描述数据结构。

2) ISO-COPP

ISO-COPP 位于 OSI 七层模型的表示层,通过面向连接或无连接模式在开放系统之间传输信息。根据应用实体间表示数据值的传输,通过使用表示服务原语的用户数据参数,指定该应用协议。它具有传输语法协商、传输语法转换两个功能,且能够确保表示数据值的信息内容在转换期间受到保护。这主要由对方应用实体来负责确定通信中使用的抽象语法及通知表示实体。表示实体知道应用实体使用的抽象语法后就负责选择双方都接受的、能够保护表示数据值的信息内容的传输语法。

**7. 应用层**

应用层的主要功能是在实现多个系统应用进程相互通信的同时,完成一系列业务处理所需的服务。应用层常用的工业控制网络协议有 Modbus TCP/IP(串行通信协议)、Ethernet/IP(以太网应用协议)、PROFINET(过程现场网络协议)、OPC(过程控制协议)等。

1) Modbus TCP/IP

Modbus TCP/IP 由施耐德公司推出,将 Modbus 帧嵌入 TCP 帧中,使 Modbus 与以太网和 TCP/IP 结合,成为 Modbus TCP/IP。Modbus TCP/IP 是一种面向连接的方式,每一个呼叫都要求一个应答,这种呼叫/应答的机制与 Modbus 的主/从机制相互配合,使交换式以太网具有很高的确定性。由于此协议易于实现、性能优良、适应性极强,且众多产品均提供了与 Modbus TCP/IP 的连接,因此可应用在实时性强的场合和多种网络体系结构中。

2) Ethernet/IP

Ethernet/IP 是由美国罗克韦尔公司提出的以太网应用协议,工作原理是将 ControlNet 和 DeviceNet 使用的通用工业协议(CIP)报文封装在 TCP 数据帧中,通过以太网实现数据通信。Ethernet/IP、ControlNet、DeviceNet 三种协议满足 CIP,相同的报文可以在三种网络中任意传递,实现即插即用和数据对象的共享。Ethernet/IP 采用标准的 Ethernet 和 TCP/IP 技术传送 CIP 通信包,这样通用且开放的应用层协议 CIP 加上已经被广泛使用的 Ethernet 和 TCP/IP 协议,就构成 Ethernet/IP 的体系结构。

Ethernet/IP 有众多优点,首先是先进性和成熟性,Ethernet/IP 采用生产者/消费模型,相比传统的主从式结构,在效率、实时性和灵活性方面都有独特的优势。其次是集成性,Ethernet/IP 最大的特点就是在应用层实施了成熟、先进和统一的 CIP,使得它与目前常用的总线技术结合使用时,有完全相同的对象库、设备描述和相同的服务控制机制和路由方式。Ethernet/IP 的另一个优点是兼容性,Ethenet/IP 采用的 CIP 完全集成于 TCP/IP 之上,使工业以太网更容易与工厂底层的各种现场总线控制系统集成和并存。此外,实时性也是一大优点,Ethernet/IP 有显式和隐式两种报文。显式报文用来处理对实时性要求较低的服务,隐式报文用来处理对实时性要求较高的服务,充分利用网络带宽,保证数据的实时传输。

3) PROFINET

PROFINET 是为满足工业应用需求,2001 年由德国西门子公司将原有的

PROFIBUS 与互联网技术结合形成的。PROFINET 采用标准 TCP/IP 及以太网作为连接介质,使用应用层的 RPC/DCOM 来完成节点间的通信和网络寻址,可以同时挂接传统的 PROFIBUS 系统和新型的智能现场设备。现有的 PROFIBUS 网段可以通过一个代理设备连接到 PROFINET 网络当中,使整个 PROFIBUS 设备和协议能够原封不动地在现场设备中使用。传统的 PROFIBUS 设备可通过代理(proxy)与 PROFINET 上面的 COM 对象进行通信,并通过 OLE 自动化接口实现 COM 对象间的调用。

4) OPC

OPC 是指为了给工业控制系统应用程序之间的通信建立一个接口标准,在工业控制设备与控制软件之间建立的统一数据存取规范。OPC 给工业控制领域提供了一种标准数据访问机制,将硬件与应用软件有效地分离开来,是一套与厂商无关的软件数据交换标准接口和规程,主要解决过程控制系统与其数据源的数据交换问题,可以在各个应用之间提供透明的数据访问。下面将依次介绍 OPC 服务器的组成、OPC 的工作原理、OPC 的接口方式以及数据访问方式。

OPC 服务器由三类对象组成,相当于三种层次上的接口:服务器、组对象和数据项。服务器对象包含服务器的所有信息,同时也是组对象的容器。一个服务器对应于一个 OPC 服务器,即一种设备的驱动程序。在一个服务器中,可以有若干个组。组对象包含本组的所有信息,同时包含并管理 OPC 数据项。OPC 规范定义了两种组对象:公共组和局域组。公共组由多个客户共有,局域组只隶属于一个 OPC 客户。公共组对所有连接在服务器上的应用程序都有效,而局域组只能对建立它的客户端有效。数据项是读写数据的最小逻辑单位,一个数据项与一个具体的位号相连。数据项不能独立于组存在,必须隶属于某一个组。在每个组对象中,客户可以加入多个 OPC 数据项。

OPC 服务器中的代码确定了服务器所存取的设备和数据、数据项的命名规则和服务器存取数据的细节,不管现场设备以何种形式存在,客户都以统一的方式去访问,从而保证软件对客户的透明性,使得用户完全从底层的开发中脱离出来。客户应用程序仅须使用标准接口和服务器通信,而并不需要知道底层的实现细节。通过 OPC 服务器,OPC 客户既可以直接读写物理 I/O 设备的数据,也可操作 SCADA、DCS 等系统的端口变量。

OPC 规范提供了两套接口方案,即自定义接口和自动化接口。自定义接口效率高,采用高级编程语言的客户一般采用此接口方案。自动化接口使脚本编程语言访问 OPC 服务器成为可能。OPC 客户和 OPC 服务器进行数据交互可以有两种方式,即同步方式和异步方式。同步方式实现较为简单,当客户数目较少而且与服务器交互的数据量也比较少的时候可以采用这种方式;异步方式实现较为复杂,需要在客户程序中实现服务器回调函数。当有大量客户和大量数据交互时,异步方式的效率更高,能够避免客户数据请求的阻塞,并可以最大限度地节省 CPU 和网络资源。

OPC 可实现控制系统现场设备级与过程管理级之间的信息交换,是实现控制系统开放性的重要方法,为多种现场总线之间的信息交换以及控制网络与信息网络之间的信息交互提供了较为方便的途径。

### 1.2.3　工业控制网络应用

工业控制网络在烟草行业得到了广泛应用,典型的烟草企业工业控制网络主要包括动力能源车间、制丝车间、卷包车间和物流车间。动力能源车间为整个厂区提供配套能源服务,制丝车间负责将烟草加工成丝状,卷包车间负责采集打包,物流车间分为两部分:辅料物流和成品物流。辅料物流是将烟叶自动开包运输到制丝车间,成品物流是将卷包车间的成品烟装箱运入仓库。烟草企业的工业控制系统大量使用 PLC 进行生产控制,存在大量的 PLC 层级级联的部署。设备品牌有罗克韦尔、西门子等[16]。生产系统网络拓扑如图 1.8 所示。

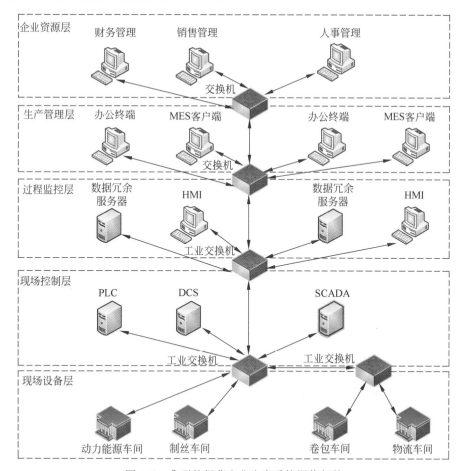

图 1.8　典型的烟草企业生产系统网络拓扑

### 1. 动力能源车间

动力能源车间工业控制系统用于对该车间的压空系统、真空系统、锅炉系统、变配电系统、空调制冷系统、恒压供水系统和污水处理系统等子系统的压力、温度等数据的采集,以及对空调制冷等辅助系统进行控制,实现生产过程实时监控、故障报警和手动/自动控制、趋势分析等功能。

该工业控制系统网络可分为企业资源层、生产管理层、过程监控层、现场控制层、现场设备层,如图1.9所示。过程监控层网络采用以太网,用于连接各个子系统的监控站;现场控制层主要由变配电、压空、空调、锅炉等独立子系统组成。

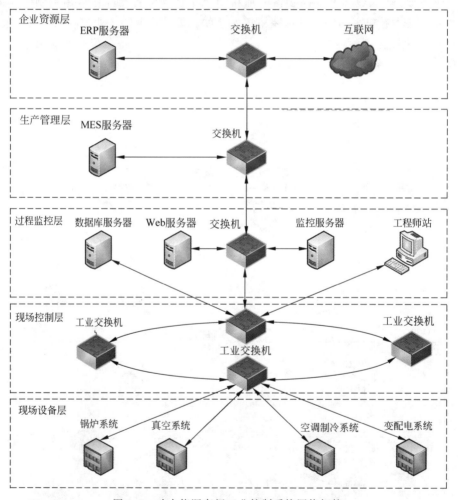

图1.9　动力能源车间工业控制系统网络拓扑

### 2. 制丝车间

制丝车间工业控制系统用于烟丝、烟叶及其他辅料的流程化加工。其特点为系统严格按照预先设计的流程顺序操作,现场控制设备分段完成整套生产流程中各个工艺段现场机械设备的控制。

该工业控制系统网络可分为企业资源层、生产管理层、过程监控层、现场控制层、现场设备层,如图 1.10 所示。现场控制层和过程监控层的网络物理隔离,过程监控层网络采用以太网,用于连接中控室终端设备、现场终端设备等工控机;现场控制层网络采用工业以太网,网络链路采用双链路,用于连接现场 PLC、HMI 等设备。

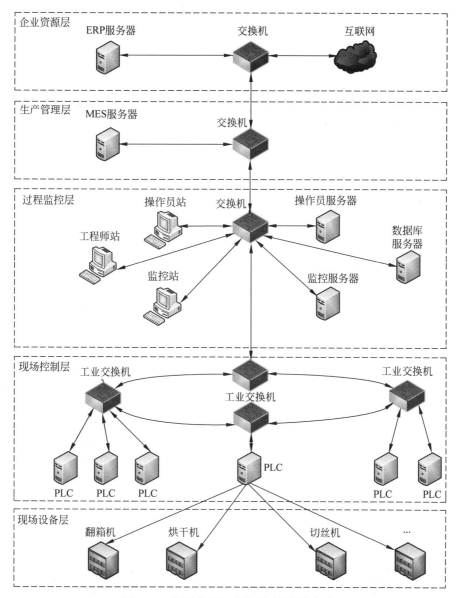

图 1.10 制丝车间工业控制系统网络拓扑

### 3. 卷包车间

卷包车间工业控制系统用于香烟的卷接、包装或烟机设备零件的加工。此类系统的特点为卷包机、数控机床等设备独立完成加工工作,并由其他辅助类输送设备、组成设备完成成品在车间内的运输、组装。

该工业控制系统网络可分为企业资源层、生产管理层、过程监控层、现场控制层、现场设备层。过程监控层及现场控制层网络均采用以太网,卷接机、包装机、数控车床等生产设备独立接入网络。卷包车间工业控制系统包含了卷烟厂卷包车间和烟机公司生产线,典型网络拓扑如图 1.11 所示。

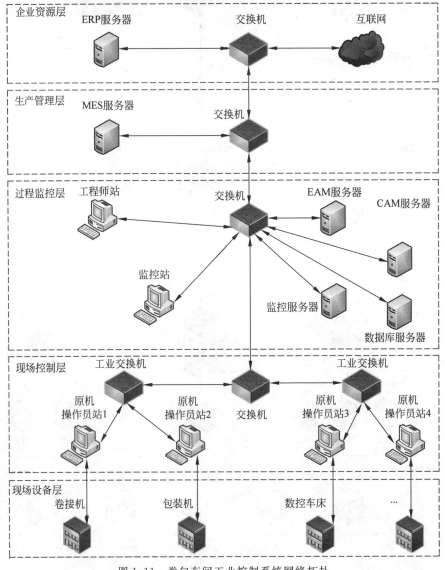

图 1.11　卷包车间工业控制系统网络拓扑

#### 4. 物流车间

物流车间工业控制系统用于原料、成品的输运调配工作。此类系统的特点是通过物流管理系统、调度控制系统等业务应用系统完成对原料、成品的输送调配工作。

该工业控制系统网络可分为企业资源层、生产管理层、过程监控层、现场控制层、现场设备层。过程监控层网络采用以太网,用于连接物流管理系统、调度控制系统的终端、服务器以及中控室操作员站、工程师站;现场控制层网络用于接入输送机、堆垛机以及无线运输小车等设备。物流车间工业控制系统典型网络拓扑如图1.12所示。

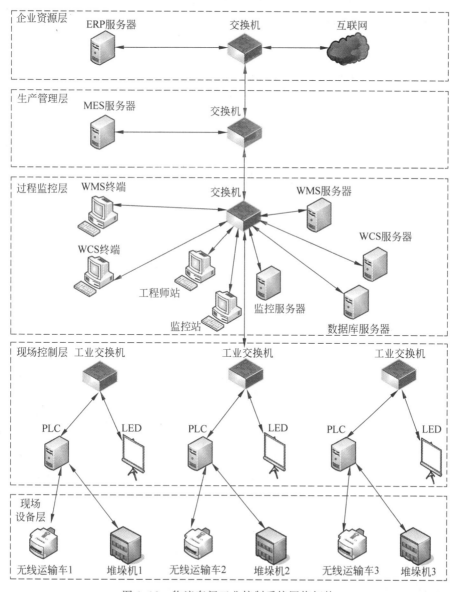

图 1.12　物流车间工业控制系统网络拓扑

## 1.3 工业控制网络安全威胁

随着工业信息化进程的快速推进,信息、网络以及物联网技术在智能电网、智能交通、工业生产系统等工业控制领域得到了广泛应用,极大地提高了企业的综合效益。为实现系统间的协同和信息分享,工业控制系统也逐渐打破了以往的封闭性,如采用标准、通用的通信协议及硬软件系统,甚至有些工业控制系统也能以某些方式连接到互联网等公共网络中。但这使得工业控制网络面临病毒、木马、黑客入侵等传统的信息安全威胁。本节将从工控系统网络脆弱性及工控网络常见攻击形式等方面来介绍工业控制网络面临的安全威胁。

### 1.3.1 工业控制网络脆弱性

在工业控制系统(简称工控系统)中,系统的可用性会直接影响企业的生产,生产线的停机或是简单的误操作都有可能导致无法估量的经济损失,严重的甚至可能危害人员生命,造成环境污染。因此,工控系统的脆弱性[17]是与生俱来的,每一年新公开的工控系统漏洞数量都居高不下。在"两化融合""工业4.0"的背景下,多种技术的融合会给工控安全带来良好的效应,工控安全事件的频发也给人们敲响了警钟。工业控制网络的脆弱性分类如表1.1所示。

表1.1 工业控制网络脆弱性分类

| 分　类 | 原　因 |
| --- | --- |
| 采集执行层脆弱性 | 采集执行层主要是受控设备,由于受控设备、边缘计算节点种类繁多,并且通信协议"七国八制",因此不同设备的安全接入及权限控制问题需要解决 |
| 现场总线控制网络脆弱性 | 现场作业环境复杂,部分控制系统网络采用各种接入技术作为现有网络的延伸;现场设备在现场维护时,也可能因类似缺乏连接认证的不安全串口连接或缺乏有效的配置核查,而造成PLC设备运行参数被篡改 |
| 过程控制与监控网络脆弱性 | 未经授权访问的不安全移动维护设备(如笔记本电脑、移动U盘等)会导致木马、病毒等恶意代码在网络中传播;监控网络与RTU/PLC之间不安全的无线通信可能会被利用攻击工业控制系统 |
| 工业控制系统协议脆弱性 | 缺乏身份认证机制、缺乏完整性校验机制、缺乏信息加密机制及存在功能码滥用或篡改问题;薄弱的安全审计、弱口令、弱身份认证机制、操作系统漏洞 |
| 企业办公网络脆弱性 | 信息资产自身漏洞、内部管理机制缺失、网络互联以及缺乏安全意识 |

#### 1. 采集执行层脆弱性分析

采集执行层主要是受控设备,包括传感器与变送器、驱动器与执行器,用于对生产过程进行感知与操作,获取现场状态信息,并通过驱动单元将控制输出驱动放大,以开关量或模拟量的形式执行输出,控制对象执行动作。

很多工控系统的安全漏洞都归结于受控设备。由于工业生产的受控设备、边缘计算节点种类繁多,并且通信协议"七国八制",因此,需要解决不同设备的安全接入问题及权限控制问题。据统计,超过40%的工控系统网络安全漏洞都被归结为由"不正确的输入验证"所导致,不正确的输入验证是指程序员假设对数据进行了某种限制,但是事实并非如此。在使用数据之前应确保所使用的数据正是程序员所期望的数据,但现实情况中工控系统设备安全的现状与期望值还有很长的距离,不正确的输入验证并不是导致软件出错的唯一方式,工控系统应用程序还可能因为安全问题出错。除了硬件上的漏洞、协议中的漏洞和系统配置中的漏洞之外,工控系统应用程序中也存在大量漏洞。

**2. 现场总线控制网络脆弱性分析**

现场总线控制网络[18]利用总线技术将传感器/计数器等设备与PLC以及其他控制器相连,PLC或者RTU可以自行处理一些简单的逻辑程序,不需要主系统的介入即能完成现场的大部分控制功能和数据采集功能,使得信息处理工作实现了现场化。

由于现场总线控制网络通常处于作业现场,因此环境复杂,部分控制系统网络采用各种接入技术作为现有网络的延伸,如无线和微波,这也意味着安全风险的存在。同时PLC等现场设备在现场维护时,也可能因类似缺乏连接认证的不安全串口连接或缺乏有效的配置核查,而造成PLC设备运行参数被篡改,从而对整个工业控制系统的运行造成危害(如伊朗核电站离心机转速参数被篡改造成的危害)。现场总线控制网络包含了大量的工控设备,而设备存在大量工控安全漏洞如PLC漏洞、DCS系统漏洞等,同时在该网络内传输的工业控制系统数据没有进行加密,因此存在被篡改和泄露的威胁;也缺少工控网络安全审计与检测及入侵防御的措施,容易导致该网络内的设备和系统数据造成破坏。

大多数情况下,由于现场总线控制网络对实时性的要求和工控系统通信协议的私有性要求,不能实现基本的访问控制和认证机制,即使在企业办公网络与监控网络之间存在物理隔离设备(如防火墙、网闸等),仍存在因策略配置不当而被穿透的问题。

**3. 过程控制与监控网络脆弱性分析**

过程控制与监控网络[19]中主要部署SCADA服务器、历史数据库、实时数据库以及人机界面等关键工业控制系统组件。在这个网络中,系统操作人员可以通过HMI界面、SCADA系统及其他远程控制设备,对现场控制系统网络中的RTU、现场总线的控制和采集设备(RTU/PLC)的运行状态进行监控、评估、分析,并依据运行状况对RTU/PLC进行调整或控制。监控网络负责工业控制系统的管控,其重要性不言而喻。由于存在对现场设备的远程无线控制、监控网络设备维护工作及需要合作伙伴协同等现实需求,在监控网络中就需要考虑相应的安全威胁:未经授权访问的不安全移动维护设备(如笔记本电脑、移动 U 盘等)会导致木马、病毒等恶意代码在网络中传播。

监控网络与 RTU/PLC 之间不安全的无线通信可能会被利用攻击工业控制系统。《工业控制系统的安全性研究报告》给出了一个典型的利用无线通信进行入侵攻击的攻击场景。因合作的需要,工业控制网络有可能存在外联的第三方合作网络并且在网络之间存在重要的数据信息交换。虽然这些网络之间存在一定的隔离及访问控制策略,但日新月异的新型攻击技术也可能造成这些防护措施的失效,因此来自合作网络的安全威胁也是不容忽视的。

以 SCADA 系统为例,该系统的现场设备层和过程控制层主要使用现场总线协议和工业以太网协议。现场总线协议在设计时大多没有考虑安全因素,缺少认证、授权和加密机制,数据与控制系统以明文方式传递;工业以太网协议也只是对控制协议进行简单封装,如 CIP 封装为 Ethernet/IP,Modbus 封装为 Modbus/TCP,一些协议的设计给攻击者提供了收集 SCADA 系统信息、发动拒绝服务攻击的条件,而在协议实现中,常常又在处理有效/无效的格式化消息等方面存在缺陷。

### 4. 工业控制系统协议脆弱性分析[20]

Modbus 协议是工控系统使用最广泛、最早的一个协议。Modbus 协议的安全问题主要有缺乏身份认证机制、缺乏完整性校验机制、缺乏信息加密机制及存在功能码滥用或篡改问题。首先,缺乏身份认证机制难以保证信息的发起者及接收者是真实可信的。目前许多厂商可以在协议设计阶段采取身份认证措施,以确保客户端及服务器双方的身份真实可信。其次,缺乏完整性校验机制难以保证信息在传输的过程中不被篡改,一旦被篡改,也没有及时有效的恢复措施。再次,缺乏信息加密机制难以保证重要敏感信息不被轻易窃取。信息泄露会使攻击者对企业网络情况、工艺情况有整体了解,专业技能熟练的黑客可以进行更为严重的攻击。最后,功能码滥用或篡改会导致网络、现场设备、系统功能出现异常。此外,Modbus 协议还存在缺乏流量控制、缺乏广播抑制等安全问题,攻击者一旦获得网络访问控制权限,就会向服务器发送虚假信息或任何可能破坏控制系统的命令,从而得到有价值的反馈信息,最终侵害整个工业控制系统。

因而,Modbus 协议[21]的安全威胁主要来源于设计方和开发方。其中,协议设计者在设计过程中缺乏安全性考虑,使得 Modbus 存在固有的安全问题;开发者在使用 Modbus 协议时,仍然缺乏网络安全意识,使得工控网络中存在衍生的安全威胁,例如缓冲区溢出漏洞、底层通信协议的连带安全漏洞等。

CIP 是由 ODVA(开放式 DeviceNet 供应商协会,Open DeviceNet Vendor Association)国际组织及其会员所推出的面向工业自动化应用的通用工业协议。对照国际标准 ISO/OSI 七层网络协议模型,CIP 属于应用层协议,它可以与不同的下层协议结合构成不同的工业网络。Ethernet/IP、DeviceNet、CompoNet 和 ControlNet 网络技术均采用 CIP 作为应用层协议。CIP 是基于应用对象的控制协议,采用对象模型来进行设备描述。明确的对象模型存在安全隐患,而CIP未定义显式或隐式的安全机制。使用通用的工业协议,前提是要对对象进行设备标识,而具有标识的设备为攻击者提供了设备识别与枚举的条件,可能扩大攻击范围,使攻击者有更大机会操纵更多的工业设备。

IEC60870-5-104(以下简称"IEC104")协议是在IEC60870-5-101基本远动任务配套标准的基础上制定的,目的是利用网络进行远动信息传输,在电力、石油等行业中被广泛应用。IEC104协议是一个明文传输协议,它以TCP/IP协议作为传输层协议,TCP/IP协议的安全问题自然也就成为IEC104协议的安全问题。TCP/IP协议采用明文进行数据传输,意味着应用程序的数据在网络中是公开的,容易被窃听、伪造及篡改,导致源地址欺骗及源路由欺骗。攻击者可伪造源IP地址,造成面向该IP地址的所有会话服务崩溃,或使得目标主机的返回信息通过一个到达伪源IP地址主机的路由传输,从而获得源主机的合法服务等。

OPC协议作为工业中常见的通信协议,具有一套标准的接口规范。OPC协议采用OLE客户与应用程序传输标准和RPC(远程过程调用)服务。由于企业工控系统使用年限一般在10~20年,大部分厂商不支持系统补丁修补与升级,所以大量OLE和RPC已公开的漏洞仍未得以修复,底层RPC漏洞攻击可以导致非法执行代码或DDos攻击。此外,OPC基于Windows操作系统架构,主机操作系统的安全问题,诸如薄弱的安全审计、弱口令、弱身份认证机制、操作系统漏洞等,也是OPC协议的脆弱性问题。目前很多石化行业、自来水行业等工控系统主机仍采用Windows 2000/XP操作系统,无法对使用DCOM接口的操作行为进行审计记录,使得DCOM成为无人监管的接口,存在极大的安全隐患。同时,OPC协议也存在缺乏身份认证机制、缺乏完整性和机密性检测机制等问题。

工控系统通信协议安全是工控系统安全关注重点之一,只有了解各协议存在的安全漏洞,才能及时有效地避免工控系统陷入脆弱境地。针对以上各协议可能出现的问题,一是可以在协议的开发应用阶段自定义完整性校验和身份认证等机制;二是针对特性的协议,如OPC协议,可以联合厂商定制化系统的补丁修补与升级,做好Windows系统最基本的安全防护;三是当系统广泛运用各种协议时,可以利用纵深防御机制,采用如工业防火墙、入侵检测技术等外围技术弥补协议设计之初存留的问题,起到相互补充的安全防护目的。综合研究工控系统主流通信协议的脆弱性,采取共性与个性相结合的防护措施,将有效保障各行业工控系统的安全运行,推进信息化与工业化的深度融合。

**5. 企业办公网络脆弱性分析**

在石油、石化企业中,随着ERP、CRM以及OA等传统信息系统的广泛使用,工业控制网络和企业管理网络的联系越来越紧密,企业在提高公司运营效率、降低企业维护成本的同时,也随之带来了更多的安全问题。我们将从信息资产自身漏洞、内部管理机制缺失、网络互联以及缺乏安全意识四个方面对企业办公网络的脆弱性进行分析[21]。

随着 TCP/IP 协议、OPC 协议、PC、Windows 操作系统等通用技术和通用软硬件产品被广泛地用于石油、化工等工业控制系统，随之而来的通信协议漏洞、设备漏洞以及应用软件漏洞问题日益突出。2010 年发生的伊朗核电站"震网"病毒事件，就是同时利用了工控系统、Windows 系统的多个漏洞。事件发生之后，大量高风险未公开漏洞通过地下经济出卖或被某些国家组织高价收购，并被利用来开发"零日"攻击或高级持久威胁（advanced persistent threat，APT）的攻击技术，为未来可能的网络对抗做准备。因此，现有高风险漏洞以及"零日"漏洞的新型攻击已经成为当今网络空间安全防护的新挑战，而在工业化和信息化日益融合的今天，涉及国计民生的石油、石化、电力、交通、市政等行业的国家关键基础设施及其工业控制系统，将极大可能成为未来网络战的重要攻击目标。

工业控制系统的监控及采集数据也需要被企业内部的系统或人员访问或进行数据处理。这样在企业办公网络与工业控制系统的监控网络，甚至现场网络（总线层）之间就存在信息访问路径。由于工业控制系统通信协议的限制，在这些访问过程中，大多数情况下没有实现基本的访问控制和认证机制，故存在任意访问和未经授权访问等风险。

根据风险敏感程度和企业应用场景的不同，企业的办公网络可能存在与外部互联网通信的边界；而企业办公网络信息系统的通信需求主要来自用户请求，多用户、多种应用带来了大量不规律的流量，也导致了不同应用环境下通信流量的难以预测。一旦存在互联网通信，就可能存在来自互联网的安全威胁，例如，来自互联网的网络攻击、僵尸木马、病毒、拒绝服务攻击、未授权的非法访问等。这时就需要具有较全面的安全边界防护措施，如防火墙、严格的身份认证及准入控制机制等。

由于工业控制系统不像互联网或传统企业 IT 网络那样备受黑客的关注，在 2010 年"震网"事件发生之前很少有黑客攻击工业控制网络的事件发生。工业控制系统在设计时也多考虑系统的可用性，而普遍忽视安全问题，在制定完善的工业控制系统安全政策、管理制度以及对人员的安全意识培养方面的工作也有所欠缺，这也造成了人员安全意识的单薄，而人员安全意识的薄弱是造成工业控制系统安全风险的一个重要因素。

### 1.3.2    工业控制网络典型攻击形式

针对工控网络的威胁主要来自两个方面：一是外网对工控网络的威胁；二是工控网络内部脆弱性引起的威胁。因而常见的工控网络攻击手段也是利用这两方面的脆弱性。本节将对常见的攻击手段进行介绍。

#### 1. 协议攻击

随着时间的推移，从收集远程设备信息的简单网络到内置冗余设备的复杂系统网络，工业协议的发展进程从未停歇，而且工控系统内部所使用的协议有时只针对某个特定的应用程序。多年来,众多标准化组织(如 IC、ISO、ANSI 等)都致力于工控协议的标准化工作。与此同时,大量专有协议也应运而生。在大多数情况下,专有协议由厂家设计开发并与特定的软硬件结合来构建以厂商为中心的系统。不论协议的起源是哪里,大多数工业协议都有一个共同点,那就是这些协议在设计之初都没有考虑到随之而来的安全问题,因此这些协议与生俱来就不安全。本节介绍针对部分广泛使用的工业协议的常见攻击方法以及相应的对抗措施。

1) Modbus 协议攻击

Modicon 公司(Schneider Electric 公司的前身)在 20 世纪 70 年代末设计出了用在 PLC 上的串行通信协议 Modbus。Modbus 协议以其简单、健壮、开放而且不需要任何特许授权的特点成为最通用的工控系统协议。自从 Modbus 协议出现以来,工控协议都进行了修改以适应以太网的工作环境。为了做到这一点,串行协议被封装(实际上是"包装")在 TCP 首部,并且默认情况下通过以太网 TCP 协议的 502 端口进行传输。

Modbus 协议容易遭受中间人(MITM)攻击,攻击类型主要包括记录和重放攻击。Modbus 协议未对线圈和寄存器的用途进行描述,但可以开展探测,以确定是否能够针对设备执行某些功能的逻辑以收集更多信息。例如,使用仿真系统(如Cybatiworks)可以在非生产系统中尝试收集这些信息并进行测试。如果能够发现某一逻辑通过保持寄存器实现对设备的控制,那么就能够以同样的方式控制系统以实施重放攻击,但是展示在人机界面上的样子却好像系统仍处在正常运行状态并且从来没有改变过。这将拖延系统操作员发现异常并发出攻击警告的时间。从开源软件到商用系统,有很多工具可以对 Modbus 网络协议发起 MITM 攻击。Modbus VCR与 Ettercap 工具配合使用可以记录 Modbus 协议的流量并进行重放,从而使得系统在某段记录下来的时间区间内仍表现为正常运行。

2) Ethernet/IP 协议攻击[23]

同 Modbus 协议相比,20 世纪 90 年代开始设计的 Ethernet/IP 协议是一个现代化程度更高的协议。控制网国际有限公司(ControlNet International)的一个技术工作组联合 ODVA[24]共同构建了 Ethernet/IP,并建立在 CIP 之上。主要的自动化系统制造商罗克韦尔公司与 Allen-Bradley 公司围绕 Ethernet/IP 协议实现了设备的标准化,其他制造商(如 Omron)也在其设备中提供了对 Ethernet/IP 协议的支持。

Ethernet/IP 协议身份鉴别请求攻击:作为 Redpoint 项目的一部分,Digital Bond 公司开发了一个和 pyenIp 很类似的脚本来提取设备信息。Redpoint 项目中的脚本使用了 List Identity Request 命令,并能够对 Nmap 中的信息进行解析。该脚本一个有趣的地方在于命令相关数据域中识别出的字段采用了套接字地址结构。数据包中的这部分数据揭示了目标设备的 TCP 或 LDP 端口以及 IP 地址,也就是远程设备实际的 IP 地址和端口,即使经过网络地址转换,这些内容也将一览无余。

Ethernet/IP 协议中间人攻击:Ethernet/IP 协议也存在许多其他工业协议都会

存在的安全问题。咨询培训公司 Kenexis 发布了一组针对 Ethernet/IP 协议的中间人攻击[25]演示。这些例子表明只需要对序列号加以改动就可以发起中间人攻击。与 Modbus 协议不同,数据包重放攻击对于 Ethernet/IP 协议中某些类型的命令并没有用,因此对 Ethernet/IP 协议的攻击过程会更加复杂。不过对于大部分攻击者来说,只要掌握协议的基本知识,这点麻烦根本不值一提。一旦建立了会话句柄并协商一致,只需要手动修改序列号就可以重放网络流量实现中间人攻击,从而获得与使用 Modbus-VCR 工具针对 Modbus 协议发起中间人攻击相类似的效果。

Ethernet/IP 协议终止 CPU 运行攻击:与 Modicon 系列设备使用功能码 90 终止 CPU 运行的情况类似,一些 Ethernet/IP 设备也能够使用工程软件执行命令来取得同样的效果。在 Digital Bond 公司 Basecamp 项目的研发过程中,Rapid7 公司发布了一款 Metasploit 模块,该模块不仅可以终止 Alen-Bradley 公司 ControlLogix[26] 系列 PLC 的运行,还可以引发其他恶意攻击事件,比如令以太网网卡崩溃。

3)DNP3 协议攻击

分布式网络协议 3(distributed network protocol3,DNP3)[27] 是北美地区电力和供水设施主要使用的控制系统协议。虽然该协议也应用在一些其他领域里,但并不是很常见。DNP3 协议主要用于数据采集系统和远程设备之间的通信。其主要用途之一是进行 SCADA 系统中控制中心与远程变电站之间的通信。DNP3 协议通常采用主站和从站的配置模式,控制中心以 SCADA 为主而变电站则部署 RTU。DNP3 协议的设计宗旨是成为一套能够在多种网络介质中传输并对系统稳定性几乎没有影响的可靠协议。这些网络介质可以是微波、扩频无线网络、拨号线、双绞线和专用线路等。DNP3 协议通常使用 TCP 协议的 20000 端口进行通信。

DNP3 协议模糊测试攻击:近些年来,基于 Automata 公司所开展的安全分析工作,DNP3 协议经历了一系列安全审查。Automata 公司构建了 openmp3 协议栈,并随后开发了专门针对 DNP3 协议的网络协议模糊测试工具,用于挖掘并测试 DNP3 栈中的漏洞。其他商业版的模糊测试工具也可以用于挖掘工控系统协议的漏洞,比如 Achilles 测试平台和模糊测试工具。促使 Automata 公司开发模糊测试框架 Aegs 的原因之一是美国 ICS-CERT(ICS 网络紧急响应小组)发布的警告信息,其中包括 31 个关于 DNP3 协议的漏洞公告。

DNP3 协议鉴别攻击:类似于 Modbus 协议和 Ethernet/IP 协议,也有脚本能够通过本地命令和响应解析帮助用户识别基于 DNP3 协议的系统。某 Nmap 脚本可以测试 DNP3 协议设备内部的起始 100 个地址用于获取系统响应,然后识别出后续通信所需要的地址。目前该脚本已被合并到 Digital Bond 公司的 Redpoint 项目。

**2. 工控网络设备与应用攻击**

工控系统通常是由互联设备所构成的大型复杂系统,这些设备包括类似于人机界面、PLC、传感器、执行器以及其他使用协商好的协议进行相互通信的设备。所有交互背后的驱动力都是软件。软件为工控系统中几乎所有部分的运行提供支撑。很多工控系统安全漏洞都归结于软件问题也证明了软件的无处不在。据统计,超过40%的工控系统网络安全漏洞都被归结为由"不正确的输入验证"所导致,不正确的输入验证是指程序员假设对数据进行了某种限制,但是事实并非如此。在使用数据之前应确保所使用的数据正是程序员所期望的数据,但现实情况中工控系统软件安全的现状与期望值还有很长的距离。不正确的输入验证并不是导致软件出错的唯一方式,工控系统应用程序还可能因为安全问题出错。除了硬件上的漏洞、协议中的漏洞和系统配置中的漏洞之外,工控系统应用程序中也存在大量漏洞。

1）缓冲区溢出的漏洞

缓冲区溢出[28]漏洞在计算机安全史中可以追溯到很久之前。缓冲区是内存中用于填充数据的一块连续区域,缓冲区的常见用法是存储字符串,如"Hello world!"。缓冲区具有固定的长度,如果想将更多的数据填充到缓冲区,那么缓冲区就会"溢出"到相邻的内存区域。这些都是内存,但是特殊的内存区域可能存储了重要的内容,例如当前函数执行完成后将要执行下一条指令的内存地址。程序经过编译后包含不同的段,其中很多段都包含了接收外部系统(文件、网络、键盘等)填充数据的缓冲区。一些比较有趣的段是栈段、堆段、未初始化的静态变量段向下生长(用于静态初始化的变量)以及环境段。每个段的作用各不相同,因此程序和操作系统对不同段的处理方式也不一样。有大量文献介绍如何向这些段注入数据以控制应用程序的后续执行,因此这种攻击形式又称为软件攻击。

2）整型溢出：上溢、下溢、截断与符号失配

整型是编程中基本的数据类型。整型数据中仅仅包含数字,而数字可以解释为任何内容：可以是一个单纯的数字、一个 ASCII 字符,也可以是应用于某些数据的比特掩码或内存地址。与整型相关的漏洞难以发现和调试,它们可能存在于应用程序中多年而未被发现。因此,应对输入进行测试,来看看意外输入(如负数或数值过大的整数)是否会引起什么问题;应了解二进制数据如何表示可以帮助选择"有趣"的值进行测试。

3）指针操纵

借助指针能够实现各种有趣的数据结构和优化,但是如果对指针处理不当,则可能导致整个程序的崩溃。攻击者还可以借助某个数值来绕过安全保护(通过跳转到函数中间;该安全保护在敏感操作之前进行安全检查),也可以借助某个数值使其指向攻击者控制的数据缓冲区,从而导致任意代码执行漏洞。更高级的语言,如Python、PHP、C♯,往往没有指针所带来的问题(尽管这些语言并不一定具备对抗上述问题的能力),因为这些语言自身对指针进行了隐藏以防止程序员访问,这正是它们的优势之一。这种便利的特性被称为托管代码(managed code)[29],这意味着由开发语言自己管理内存的分配和释放。

4）格式化字符串

格式化字符串是用于指示数据格式的具有特殊结构的字符串。与之前提到的某

些漏洞一样,格式化字符串漏洞源于直接使用了用户提供的数据,而不对数据进行验证。在这种情况下,用户数据就成了格式化字符串[30]的参数。一旦攻击者知道缓冲区在哪里(无论是某一个内存地址的绝对地址还是相对地址),攻击者就可以将执行流导向那里。如果缓冲区中包含恶意指令,那么在某种程度上就能够实现对机器有效漏洞的利用,从而导致该机器完全处于攻击者的控制之下。攻击者也可以通过覆盖指针将执行流重定向到含有恶意指令的缓冲区。虽然攻击者可以在目标机器上执行任意指令,但对于工控系统攻击仅需更改变量的值就足够了,修改一个字节的信息就足以使进程崩溃,完成一次 DoS 攻击。

5)目录遍历

有很多实例程序由于这样或那样的原因需要访问文件系统,有些程序可能还需要存储,目录遍历[31]漏洞就是这些漏洞中的一种。无论出于哪种原因,程序员都需要使用字符串来指示文件的路径。当用户输入的数据对路径字符串可能的编码形式造成影响时,是因为访问大多数文件系统时遇到了特殊的字符和字符串。

6)DLL 劫持

作为软件设计工作的一部分,通常会对常用组件进行分解,从而实现组件的多处复用。这一原则无论对于代码片段,还是对于操作系统级别的软件,亦或是介于两者之间的其他软件都是适用的。减小程序规模、提高代码模块化的常用方法之一是使用动态链接库(dynamically linked library,DLL)文件。DLL 文件在很大程度上就像一个完整的程序,其中包含一系列可以调用的函数。但是,DLL 文件不能独立运行,必须借助其他程序才能加载。借助 DLL 文件能够对应用程序的部分功能进行分离,从而在不对程序进行改动的情况下实现对整个程序的更新。DLL 的许多优点使得DLL 文件用起来非常方便,但若未对 DLL 进行正确处理,DLL 的使用可能会给应用程序带来非常严重的安全漏洞。

7)暴力攻击

暴力攻击通常意味着尝试每一个可能的选项,从中找出最终能够奏效的选项。此方法通常用于口令破解。在某种程度上,DoS 攻击也可以应用暴力攻击,因为它们倾向于持续发送一段代码,或者不断消耗内存直到目标崩溃。从历史记录来看,由于需要耗费大量时间,暴力攻击并不是一个可行性较高的选项。然而现在随着 CPU速度的不断提高以及分布式计算、并行计算、云计算的广泛应用,暴力攻击已经成了一个更为可行的选择。用户的 PLC 是否还只是使用 8 字符的口令?如果是的话,那么即便是一台低端的笔记本计算机也可以在一两天内穷举完所有的口令。

**3. 恶意代码**

从传统安全的角度看,逐步演化的恶意代码已经能够实现多种不同的功能。例如,一段恶意代码可以通过不同的协议与很多指控服务器(C&C)进行通信。而同一款恶意代码还可以通过多个不同的协议感染网络中的其他主机,多种类型的恶意代码都会危及计算机系统的安全。

1）Rootkit

Rootkit 被看作信息安全世界中复杂程度较高的恶意代码之一。对于试图在一段较长的时间内驻留在目标机器内的恶意代码，都可以将其归为 Rootkit。除了能够持续驻留在主机中，Rootkit 通常还利用反病毒引擎对抗技术来规避检测。Rootkit 通常需要获取被感染主机的 root 或者 admin 权限，这也是 Rootkit 得名的原因。

Rootkit 主要分为两类：内核态和用户态。Rootkit 的类型不同，功能也有所区别。用户态 Rootkit 要么篡改被感染主机中的应用程序或者二进制文件，要么篡改被感染主机中的库文件。与之相对，内核态 Rootkit 则深入到了操作系统的内核。由于 Rootkit 利用了操作系统中的高级特性，嵌入到了操作系统内部，所以在多个层面上对用户造成麻烦，但它们的主要功能是通过篡改操作系统的命令、日志以及相关数据结构来实现恶意行为的隐藏。

2）病毒

病毒是一种能够自我复制的恶意代码，将自己附加到其他程序之上，并且为了感染目标系统而能够同用户进行一定程度的交互。这种定义较为松散，但是非常准确。病毒同用户的交互主要发生在攻击者试图渗透被攻击者的机器时，病毒能够在被攻击者的主机中对从引导扇区到可移动介质，再到二进制文件的多个不同位置进行感染。就像本节所提到的其他形式的恶意代码那样，病毒同样会对工控系统网络与设备造成影响。

3）广告软件与间谍程序

广告软件，或者说是广告支持软件，是通过播放广告的方式帮助恶意代码的广告或开发者谋取利益的恶意代码。广告既可以自动包含在软件自身界面中显示，也可以借助 Web 浏览器显示，还可以借助操作系统中的弹出窗口或者"不可关闭的窗口"进行显示。大多数被分类为恶意代码的广告软件会使用间谍软件或者其他软件采集用户个人信息。

4）蠕虫

蠕虫是一种已经存在多年的典型恶意软件。蠕虫的主要功能是自我复制，通常借助两种方法实现：计算机网络和类似于 U 盘的可移动介质。蠕虫的独特之处在于，它无须附加到已有的程序上就能正常工作。蠕虫可以完全独立于任何应用程序运行。借助网络，蠕虫的影响可更加深远，几乎所有在网络中传播的蠕虫都会导致网络延迟，从而影响控制网络中远程操作的正常进行。通常，蠕虫与某种攻击载荷一起使用。蠕虫主要用于传播，它所释放的攻击载荷对机器进行感染，并且可能用于维持持久连接，直到攻击者访问被感染的机器。这使得蠕虫具有模块化特性，并且更加难以追踪。

5）木马

木马将自己伪装成合法的应用程序，以期能够诱骗受害者安装。木马一旦完成安装，就会表现出其真实意图，开始对系统进行感染并在系统间进行传播，以达到破坏系统、消耗资源、窃取信息和监控开展间谍活动的目的。

### 4. 高级可持续威胁

高级可持续威胁(advanced persistent threat,APT)[32]是一种网络攻击,攻击者在未被授权的情况下访问目标网络,然后隐身驻留一段相当长的时间。APT攻击的目的不仅是窃取资产数据,也可能是给目标网络或企业造成直接损害。APT的攻击目标是有高价值信息的企业,如国防、制造业和金融业等。

所谓"高级"是指攻击背后的操纵者全盘掌控他们有权处理的情报搜集技术,不仅包括计算机入侵技术和技巧,也包括常规的情报搜集技术,如电话拦截和卫星图像等。而攻击的每个元素也许不是特别"先进"的一类(比如恶意软件的部件是用很容易找到的恶意软件构建工具生成或者是直接使用购买的产品),但他们的操纵者能够接触到或开发出所需的先进工具。为了入侵目标系统并可持续访问,他们经常会综合多种定位方法、工具和技术。操纵者也会展示出对不同"低级"威胁运行安全的关注。所谓"持续"是指操纵者优先考虑特定任务,而不是寻找经济或其他方面的收益。这个特征暗示了攻击者是受外部实体指挥的。"持续"意味着通过不断的监视和互动来达到预期目的,而不是密集的攻击和恶意软件的不断更新。事实上,"低调而缓慢"的方法通常成功的概率更高。如果操纵者失去了目标的进入权限,他们会更频繁地重复尝试,这种尝试大多数情况下都会成功。

说到"威胁",APT是一种有能力又有企图的威胁。APT攻击是协作良好的人力所为,而不是自动执行的代码片段。操纵者有特定目标,有高超的技能,有组织,有动机,还有雄厚的资金,多采用有目标、有组织的攻击方式。APT在流程上同普通攻击行为并无明显区别,但在具体攻击步骤上,APT体现出以下特点,使其破坏性更强。

(1)攻击行为特征难以提取。APT普遍采用"零日"漏洞获取权限,通过未知木马进行远程控制,而传统的、基于特征匹配的检测设备总是要先捕获恶意代码的样本才能提取特征,并基于特征进行攻击识别,这就存在先天的滞后性。

(2)单点隐蔽能力强。为了躲避传统检测设备,APT更加注重动态行为和静态文件的隐蔽性,例如通过隐蔽通道和加密通道来避免网络行为被检测,或者通过伪造合法签名的方式避免恶意代码文件本身被识别,这就给传统的、基于签名的检测方式带来很大困难。

(3)攻击渠道多样化。目前被曝光的知名APT事件中,社交攻击、"零日"漏洞利用、物理摆渡等方式层出不穷,而传统的检测往往只注重边界防御。系统边界一旦被绕过,后续攻击的实施难度将大大降低。

(4)攻击持续时间长。APT攻击分为多个步骤,从最初的信息收集到信息窃取和向外传送往往需要经历几个月,甚至更长的时间,而传统的检测方式是基于单个时间点的实时检测,难以对跨度如此长的攻击进行有效跟踪。

正是 APT 攻击的上述特点,使得传统以实时检测、实时阻断为主体的防御方式难以有效发挥作用。在同 APT 的对抗中,必须转换思路,采取新的检测方式,应对新的挑战。

在简单攻击中,入侵者试图以最快的速度进出,以避免被网络入侵检测系统发现。但是在 APT 攻击中,攻击的目的并不是进出系统,而是保持长时间的访问。为了保持访问且不被发现,入侵者必须不断地重写代码并应用复杂的逃避技术,因此,一些 APT 过于复杂,以至于需要全职管理员来运行它们。

APT 攻击者常常运用一种称为"钓鱼"的社交手段来通过合法方式获得网络访问权限。一旦成功访问,攻击者就会建立后门。

下一步则是收集合法用户的身份凭证(特别是管理身份的用户)并通过网络横向迁移,安装更多的后门。后门允许攻击者安装伪造程序并创建"影子设施"来传播恶意软件,而这些恶意软件就藏在用户的眼皮底下。

尽管 APT 攻击很难识别,但也不是完全检测不出来。在输出数据中查找异常现象可能是管理员发现网络是否成为 APT 目标的最好方式。

## 1.4　工业控制网络安全防御

在整个工业控制网络安全建设中,发现安全威胁不是最终目的,在找到风险点后,就需要考虑如何解决这些问题。工控网络当下面临的安全威胁呈现组织化、集团化甚至上升到政治化的特点,一个系统的单点突破已不是难事。因此在这样的安全态势下,必须健全安全保障体系。

### 1.4.1　工业控制网络防御体系

工业控制网络防御体系强调对网络环境可信性、网络状态可知性和网络运行可控性的保证。工业控制网络防御体系主要分为三大类:终端安全防御、网络安全防御和系统安全防御。下面将详细介绍这三种不同的工控网络防御体系及其应用。

**1. 终端安全防御**

在工业控制网络中,终端会直接影响数据从产生、传输、存储到计算的每个环节,其重要性不言而喻。设备的安全性会直接影响工业互联网中的数据安全、物理安全甚至人身安全。在工业互联网广泛连通的场景下,任何节点上缺少安全措施的终端都可能会受到攻击,进而引起连锁反应。为解决工业互联网中的终端安全问题,进行合理的终端安全防护是不可或缺的。终端安全分析技术作为终端安全防护的基础,对于避免工业互联网中的终端安全问题至关重要。本节将深入探讨工业互联网的终端安全问题和对终端进行安全分析的方法与技术。

工业控制网络中的终端丰富,涵盖了从工业现场终端到云平台终端设备等在内的多种终端类型,无论是数量还是种类上都远远超过传统的信息系统。因此,工业控制网络中的终端安全问题比信息系统更加复杂。

在工业控制网络中,终端安全问题可以归纳为以下三类:

第一,终端本身的安全问题。这里的终端主要指用于保证系统中业务正常运行的终端。这些终端本身的安全问题包括但不限于终端固件和操作系统、软件应用安全问题。工业互联网的组件数目、连接规模、承载业务量巨大,其中的终端固件问题也层出不穷。不同的内核、协议栈对于整个系统的安全管控影响巨大,需要有针对性地对所有终端固件进行安全性增强,防止违法人员利用固件上的漏洞传播恶意代码。同样,工业互联网中终端的操作系统和软件的漏洞也可能被攻击者利用,进而造成破坏。国家工业信息安全漏洞库的数据显示,2020 年一共收录了超过 2000 个工业控制系统终端漏洞,涵盖缓冲区错误、输入验证错误、授权认证问题等 20 余种漏洞成因,这些漏洞将直接或间接破坏工业互联网的可用性和机密性。

第二,终端身份鉴别和访问控制问题。由于工业互联网中终端类型众多,各类终端的架构和资源之间存在差异,导致很难实施统一的身份鉴别和访问控制机制。除此之外,不同类型终端的实时性要求也不同,也会影响统一的认证机制的实施。目前相对完善的身份鉴别和访问机制只能运行在云服务器、计算主机等部分终端上,工业现场终端所采用的相关机制都相对薄弱,并且缺乏统一的身份管控机制。

第三,安全终端的安全问题。目前,已有越来越多的安全终端应用在工业互联网中。由于这些终端功能特殊,其具备的权限往往更高。因此,一旦这些原本用于保护系统的终端出现安全问题,后果将不堪设想。例如,2016 年,Cyberx 披露某款工业防火墙的缓冲区溢出漏洞,攻击者能够利用该漏洞获取防火墙的权限,进而篡改防火墙规则,窃取网络中的数据,甚至直接攻击网络内部的关键终端。

工业控制网络中的终端安全防护存在诸多困难。第一,工业互联网中设备的多样性导致要进行统一的管控是极其困难的,不同设备对资源、功能、实时性的要求都不同,极大地提升了防护的难度。第二,很多工业现场设备的形态和位置增大了攻击响应策略的设计难度。例如,火电厂中很多现场设备都工作在高温高压的环境下,其防护难度和设备受攻击后恢复的难度和危险性更大。第三,工业互联网中以控制设备为代表的多数设备都存在严重的资源受限问题,设备本身的硬件资源有限,仅能支撑实现自身功能的计算,无法负担安全防护所要求的额外计算,这也增大了设备安全防护的难度。传统信息系统中使用的大多数的安全措施和防护机制很难直接应用在工业互联网中,因此需要针对工业互联网的场景和环境设计不同的防护体系。

要进行合理、有效的终端安全防护,在线和离线终端安全分析至关重要。在实施终端安全防护时,需要考虑终端类型和终端所处的层次,根据实际情况采用对应的防护技术。由于工业控制网络终端安全跨越硬件、固件、软件、通信协议、API 接口等层面,因此很多传统的技术和新兴的安全技术都能被采用。

此外,由于工业互联网中设备的多样性和差异性,在不同层次进行设备防护时需要考虑具体情况。以智能工厂中的现场控制设备为例,这些控制设备通常面临资源有限的问题,例如处理器计算速度、存储空间有限,但是它们对于可靠性、实时性的要求极高,因此这些设备的安全防护要以不影响设备的正常工作为前提。当然,除了对设备本身进行改造升级之外,通过升级外接模块的方式来进行功能增强和安全增强也是设备防护的常见做法。企业还可以将部分安全防护需求交给工业安全网关来实现,以外加设备的方式进行安全防护。近年来,随着虚拟化技术的成熟和广泛应用,出现了很多专用的虚拟技术来解决资源受限的问题,对于本身安全功能不足和安全措施缺乏的遗留设备节点,采用相应的对策能在一定程度上降低其安全风险。

**2. 网络安全防御**

在网络安全防御(网络、数据以及应用层)方面,利用工控防火墙、工控专用网络与公共网络间的隔离网关、信息传输加密或敏感数据存储加密、VPN、防病毒、鉴别认证等手段可提高工控系统对内外部攻击行为的抵抗能力,并可对系统可能存在的潜在威胁和风险采取相应的安全措施。例如在生产执行层与管理决策层边界部署身份鉴别、访问控制、入侵检测、行为审计、攻击行为过滤等边界防护措施;在过程控制层与生产执行层边界主要基于工业协议的深度解析,确保过程控制系统与现场控制设备间、HMI和现场控制设备之间通信与控制的合法性,通过"黑""白"名单相结合的防护机制,有效阻止办公网的网络病毒、非法入侵、恶意控制等威胁,保障数据、应用安全。

从系统规划、设计、实施、上线、生产、运维到废弃的整个漫长生命周期中,各个阶段都面临着不同的网络安全问题,必须对工业控制系统网络安全设计一个适应工控系统特性的全生命周期的网络安全保障体系,以持续保障其安全可靠运行。因此,应当从工业控制系统生命周期的维度,在系统规划、分析、设计、开发、建设、验收、运营和维护、废弃的每一个阶段都要进行网络安全管理,包括:

系统设计和分析阶段:进行安全目标、安全体系、防护蓝图等顶层设计,并将安全防护设计与系统设计相融合。

系统开发阶段:进行代码安全评估,测试阶段同期进行安全测试,包括产品选型、信息系统产品、工业装备、信息系统安全防护产品和控制系统安全防护产品的安全功能测试和防护能力测试。

建设完成并验收阶段:同时进行风险评估和测评,通过集成测试、协议一致性测试,只有经过网络安全验收测试、风险评估、网络安全保障能力评估后才可上线运行,保障系统安全防护措施的合规性与可靠性。

运营和维护阶段:应进行周期性风险评估,通过搭建制造工业控制系统攻防环境,进行深入的工控系统漏洞挖掘、攻防演练,及时了解工控系统风险漏洞及攻击手段、路径,持续改进与优化安全技术和管理措施。

系统废弃阶段:做好系统数据的备份和残余信息的销毁等,保障系统全生命周期的系统安全。

### 3. 系统安全防御

传统的 IT 安全是网络安全,而工控系统安全同时包含网络安全与底层物理环境的安全。工控系统直接与生产环境、真实物理世界相连,是传统 IT 嵌入关键基础设施,融合信息、通信、传感和控制形成的信息物理系统(cyber-physical systems, CPS)环境,一旦遭到破坏,将直接对现实的工程环境造成巨大伤害,所造成的损失远远大于传统 IT 安全事故。工控系统的安全需要解决两类威胁,对于“无意识威胁”,构造防风、防水、防火、避雷等物理环境与报警系统,以避免自然灾害;对于仪器老化等自身问题,采用 PHM 技术,监督预测管理设备的生命状态。对于恶意威胁源则需要用到多种安全技术。

鉴于工业控制系统与 IT 系统的区别,二者对于信息安全需求和防护手段相应地具有很大区别,主要表现在以下几方面。

(1) 安全目标。工业控制系统以可用性、完整性、保密性为主要目标,其中,生产的连续性尤其重要;而 IT 系统以保密性、完整性、可用性为主要目标,信息保护为最重要的目标。

(2) 安全威胁。工业控制系统的安全威胁一般是利用 Windows 系统、工业软件系统(如 SCADA、MES 系统)以及开放的标准工业通信协议(OPC/OPCUA 协议)的多个漏洞进行攻击;此外,专用的工业以太网通信协议(如 PROFINET、Ethernet/IP、Modbus TCP 等)在设计时并未考虑信息安全防护,具有安全漏洞。而 IT 系统的安全威胁主要来源于 Windows 操作系统、TCP/IP 网络协议、商用办公软件、应用软件。

在通信要求上,工业控制系统的通信一般分为循环通信和非循环通信,不使用流量通信方式,而 IT 系统则要求采用高流量通信方式。工业控制系统的攻击方法一般采用目的性强、有组织的高级持续性攻击;而 IT 系统常见的攻击方法包括拒绝服务、病毒、恶意代码、非授权访问、欺骗等,当然也有一些组织采用高级持续性威胁的攻击模式攻击重要的信息系统。

(3) 安全需求。工业控制系统首先是保护现场系统(如 PLC、DCS 等),保护生产连续性,其次是保护中央服务器等资产;而 IT 系统首先保护 IT 资产以及在这些资产中存储或传输的信息,中央服务器需要更多保护。同时在时间响应方面,工业控制系统对人员和其他紧急事件的响应是至关重要的,应严格控制对工业控制系统的访问,但不应阻碍或干扰人机交互;而 IT 系统很少有关键紧急事件,可通过对信息安全要求的程度来限制访问控制。在非预期后果方面,工业控制系统的安全工具必须进行测试,以确保它们不会危及工业控制系统的正常运作;而 IT 系统已经有成熟的信息安全解决方案。

(4) 安全防护。安全防护可以分为系统安全、网络安全和数据安全。在系统安全方面,工业控制系统关注工控系统及设备专用操作系统的漏洞、配置缺陷等问题,存在当前系统维护能力不足,系统补丁和安全机制升级困难,杀毒软件不能随时升级病毒库,且存在误杀导致工控软件不能正常运行等问题。IT系统关注通用操作系统的漏洞、配置缺陷及资源非授权访问等问题,系统级防护能力较强、安全手段丰富。在网络安全方面,工业控制系统关注专有通信协议或通信规约的安全性、实时性以及安全的传输能力,而且通常更强调实时性和可用性,对安全性考虑不足,一般与互联网物理隔离。IT系统主要关注TCP/IP协议簇的数据传输安全、拒绝服务、应用层安全等,对数据传输的实时性要求不高,安全技术、产品、方案相对成熟,安全防护能力强,一般不要求与互联网物理隔离。

在数据安全方面,工业控制系统重点关注工控系统设备的状态、控制命令等信息在传输、处理及存储中的安全性。IT系统对服务器中存储数据的安全存储及授权使用有着较高的要求。鉴于工业控制系统与IT系统的显著不同,IT领域的信息安全防护技术并不适合工业控制系统的信息安全防护。因此,在考虑工业控制系统信息安全时,除了要了解IT领域知识外,还应熟悉工业控制系统本身的特点与功能。

**4. 工业控制网络防御应用**

1) 工控防御体系在天然气工厂的应用

2017年8月,一家石油天然气工厂的工业设备在正常工作时突然停止,原因是安全仪表系统根据判断停止了整个系统的运行,最终使整个工厂停止运行。这家公司随后检查连接到该系统的所有设备、控制系统的操作站及工程师站。最终在控制系统中发现一个奇怪的文件trilog.exe。技术人员最初认为这可能是软件的问题,于是向相关公司求助彻查这个可疑文件。经过技术人员的分析,攻击者利用恶意软件Triton进行的攻击以失败告终。工厂的系统在监测到异常后进入故障安全模式,于是停止了设备的运行,没有造成实际的物理破坏。由于系统进入故障安全模式避免了灾难的产生,也限制了恶意软件Triton的实际破坏力。美国国家网络安全和通信整合中心(NCCIC)首先发布了关于恶意软件Triton的分析报告。国内的工控安全研究公司分别从技术分析、防护方案、攻击过程等方面对恶意软件Triton进行了研究,并发布了企业级安全解决方案,提出了针对工业互联网基础设备的安全防护规则及关键防护信息。

恶意软件Triton是一种具有极大破坏性的网络病毒,这种病毒能够突破安全约束,攻击现实世界中正在运行的物理设备,并可能影响人身安全。这种病毒既有网络病毒的属性,又有破坏实际环境的能力,因此应该采用被动防御和主动防御相结合的方式。

OT网络防护:恶意软件Triton可以在OT网络内传播与扫描,因此在OT网络中,应部署网络流量审计和防火墙等设备,在核心交换机处对网络流量进行监控,及时发现网络中的异常情况。在核心区域,应部署防火墙,以降低外来网络入侵的可能性。

IT网络防护:目前,大部分工业恶意软件都是经过IT网络入侵到OT网络中的,因此IT网络的入侵防御机制至关重要。对于未知恶意软件,需加强主动防御能力,提高"零日"漏洞的感知能力与预警能力。

安全意识:应提高企业全体员工的安全意识,对网络威胁和应变工作要形成常态化管理。由于工业互联网将各种信息孤岛、制造工艺、产业链条连接起来,网络将无处不在,网络威胁将更加隐蔽与危险,因此提高全体人员的安全意识是保障车间、企业乃至整个工业互联网安全运行的最基础、最有效的措施。

采用科学方法,提高安全防护能力:在工业互联网建设期间,就应该同步建设整体安全架构,建设安全可信的基础平台。在运维期间,应充分利用网络安全工具,降低网络安全威胁,提升设备运行时的抗干扰能力,保障企业的平稳、健康生产。

2) 工控防御体系在大型火力发电厂工控系统的应用

我国在 20 世纪 80 年代中期引进 DCS 用于火力发电厂单元机组控制系统,当时单元机组控制系统是一个相对封闭、孤立的生产控制系统网络,与外界有较少通信甚至没有通信,似乎从来不会有遭受网络攻击的可能,因此 DCS 对信息安全的需求相对较少。随着计算机网络技术的飞速发展和广泛应用,以及工业生产对 DCS 要求的不断提高,独立环境下的 DCS 已经不能满足工业生产的需求。工业过程和信息化系统的连接越来越紧密,这种紧密连接使得原本物理隔绝的 DCS 失去了隔绝网络攻击的天然屏障,面临着遭受黑客攻击、病毒攻击的可能性。

对大型火力发电厂工控系统安全来说,系统的稳定可靠是最重要的,必须充分考虑发电厂工控系统实际情况,在保证系统的实时性、可靠性和高效性的前提下,按照"安全分区、网络专用、横向隔离、纵向认证"的原则,进行发电厂工控系统安全防护。

在电力调度网络生产大区(一区、二区)部署纵向认证装置、入侵检测装置、日志审计系统、防病毒系统,在生产大区一区与二区之间部署防火墙,在生产大区二区与管理四区之间部署单向物理隔离装置,并根据规定按照权限最小化原则配置相应访问策略。

根据安全规划设计的等级性原则,在发电厂工业信息网络原有架构的基础上,根据数据流走向,分区域采用不同的安全策略进行安全防护。针对各个区域的业务及系统特点,在常规的架构基础上进行安全规划和控制,并增强如下安全防护措施。

部署工控网络安全监测系统:工控网络安全监测系统能发现工控环境中的恶意攻击流量、非法操作流量、异常流量等,及时发现工控环境中的风险。网络异常检测功能基于对工控协议的通信报文进行采集与深度解析,对当前工控协议通信行为与基线进行对比,对偏离基线的行为进行检测并告警。例如:异常指令操作、非法设备接入、异常访问关系等告警。

部署工控防火墙:使用工控防火墙将各工控 OPC 和 SIS 接口机之间的链接进行逻辑隔离,工控防火墙在继承了传统防火墙的基础功能外,结合工控网络的特点,可更深层次地防护工控网络中的攻击。采用透明模式部署,并开启故障旁路功能,不改变原有的网络拓扑,确保正常业务不受影响;通过对工控协议深度分析,制定相应的工控网络访问控制策略,有效防止网络内异常流量通过,保证网络安全。

部署基于 SIS 的 IT 监控系统：利用 SIS 系统现有的成熟产品和组件,通过对生产控制大区的 IT 资产的接口部署及配置,对 IT 设备运行数据进行实时自动采集,包括：电力调度网络运行状况、SIS 系统服务器运行状况、SIS 系统生产数据采集接口运行状况、生产控制大区服务器软件系统运行状况、服务器硬件运行状况、服务器网络通信状况、各关键交换机路由器运行状况等。能够对以上数据进行长期可靠的存储及建模,实现利用 SIS 系统客户端快速方便地查看以上数据的历史趋势及最新数据变化情况,以便在发生故障之后可以利用历史数据进行故障原因分析。

建立工控安全管控体系：成立信息安全领导、工作小组,完善管理制度建设,明确责任分工,信息部门加强技术监督,工控设备部门加强防范意识,在"两化"融合趋势下,打破传统专业分界壁垒,协同开展工作,进一步落实电力监控系统安全规范,严格执行外来人员、外接设备、外接介质管理,加强补丁、防病毒管理,并注重工控与信息安全的复合型技术人才培养。建立健全工控系统安全防护全生命周期管理体系,将信息安全防护渗透到科研、设计、施工、调试、运行等各阶段工作中,实现全方位、全过程的覆盖。在工控系统上线运行前或机组检修期间开展以漏洞扫描为主体的系统风险评估,通过安全运维服务工具就地对工控系统和网络进行安全扫描,包括操作系统漏洞扫描、组态软件漏洞扫描、机组主控 DCS 包含的 DPU 以及机组辅控 PLC 等控制器漏洞扫描。建立健全工控事件应急工作机制,预防为主、平战结合、快速反应、科学处置,加强风险监测,开展信息报送和通报,提高工控安全事件应急处置能力。

## 1.4.2　工业控制网络安全防御技术

针对上文提到的工控网络存在的安全威胁,人们推出了应对的防御技术,并促使该类技术在工业控制网络安全防御体系中得到了全面应用,以降低信息泄露、被盗取等风险。常见的工控网络安全防御技术包括入侵检测技术、漏洞扫描与挖掘技术、安全审计技术、态势感知技术、安全白名单技术以及蜜罐技术等,下文将分别对它们进行详细介绍。

### 1. 入侵检测技术

由于各种攻击行为不断发生,为了保证工业控制系统的稳定运行,入侵检测技术[34]也被应用于工业控制领域。在工业控制环境中,入侵检测是对工业控制系统中的每一个关键节点进行信息收集,然后根据已有的算法和识别技术发现其中可能的攻击行为。

目前,工业控制系统的入侵检测技术从实现方式看,主要分为基于流量的入侵检测技术、基于协议的入侵检测技术和基于设备状态的入侵检测技术。

基于流量的入侵检测技术是一种基于流量的入侵检测技术,它根据工业控制系统中不同安全区域的流量特性,根据系统内部和外部攻击的流量特点,通过多检测点之间的协作,在不分析特定的协议格式的情况下发现异常流量,实现入侵检测技术。

基于协议的入侵检测技术依靠工业控制通信协议规范,采用成熟的协议格式分析和状态协议分析技术,对报文中协议格式及协议状态的变化进行检测从而发现异常行为。工业控制通信协议是为了提高效率与可靠性而设计的,以便满足工业控制系统的经济性和运作需求。早期大多数工业控制通信协议为提升效率,很少考虑所有非必需的特性与功能,如要求额外开销的认证和加密等安全措施。常用协议往往存在这些问题:缺乏认证明文传输,无消息验证机制,恶意代码注入。由于设计之初未考虑安全性,公开/私有工业控制通信协议存在大量的安全隐患,易遭受篡改、伪装等攻击,这些攻击无法通过流量进行检测,因此需要通过对流量中的报文分组进行深度解析,根据协议格式、协议状态以及协议分组生成的事件,检测入侵行为。

基于设备状态的入侵检测技术是根据业务逻辑和设备操作规程,通过定义设备正常状态或异常状态、判断状态转移趋势、监控操作序列等方法检测入侵行为。在工业控制系统中,读取或操作的设备往往是与物理环境或生产过程相关的物理设备,对它们的攻击会导致工业控制设备毁坏,甚至出现重大安全事故,这是工业控制系统不同于现有互联网的显著之处。经分析,除盗取信息外,对工业控制系统实施攻击的核心是通过非法篡改设备配置、非法控制设备的操作、修改业务流程等入侵行为,使设备进入不合理状态、停机状态或损坏。因此检测设备的状态/操作能够有效地检测入侵行为。

### 2. 漏洞扫描与挖掘技术

工业控制系统中的漏洞扫描技术[37]主要是指在检测网络或者目标主机的安全级别时,通过采用扫描等方式及时发现能够利用的漏洞的一种技术。采用漏洞扫描技术能够让网络管理员准确掌握当前运行网络中的安全设置情况以及网络服务的应用情况,这样一旦网络系统中出现安全问题,就可以及时被发现,从而改进和完善网络安全系统里的相关设置项,及时修复并解除安全问题,防止网络系统受到黑客的攻击破坏。在对网络系统进行风险评估时,经常把采用漏洞扫描技术检测出的安全问题作为主要依据。漏洞扫描技术主要包括两类:基于网络的漏洞扫描和基于主机的漏洞扫描。

基于网络的漏洞扫描主要通过非破坏性的、主动的方法来检测系统。基于网络的漏洞扫描方法经常用在安全审计以及穿透实验方面,能够针对性地检测已知的网络漏洞,还能够根据特定的脚本实施模拟攻击网络系统,通过对攻击结果进行全面分析,判断网络系统是否会发生崩溃现象。

基于主机的漏洞扫描[38]主要通过非破坏性的、被动的方法来检测系统。基于主机的漏洞扫描方法涉及很多方面的问题,包括解密口令,还包括操作系统的补丁、文件的属性以及系统的内核等。通过采用基于主机的漏洞扫描方法,能够精确找到出现问题的系统位置,从而及时发现系统存在的漏洞。

### 3. 安全审计技术

工业控制安全审计[39]和传统信息安全审计技术措施,一般都直接采用监听模式,对工业控制系统进行实时地安全监测和审计,相对来说工业控制系统中的安全审计覆盖面会比传统的信息系统更加广泛,涉及更多的工业控制设备、协议、网络和系统漏洞信息。加上多个历史和实时数据库的应用,审计取证的工作也会显得更加复杂。

安全审计系统是实现工业控制网络安全的基础技术设施,其基本功能是实现高效的网络数据采集,支持分布式的安全审计。通过与工业控制网络中其他安全设备和措施,如工业防火墙、入侵检测系统等进行实时地配合,可有效地保障工业控制系统的整体网络安全。

多数工业控制网络安全审计系统的部署都是旁挂于运维管理区域或者核心交换机的,安全审计系统可直接连接至上位机(如 SCADA、HMI)与下位机进行数据交换的交换机镜像端口,从而可以对上位机向下位机下发的各类控制指令以及下位机反馈的各类监控数据进行数据采集和安全审计。并联的旁路部署方式,也不会影响原有的工业控制系统的正常运作。

**4. 态势感知技术**

态势感知[40]最早是军事名词,是指包括雷达、声呐、红外、激光探测等感知设备和技术侦查、部队侦查、卫星侦查等感知手段,主要进行各种情报的探测、获取和综合处理,以掌握战场内各方兵力部署、武器状态和战场环境等实时信息,是指挥信息系统的"耳目"。

工业控制系统的威胁态势感知通过主动探测 IP 网络空间,在检索在线的工业控制系统、关键信息基础设施以及物联网设备的同时,获得设备详细的系统信息、地理分布以及安全隐患,是一种对区域内工业控制及物联网设备进行在线监控、威胁量化评级、网络安全态势分析以及预警的有效技术手段。工业控制系统威胁态势感知技术中的关键技术主要体现在以下几点:工业控制数据挖掘技术、网络空间无状态扫描技术、态势信息融合技术、威胁可视化技术。

工业控制数据挖掘技术的分析方法主要有四种,即关联分析[41]、聚类分析[42]、分类分析和序列模式分析。关联分析的作用在于挖掘各种数据之间的某种联系,即通过给定的数据,挖掘出用户的支持度和可信度分别大于最小支持度和最小可信度的关联规则。序列模式分析和关联分析相似,它更多的是分析数据之间的前后联系,根据给定的数据,找到一个用户指定的、支持度最小的最大序列。分类分析是对集中的数据进行分析归类,按数据的类别分别设定分析模式,然后对其他数据库的数据或信息记录进行分类。聚类分析和分类分析同属数据分类,但区别在于前者不需要预先定义类,且分类具有不确定性。

网络空间无状态扫描技术大多采用多扫描节点的并行扫描方式,从而实现网络空间设备的快速挖掘,如按照原始扫描方式则效率太低且实用性不高。通过多扫描节点的分布式调度实现负载均衡,整个过程包括主机存活判定、端口开放判定、协议识别判定、协议深度交互和设备识别判定、操作系统识别判定、漏洞发现判定。以上过程将实现细粒度的扫描任务,提高任务调度的并发度,而流水线作业式的探测技术还可以有效地穿透防火墙拦截。

态势信息融合技术也可称为多传感器数据融合技术,是处理多源数据信息的重要方法,其作用原理是将各种数据源的数据结合在一起然后再进行形式化描述。采用数据融合通用模型,该模型是目前数据融合过程的通用模型,有4个关于数据融合处理的过程,即目标提取、态势提取、威胁提取、过程提取。这些过程并不是根据事件的处理流程划分,每个过程也并没有规定的处理顺序,实际应用的时候,这些过程通常是处于并行处理的状态。目标提取就是利用各种观测设备,将不同的观测数据进行收集,然后把这些数据联合在一起作为描述目标的信息,进而形成目标趋势,同时显示该目标的各种属性,如类型、位置和状态等。态势提取就是根据感知态势的结果将目标进行联系,进而形成态势评估,或者将目标评估进行联系。威胁提取就是根据态势评估的结果,将有可能存在的威胁建立威胁评估,或者将这些结果与已有的威胁进行联系。过程提取就是明确怎样增强上述信息融合过程的评估能力,以及怎样利用传感器的控制获得最重要的数据,最后得出最大限度提高网络安全评估的能力。

威胁可视化技术[43]就是利用计算机的图形图像处理技术,把威胁态势信息变为便于显示的图形图像信息,使其能够显示在 HMI 上,同时利用交互式技术实现网络信息的处理。当前大多数安全设备和技术措施都是以简单的文字或图表的形式显示处理信息,而其中的关键信息往往难以提取,因此不利于实现真正的安全威胁控制和管理。工控威胁态势感知系统的一个主要功能是对多源信息数据进行融合与分类,以便在决策和措施中及时发现并找到切入点。该方法要求 HMI 对态势感知的最终结果进行可视化显示,充分发挥人在视觉上对图像的感知与处理的优势,从而保证工业控制系统的安全状态能够得到有效的监测和预测。

### 5. 安全白名单技术[44]

实际上,系统结构设计中大量使用的防火墙技术所应用的访问控制功能是最具代表性的一种白名单技术应用,人工配置的每一条访问控制安全策略都是每个访问路径的白名单规则。此外,还有前面介绍的杀毒软件、蜜罐、可信计算、数据库安全也有一些应用。利用简单的白名单技术,在传统的信息系统环境下,显然无法实现对未知威胁的发现,但从保证 ICS 安全的角度来看,几乎可以做到最精确的防御。由于白名单的未知威胁防御技术是一种与黑名单思想截然相反的安全防御方式,它本身不需要对谁是威胁进行分析和探测,只需要关心那些不存在威胁的安全防护。

当前,对工业控制系统的数据泄漏或破坏有四种方式:外部网络攻击、移动存储介质滥用、"零日"病毒[45]、人为操作。对于这几种情况,一定程度上可以通过白名单技术应用来解决。比如,反病毒软件查杀黑名单的方式所造成的误杀和业务影响在工业控制系统环境中是不可接受的,而工业控制系统环境下资产、人员、应用程序和业务具有单一性,由于环境的复杂性给传统信息系统带来的白名单使用缺陷并不存在,因此采用白名单技术正好可以解决这类安全需求。

**6. 蜜罐技术**

蜜罐[47]是一种安全资源,其价值在于被扫描、攻击和攻陷,基本原理就是故意伪装成有安全漏洞的网络系统,诱使黑客对它进行攻击,在攻击者不知道的情况下,对攻击者的行为进行监视并记录。通过对这些记录数据的研究和分析,掌握攻击者采用的攻击方法、目的等信息,所以这是一种典型的行为分析安全技术。

工业控制系统蜜罐技术,主要模拟真实运行的工业控制系统,有助于深入开展工业控制系统信息安全研究,及时了解当前工业控制系统网络安全态势和新型的攻击特征,从而更好地为国家、企业提供有效的防御方案、技术及应对方法。

工控系统蜜罐的数据采集一般有两种方式,即主机采集和网络采集。在蜜罐主机上部署主机采集,用来记录主机的各种信息。网络采集在系统网络中部署,用来记录网络中的所有通信数据,通常处于旁路监听状态。所采集的内容包括蜜罐主机键盘的输入、网络通信端口、系统日志主机文件的变化、网络通信包、PLC运行状态和远程操作日志。主要包括五个模块:蜜罐主机模块、旁路检测模块、工业控制系统状态监控模块、安全操作员模块、工业控制环境模块。

常见工控网络安全防御技术及其描述见表1.2。

表 1.2　常见工控网络安全防御技术

| 工控网络安全防御技术 | 技 术 描 述 |
| --- | --- |
| 入侵检测技术 | 主要分为基于流量、协议和设备状态的三种入侵检测技术 |
| 漏洞扫描与挖掘技术 | 在检测网络或者目标主机的安全级别时,通过采用扫描等方式及时发现能够利用的漏洞的一种技术 |
| 安全审计技术 | 一般采用监听模式,对工控系统进行实时的安全检测和审计,相比于传统信息安全审计技术,覆盖面更广 |
| 态势感知技术 | 一种对区域内工业控制及物联网设备进行在线监控、威胁量化评级、网络安全态势分析及预警的技术手段 |
| 安全白名单技术 | 不需要对谁是威胁进行分析和探测,只关心那些不存在威胁的安全防护 |
| 蜜罐技术 | 故意伪装成有安全漏洞的网络系统,诱使黑客对它进行攻击,在攻击者不知情的情况下进行监视记录 |

# 参 考 文 献

[1]　LI L, DING S X, LUO H, et al. Performance-based fault-tolerant control approaches for industrial processes with multiplicative faults [J]. IEEE Transactions on Industrial Informatics,2019,16(7): 4759-4768.

[2]　PARIDARI K, O'MAHONY N, MADY A E D, et al. A framework for attack-resilient

industrial control systems: Attack detection and controller reconfiguration[J]. Proceedings of the IEEE,2017,106(1): 113-128.

[3] PEARCE H,PINISETTY S,ROOP P S,et al. Smart I/O modules for mitigating cyber-physical attacks on industrial control systems [J]. IEEE Transactions on Industrial Informatics,2019,16(7): 4659-4669.

[4] ZHAO J,YANG C,DAI W,et al. Reinforcement learning-based composite optimal operational control of industrial systems with multiple unit devices[J]. IEEE Transactions on Industrial Informatics,2021,18(2): 1091-1101.

[5] QIN Q,GUO T,LIN F,et al. Energy transfer strategy for urban rail transit battery energy storage system to reduce peak power of traction substation[J]. IEEE Transactions on Vehicular Technology,2019,68(12): 11714-11724.

[6] ZHANG L,CHEN H,WANG Q,et al. A novel on-line substation instrument transformer health monitoring system using synchrophasor data [J]. IEEE Transactions on Power Delivery,2019,34(4): 1451-1459.

[7] WANG Y,LOU S,WU Y,et al. Flexible operation of retrofitted coal-fired power plants to reduce wind curtailment considering thermal energy storage[J]. IEEE Transactions on Power Systems,2019,35(2): 1178-1187.

[8] WANG Z,YANG L,LIU Y,et al. Research of macroscopic control system applied in separate layer water injection in intelligent oilfield [C]//2019 IEEE International Conference on Artificial Intelligence and Computer Applications(ICAICA). IEEE,2019: 1-4.

[9] ZHU L,YU F R,WANG Y,et al. Big data analytics in intelligent transportation systems: A survey[J]. IEEE Transactions on Intelligent Transportation Systems,2018,20(1): 383-398.

[10] TOOTHMAN M,BRAUN B,BURY S J,et al. Trend-based repair quality assessment for industrial rotating equipment[C]//2021 American Control Conference(ACC). IEEE,2021: 502-507.

[11] SISINNI E, SAIFULLAH A, HAN S, et al. Industrial internet of things: Challenges, opportunities,and directions[J]. IEEE transactions on industrial informatics,2018,14(11): 4724-4734.

[12] HUANG K, ZHANG X, MU Y, et al. Building redactable consortium blockchain for industrial internet-of-things[J]. IEEE Transactions on Industrial Informatics,2019,15(6): 3670-3679.

[13] LI J,QIU J J,ZHOU Y,et al. Study on the reference architecture and assessment framework of industrial internet platform[J]. IEEE Access,2020,8: 164950-164971.

[14] CHEN C,LYU L,ZHU S,et al. On-demand transmission for edge-assisted remote control in industrial network systems[J]. IEEE Transactions on Industrial Informatics,2019,16(7): 4842-4854.

[15] MUNICIO E,LATRE S,MARQUEZ-BARJA J M. Extending network programmability to the things overlay using distributed industrial IoT protocols[J]. IEEE Transactions on Industrial Informatics,2020,17(1): 251-259.

[16] FAN Z, REN Z, CHEN A. A modified cascade control strategy for tobacco re-drying moisture control process with large delay-time[J]. IEEE Access,2019,8: 2145-2152.

[17] MARALI M,SUDARSAN S D,GOGIONENI A. Cyber security threats in industrial control

systems and protection[C]//2019 International Conference on Advances in Computing and Communication Engineering(ICACCE). IEEE,2019: 1-7.

[18] 陈星,贾卓生. 工业控制网络的信息安全威胁与脆弱性分析与研究[J]. 计算机科学,2012, 39(S2):188-190.

[19] FARAG H,SISINNI E,GIDLUND M,et al. Priority-aware wireless fieldbus protocol for mixed-criticality industrial wireless sensor networks[J]. IEEE Sensors Journal,2018,19(7): 2767-2780.

[20] JIANG Q,YAN S,CHENG H,et al. Local-global modeling and distributed computing framework for nonlinear plant-wide process monitoring with industrial big data[J]. IEEE Transactions on Neural Networks and Learning Systems,2020,32(8): 3355-3365.

[21] WAN M,LI J,LIU Y,et al. Characteristic insights on industrial cyber security and popular defense mechanisms[J]. China Communications,2021,18(1): 130-150.

[22] SÖNMEZ F Ö,KILIÇ B G. A decision support system for optimal selection of enterprise information security preventative actions[J]. IEEE Transactions on Network and Service Management,2020,18(3): 3260-3279.

[23] SI Y,KORADA N,AYYANAR R,et al. A high performance communication architecture for a smart micro-grid testbed using customized edge intelligent devices(EIDs) with SPI and Modbus TCP/IP communication protocols[J]. IEEE Open Journal of Power Electronics, 2021,2: 2-17.

[24] FERRARI P,SISINNI E,BELLAGENTE P,et al. Model-based stealth attack to networked control system based on real-time Ethernet[J]. IEEE Transactions on Industrial Electronics, 2020,68(8): 7672-7683.

[25] GUENTHER E. ODVA members collaborate, push toward automation and wireless technology: Cybersecurity,enabling technologies for Industrial Internet of Things(IIoT) and cloud computing, industrial Ethernet, and wireless communications are among areas of attention for ODVA members[J]. Control Engineering,2017,64(6): 24-27.

[26] YANG Y,WEI X,XU R,et al. Man-in-the-middle attack detection and localization based on cross-layer location consistency[J]. IEEE Access,2020,8: 103860-103874.

[27] JICHA A,PATTON M,CHEN H. SCADA honeypots: An in-depth analysis of Conpot [C]//2016 IEEE Conference on Intelligence and Security Informatics(ISI). IEEE,2016: 196-198.

[28] MARIAN M,CUSMAN A,STÎNGÁ F,et al. Experimenting with digital signatures over a DNP3 protocol in a multitenant cloud-based SCADA architecture[J]. IEEE Access,2020,8: 156484-156503.

[29] BLACK P E,BOJANOVA I. Defeating buffer overflow: A trivial but dangerous bug[J]. IT Professional,2016,18(6): 58-61.

[30] DAVIS J M,SHEPARD J A. Ensuring thread affinity for interprocess communication in a managed code environment: US 9323592[P]. 2016-04-26.

[31] ZHOU Q,ZHAO L,ZHOU K,et al. String prediction for 4: 2: 0 format screen content coding and its implementation in AVS3[J]. IEEE Transactions on Multimedia,2020,23: 3867-3876.

[32] SCHUCHHARDT M,DAS A,HARDAVELLAS N,et al. The impact of dynamic directories

on multicore interconnects[J]. Computer,2013,46(10):32-39.

[33]  YAN L,XIONG J. Web-APT-detect:A framework for web-based advanced persistent threat detection using self-translation machine with attention[J]. IEEE Letters of the Computer Society,2020,3(2):66-69.

[34]  Hu Y,YANG A,Li H,et al. A survey of intrusion detection on industrial control systems [J]. International Journal of Distributed Sensor Networks,2018,14(8):1550147718794615.

[35]  POPESCU M. Use of OPC protocol,deltaV distributed system and simulink for level control with PI and IMC algorithms[C]//2020 12th International Conference on Electronics, Computers and Artificial Intelligence(ECAI). IEEE,2020:1-4.

[36]  NARDO M,FORINO D,MURINO T. The evolution of man-machine interaction:The role of human in Industry 4.0 paradigm[J]. Production & Manufacturing Research,2020,8(1): 20-34.

[37]  DUAN T,TIAN Y,ZHANG H,et al. Intelligent processing of intrusion detection data[J]. IEEE Access,2020,8:78330-78342.

[38]  WANG B,LIU L,Li F,et al. Research on web application security vulnerability scanning technology[C]//2019 IEEE 4th Advanced Information Technology, Electronic and Automation Control Conference(IAEAC). IEEE,2019,1:1524-1528.

[39]  LIU M,WANG B. A web second-order vulnerabilities detection method[J]. IEEE Access, 2018,6:70983-70988.

[40]  BARANKOVA I I,MIKHAILOVA U V,KALUGINA O B. Analysis of the problems of industrial enterprises information security audit[C]//International Russian Automation Conference. Cham:Springer,2019:976-985.

[41]  LIU M,WANG B. A Web second-order vulnerabilities detection method[J]. IEEE Access, 2018,6:70983-70988.

[42]  MENG X,WANG S,QIU J,et al. Dynamic multilevel optimization of machine design and control parameters based on correlation analysis[J]. IEEE Transactions on Magnetics,2010, 46(8):2779-2782.

[43]  LIU G,QI N,CHEN J,et al. Enhancing clustering stability in VANET:A spectral clustering based approach[J]. China Communications,2020,17(4):140-151.

[44]  PHAM V,DANG T. Cvexplorer:multidimensional visualization for common vulnerabilities and exposures[C]. 2018 IEEE International Conference on Big Data. IEEE,2018: 1296-1301.

[45]  FUJITA S,SAWADA K,SHIN S,et al. Model verification and exhaustive testing for whitelist function of industrial control system[C]//IECON 2019-45th Annual Conference of the IEEE Industrial Electronics Society. IEEE,2019,1:5874-5879.

[46]  孟庆微,仇铭阳,王刚,等. 零日病毒传播模型及稳定性分析[J]. 电子与信息学报,2021, 43(7):1849-1855.

[47]  ZHANG W,ZHANG B,ZHOU Y,et al. An IoT honeynet based on multiport honeypots for capturing IoT attacks[J]. IEEE Internet of Things Journal,2019,7(5):3991-3999.

# 第 2 章

## 蜜罐与工控蜜罐

## 2.1 蜜罐技术基础

随着近年来网络技术的不断发展,更多新形式的网络安全威胁不断涌现,但防火墙、入侵检测等被动防御技术并不能及时对抗安全威胁的演化。网络攻防中,为规避和抵御网络威胁,防御方需对系统进行全天候监控,修复可被攻击者利用的漏洞,才能确保系统的安全。若系统被攻陷,防御方很难捕获到攻击信息,即攻击方不会有任何损失,而防御方要时刻面临系统与信息被破坏或窃取的风险,这种防御方与攻击方信息不对称的局面使得互联网的安全状况日益恶化[1]。蜜罐(honeypot)作为一种主动防御技术,为防御方扭转这一局面提供了有效帮助。

蜜罐技术是继防火墙、入侵检测系统等技术之后,又一强有力的网络安全技术,是构建全网安全的重要防御手段,能够有效地帮助反病毒软件及时获取新的恶意代码从而及时进行更新,已成为网络安全研究人员和工程技术人员关注的重要防御手段。本章主要介绍了蜜罐的概念、构成、部署及应用,并通过案例分析,结合实际讨论了蜜罐的作用与应用效果,有助于读者理解蜜罐在网络防御中的作用及使用蜜罐的优势与不足。

### 2.1.1 蜜罐的基本概念

蜜罐这一概念最初出现在一本 20 世纪出版的小说——*The Cuckoo's Egg* 中,作者 Clifford Stoll 在 1988 年提出"蜜罐是一个了解黑客的有效手段"。之后,蜜罐技术受到越来越多的网络安全研究员们的注意。蜜罐属于一种主动防御手段,通过模拟目标系统(如 Web 服务器、邮件服务器等)的交互行为,主动向攻击者暴露漏洞以诱骗攻击者对漏洞进行非法使用,从而捕获他们的攻击行为并进行研究分析,了解攻击工具与方法,推测攻击意图和动机。

蜜罐作为一个被严密监控的计算资源,主要被用来探测、攻击或攻陷,也就是说,蜜罐是"一个信息系统资源,其价值在于未经授权或非法使用该资源"。蜜罐技术本质上是一种对攻击方进行欺骗的技术,而蜜罐之所以有价值,很大程度上是因为蜜罐能够诱骗攻击者,让攻击者相信他们获取的是真实的网络信息。1999 年,Honeynet Project 组织成立,创始人 Lance Spitzner 认为:"蜜罐是网络安全的一种资源,其目的在于保护计算机网络安全,价值在于被探测、攻击和攻陷,即意味着蜜罐希望受到探测和攻击。蜜罐本身不修正任何问题,仅为用户提供额外的、有价值有意义的信息。"

蜜罐的价值可以根据捕获的网络信息来衡量,通过监测进出蜜罐的数据来收集网络入侵检测系统(network intrusion detection system,NIDS)无法获得的信息。例如,即使网络流量被进行了加密保护,依旧可以记录一个交互式会话中的按键。NIDS 只能检测到已知特征的恶意攻击行为,对于未知的攻击通常是无法检测到的,而蜜罐技术可以弥补这一缺陷。通过观察离开蜜罐的网络流量,可以检测到漏洞威胁,包括从未见过的漏洞利用手段。由于蜜罐没有生产价值,任何链接蜜罐的尝试都会被认为是可疑的,因此,分析蜜罐收集的数据所产生的误报比从入侵检测系统收集到的数据所产生的误报少[2]。

根据蜜罐误报漏报率低、可检测未知攻击等优点,蜜罐已经成为在网络犯罪取证、蠕虫传播检测、拒绝服务防范等方面有效的主动防御手段。然而,蜜罐本身只是一个静态、固定不动的陷阱网络,对于误入陷阱的鲁莽敌手十分有效,但一旦攻击者意识到蜜罐的存在而离开或是完全控制该蜜罐,蜜罐将失去原本的价值。随着网络对抗的发展,攻击者意识到蜜罐的制约效用并开始着手研究如何识别、躲避和反制蜜罐[3],甚至出现了商业反蜜罐软件;而防御方也推出动态蜜罐[4]、阵列蜜罐[5]等对抗手段,诱骗攻防已进入到深层演化阶段。

## 2.1.2　蜜罐系统的构成

蜜罐的主要功能包括伪装欺骗、数据采集、数据分析和访问控制,为实现这些功能,蜜罐系统关键机制的组成结构分为核心机制和辅助机制两类,如图 2.1 所示。核心机制是蜜罐技术达成对攻击方进行诱骗与监测的必需组件,包括欺骗环境构建机制、威胁数据捕获机制和威胁数据分析机制。辅助机制是对蜜罐技术其他扩展需求的归纳,主要包括安全风险控制机制、配置与管理机制、反蜜罐技术对抗机制等[1]。

伪装与欺骗是蜜罐最基本的功能,蜜罐需要模仿真实的主机系统,并模拟真实服务器上所运行的应用服务,才能使自身更容易吸引攻击者进行的攻击,被攻击者识别和绕过的可能性也越小。通过欺骗环境构建机制构造出对攻击者具有诱骗性的安全资源,吸引攻击方对其进行探测、攻击与利用。该机制的实现方式决定了蜜罐能够为攻击方所提供的交互程度,主要有基于模拟仿真的实现方式和基于真实系统搭建的

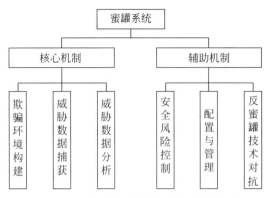

图 2.1 蜜罐系统的关键功能机制的构成

实现方式。采用模拟仿真方式通过编制软件构建出一个伪装的欺骗系统环境来吸引攻击,并在一个安全可控的环境中对安全威胁进行数据记录,这种方式一般只能为攻击者提供受限的交互程度,即只能实现低交互式蜜罐,对于一些未知的攻击方式与安全威胁不具备捕获能力;采用真实系统搭建方式能够比较容易地构建出一个具有良好诱骗性的蜜罐欺骗环境,并能够给攻击方提供充分的交互程度,因此,这种方式实现的蜜罐被称为高交互式蜜罐。

数据采集是蜜罐最重要的功能,在伪装欺骗模块将攻击者吸引到蜜罐中之后,蜜罐需要采集攻击者的行为信息,获取攻击数据。威胁数据捕获机制可以对诱捕到的安全威胁进行日志记录,尽可能全面地获取各种类型的安全威胁原始数据,如网络连接记录、原始数据包、系统行为数据、恶意代码样本等。该机制包括主机捕获和网络捕获两种实现方式:主机捕获指在蜜罐主机上获取并记录攻击者行为的数据信息,这种方式快捷简单,但容易被攻击者识破;网络捕获是指通过构造蜜罐网络来获取与记录攻击者行为的数据信息,这种方式不易被攻击者发现,但在环境实现上较为复杂。

数据分析包括网络协议分析、网络行为分析和攻击特征分析等,数据分析的主要目的有两个:分析攻击者在蜜罐系统中的活动、非法访问系统所使用工具等,提取攻击特征;对攻击者的行为建立数据统计模型。利用威胁数据分析机制,在捕获的安全威胁原始数据的基础上,将捕获的各种数据解析为有意义的、可理解的信息,通过这些信息分析追溯安全威胁的类型与根源,并对安全威胁态势进行感知。在数据分析的基础上实现实时预警,保护正常业务网络。可视化分析技术可以进一步对蜜罐捕获的安全威胁数据进行 2D 图形化与 3D 动画效果展示,以非常直观的方式将威胁数据展示给安全研究人员,使他们快速理解捕获的安全威胁的整体态势,并发现其中可能包含的异常事件。

当攻击者被蜜罐吸引并攻击蜜罐时,可能存在蜜罐被攻击者攻破的风险,这时攻击者可能会获取整个网络系统的安全配置信息,或者将被攻破的蜜罐作为跳板,进一步地对网络中的其他主机和服务器进行攻击。因此,必须对蜜罐以及蜜罐所在网络的进出口流量进行控制,从而在攻击者攻破蜜罐后限制其访问行为,或者对其访问流量进行重定向。为了应对攻击方所引入的反蜜罐技术,安全研究员们设计了一系列对抗现有反蜜罐技术的机制,如安全风险控制机制可以确保部署的蜜罐系统不被攻击方恶意利用去攻击互联网和业务网络,除此之外,配置与管理机制使得部署方可以便捷地对蜜罐系统进行定制与维护,反蜜罐技术对抗机制可以提升蜜罐系统的诱骗效果,避免被具有较高技术水平的攻击方利用反蜜罐技术而识别[1]。

### 2.1.3　蜜罐部署以及应用

蜜罐部署包括蜜罐的部署位置和部署策略。蜜罐的合理部署使得它不仅可以吸引外部攻击,还可以吸引内部攻击[6]。在不同研究层面,蜜罐部署的侧重点也不同:在应用研究层面,蜜罐部署关注的是不同交互程度的蜜罐部署在网络中的位置,合理的配合使用才能使蜜罐发挥出最佳数据捕获效果;在数据分析研究层面,蜜罐部署关注的是如何在全局范围内部署分布式蜜罐,确定合理的蜜罐数量和蜜罐密度,使采集到的信息量能够反映网络的信息状况。此外,在对抗反蜜罐技术上,可以通过追踪反蜜罐技术的发展、研究蜜罐动态部署技术以避开攻击者的识别,对于蜜罐部署研究有着极大的促进作用[6]。

蜜罐的部署方式根据地理位置可分为单点部署和分布式部署[7]。单点部署即将蜜罐系统部署于同一区域,如工控系统工业区、无线网络作用域[8]、特定实验场景模拟区[9]等,部署难度小,但作用范围有限,风险感知能力弱。分布式部署则是将蜜罐系统部署于不同地域[10],利用分布在不同区域的蜜罐收集攻击数据,扩大数据收集范围,使实验数据更加全面、有效地感知总体攻击态势,克服了传统蜜罐监测范围窄的缺陷,但部署过程较困难且维护成本高。因此需要构建一体化软件体系框架,包括层次化、支持分布式处理、统一资源管理、统一用户界面接口、可配置算法服务和工作流、良好的可扩展能力等,构成一个有效的网络安全风险感知模型,确保其他业务对攻击数据资源的需求与共享,提高网络整体的安全防护水平。具有较大影响力的分布式蜜罐(distributed honeypot)系统有 The Honeynet Project 的 Kanga 及其后继GDH 系统、巴西的分布式蜜罐系统、欧洲电信的 Leurre. Com 与 SGNET 系统、中国的 Matrix 分布式蜜罐系统[11]等。

蜜罐可以部署于网络中的任何位置,并不需要一个特定的支撑环境[6]。根据防御者期望获取的攻击信息可以放在以下四个位置:在防火墙前面(蜜罐 A)、在组织安全防线以内的隔离区(demilitarized zone,DMZ)(蜜罐 B)、在组织的内部网络(蜜罐 C)、在组织安全防线之后(蜜罐 D),如图 2.2 所示。

**1. 在防火墙前面**

将蜜罐部署在防火墙前面,可以统计针对目标网络的攻击企图,即使蜜罐系统被攻击者攻陷,内部的网络安全也不会遭到威胁。缺点是会产生不可预期的网络流量,

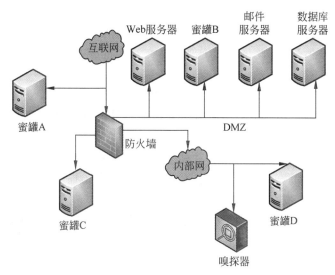

图 2.2　蜜罐在网络中的部署位置

如端口扫描或网络攻击所导致的数据流,无法定位内部的攻击信息,也捕获不到内部攻击者[6]。

### 2. 在组织安全防线以内的 DMZ

将蜜罐部署在组织安全防线以内的 DMZ,可以检测或响应高风险网络上的攻击或未授权的活动。由于蜜罐隐藏于 DMZ 区域的各种服务器中,且工作状态类似于网络内的其他系统(如 Web 服务器),当攻击者依次扫描和攻击各服务器时,蜜罐可以检测到攻击行为,并通过与攻击者的交互响应取证其攻击行为;当攻击者随机选取服务器进行攻击时,蜜罐有一定概率可以避开,不易被攻击者发现。因此只要有出入蜜罐的活动流量均可判定为可疑的未授权行为,从而捕获到高价值的非法活动。在此位置可以部署低交互式蜜罐用于检测,高交互式蜜罐用于响应,DMZ 也是目前大多数蜜罐部署的常用位置[6]。

### 3. 在组织的内部网络

将蜜罐部署在组织的内部网络,可以检测或响应来自网络内部的攻击或未授权的活动。统计显示,有 80% 的攻击来自网络内部,因此部署于该位置的蜜罐对于捕获来自内部的扫描和攻击作用最大。在内部网络部署蜜罐能够建立基于欺骗防御技术的威胁监测系统,通过在内网中部署具备感知能力的诱捕节点以及诱饵和蜜网中心,协同联动。当攻击者、蠕虫病毒等触碰到诱捕节点时,蜜罐会将收集到的数据及时上报管理端并产生威胁告警,同时将攻击转移到蜜网中心,延缓攻击时间,及早地发现攻击者并实施针对性防御,从而迅速阻断威胁事件,保护工业控制网络资产安全。

### 4. 在组织安全防线之后

将蜜罐部署在组织安全防线之后,可以检测和响应突破安全防线后的攻击行为,并阻止攻击行为的蔓延。此位置适于部署高交互式蜜罐,配合防火墙可以很好地进行数据控制。

作为一种主动安全防御技术,蜜罐最初的应用场景是辅助入侵检测技术来发现网络中的攻击者与恶意代码,并对具有主动传播特性的网络蠕虫等恶意代码具有很好的检测效果。如 Dagon 等[12]构建的 HoneyStat 蜜罐系统,可针对局域网蠕虫传播场景,生成内存操作、磁盘、网络这三种不同类型的报警事件。在检测恶意代码的基础上,最近发展出的蜜罐技术还具备恶意代码样本自动捕获的能力,为僵尸网络、垃圾邮件等特定类型安全威胁的追踪分析提供了很好的环境支持。如春秋云阵新一代蜜罐系统基于"欺骗式防御"理念,利用"平行仿真"技术和全量行为捕获技术,构建高甜度的蜜罐环境,诱捕攻击者进入仿真网络环境中,大大延缓了攻击者对实际业务网络的攻击,同时全程记录攻击轨迹和攻击行为,实现了对攻击者的快速取证和溯源。

由于蜜罐系统捕获到的安全威胁数据具有纯度高、数据量小的优势,通常情况下也不会含有网络正常流量。此外,只要蜜罐系统能够覆盖网络中的一小部分 IP 地址范围,就可以在早期监测到网络探测与渗透攻击、蠕虫等普遍化的安全威胁。因此,蜜罐非常适合作为网络攻击特征提取的数据来源。2016 年锦行科技推出的幻云蜜罐系统[13],以研究入侵者心理为切入点,通过搭建高度仿真的业务系统,设置大量的诱饵来诱敌深入,并全面采集入侵者留下的"蛛丝马迹",对相关数据进行深入分析,帮助企业定位入侵者的身份,预测入侵者背后的攻击意图,有针对性地保护客户的核心信息资产安全,消除后续可能过程实现的威胁。这些基于攻击语境的威胁数据,还可转化为标准的威胁情报,与客户现有的防御产品协同联动,帮助用户阻断和隔离相关攻击。除此以外,安全研究人员提出了多种基于蜜罐系统的特性,如表 2.1 所示。

表 2.1    蜜罐系统特性

| 应 用 场 景 | 蜜 罐 特 性 |
|---|---|
| 在防火墙前面 | 统计针对目标网络的攻击企图 |
| DMZ 区 | 部署低交互式蜜罐用于检测,高交互式蜜罐用于响应 |
| 在组织的内部网络 | 建立基于欺骗防御技术的威胁监测系统 |
| 在组织安全防线后 | 部署高交互式蜜罐,协助防火墙进行数据控制 |

## 2.2  蜜罐的种类

近年来,蜜罐的适用范围越来越广,种类也更加丰富。本节主要针对蜜罐的业务类型、实现方式以及系统的交互程度对蜜罐进行划分。随着蜜罐的功能由单一诱骗目标逐步进化,更多更复杂的对外功能应运而生,针对不同的业务应用场景构建的蜜罐系统更加完备,如为工业控制系统建立部署的工控蜜罐等。在不同场景下,蜜罐的实现方式也会随之改变,包括仿真实现、模拟实现、实体实现这三种方式。根据系统允许与入侵者交互的程度差异,蜜罐可分为低交互蜜罐、高交互蜜罐和混合交互蜜罐3种类型[3]。低交互型蜜罐系统一般采用仿真方式模拟操作系统和服务有漏洞的部分;高交互型蜜罐系统是根据真实的控制系统搭建,相对于低交互型蜜罐系统,在协议、人机界面、设备模拟三方面做了提升,提高了PLC的高交互性,且配置相对简单,迷惑性最强;混合交互型蜜罐系统在低交互蜜罐的基础上加入一些仿真软件来模拟复杂的服务,迷惑性较强,可捕获的攻击信息较多[14]。

无论使用哪种类型,蜜罐都要在泛化和规范之间进行权衡。一方面,蜜罐必须吸引入侵者对蜜罐资源的兴趣;另一方面,它必须适应当前的网络状态,如活跃的机器和可用的服务。

## 2.2.1　蜜罐业务类型

从蜜罐的业务类型角度出发,针对不同业务应用场景,可分为Web蜜罐、数据库蜜罐、服务蜜罐、工控蜜罐。

考虑到当今针对Web应用程序日益增加的网络攻击行为,Web蜜罐作为一种有效的防御方式受到研究人员的极大关注。Web蜜罐能使研究人员更好地了解和防护网络攻击,目前主要的Web蜜罐有Wordpress[15]、Web Trap[16]、Glastopf[17]等。其中,Wordpot是一种Wordpress蜜罐,用于检测用于指纹按压装置的插件、主题、音色和其他常见文件的探头。Glastopf是一个低交互的Web蜜罐,能够模拟数千个漏洞,从针对Web应用的攻击中收集数据。Glastopf蜜罐还包括报告功能,能够让部署者分析和共享所收集的攻击数据。Web Trap旨在创建欺骗性网页,以欺骗和重定向攻击者远离真实网站。欺骗性网页是克隆真实网站生成的,尤其是其登录页面。该蜜罐由以下两部分组成:网络克隆器——负责克隆真实网站和创建欺骗性的网页;欺骗性Web服务器——负责为克隆网页提供服务,并根据请求向系统日志服务器报告。这些蜜罐有一个主要的共同点:它们使用的都是来自真实的Web应用程序的修改模板,并假装它们很脆弱,从而吸引攻击者。这些模板是原始Web应用程序的修改版本,不会损害底层系统,但能够记录请求。这种方法的优点是蜜罐看起来与真实的目标十分相似,可以吸引到更多更复杂的攻击,局限性在于必须编写新的模板来支持新的漏洞,这是一个非常耗时的过程。

数据库泄露是最大的工控网络安全威胁之一。由于多年收集的客户数据通过电子邮件、社会安全号码和个人信息暴露出来,这将使易受攻击的组织面临定性和定量风险。数据库蜜罐有HoneyMySQL[11]、Elastic Honey[18]、NoSQLpot[19]、MongoDB-HoneyProxy[20]等。HoneyMySQL蜜罐是为了保护基于SQL的数据库。该蜜罐用Python编写,适用于大多数平台。Elastic Honey是一个简单的弹性搜索蜜罐,旨在捕捉攻击者利用远程代码/命令执行(remote code/command execute,RCE)漏洞在弹性搜索。NoSQLpot 是一个开源蜜罐,用于 NoSQL 数据库,可自动检测攻击者,记录攻击事件的过程,模拟引擎使用扭曲的框架进行部署。

服务蜜罐本质上模拟各种服务,如打印机服务、相机服务、远程桌面协议(remote desktop protocol,RDP)服务、响应英特尔主动管理技术平台的网络服务器,这将吸引攻击者搜索特定的服务。这些蜜罐还可以捕获基于物联网的攻击者,如 Mirai 未来组合、佩里希奇僵尸网络。目前主流的服务蜜罐有:用于 SMB 协议的简单高交互蜜罐 SMB[21];基于 Twisted Python 实现的微软 RDP 蜜罐 RDPy[22];honeypot-camera 观察摄像头蜜罐[23]等。

在工业互联网安全防护领域中,研发部署具有工业网络环境特征的工控蜜罐,可以吸引攻击者或网络空间搜索引擎的扫描,并且可以捕获行为数据。通过对数据的分析和溯源,确定扫描目的并区分攻击行为和扫描行为。由于工控领域对业务连续性的极高要求和其特殊性,工控蜜罐要与工控设备或系统紧密相关,因此工控蜜罐带有行业性,必须根据现网的实际业务,如结合数据采集与监视控制系统(supervisory control and data acquisition,SCADA)系统的人机接口(human machine interface,HMI)进行行业监控指标、前端功能展示等业务进行模拟。通过模拟真实工控设备诱导攻击者延缓攻击行为,获取攻击方式,提高主动防御能力[24]。目前主流的工控蜜罐有 Conpot[25]、Gaspot[26] 和 SCADA[27]等。Honeynet 集团在 2013 年发布了名为 Conpot 的用于 SCADA 的蜜罐,旨在收集有关针对工业控制系统的对手的动机和方法的情报。Conpot 是用于 SCADA 的蜜罐之一,支持智能电网的各种用例,Conpot 的特点是易于与模拟的 PLC 一起实现[28]。工控蜜罐技术发展至今,已经成为网络安全研究人员对工业控制系统安全进行风险监测、态势分析、追踪溯源的主要技术手段之一,其主动防御的思想为现代工业信息安全态势感知体系建设提供了强有力的支撑。Gaspot 蜜罐旨在模拟 Veeder Root Gaurdian AST,由于 Gaspot 蜜罐的随机化特征,因此没有两个 Gaspot 蜜罐看起来是完全相同的。随着网络的普及和基础设施的建设发展,大部分的工业设备受控于 ICS。SCADA 是一种特殊的 ICS,网络的发展促进了它与工业设备之间的数据处理与通信能力的发展。虽然数据分析和设备管理变得更加方便,但是随之而来的是更严重的网络安全威胁。传统的网络安全技术,如防火墙技术、密码算法等在 ICS 中由于受到设备的限制而无法发挥原本的防护作用。因此,将蜜罐系统引入 SCADA 系统,引诱攻击者攻击蜜罐并进行攻击数据分析,从而达到安全保护的目的。

### 2.2.2　蜜罐实现方式

考虑到蜜罐系统的构建经历了由实验室到正式投入使用的过程,可将蜜罐实现方式分为以下三种:仿真实现、模拟实现、实体实现。

应对日益严峻的工业互联网安全问题,由于仿真技术逼真度较低、实现成本较少、实现程度容易,因此成为网络攻防演练、安全事件追溯分析以及预研技术验证的重要支撑技术。针对现有工控蜜罐存在无法与攻击者交互,或者有交互但数据、系统可信度低的问题,Tian 等[29]使用了一个考虑了低和高相互作用模式的蜜罐博弈理论模型来研究攻击和防御的相互作用,从而优化针对 APT 的防御策略。在该模型中,将人力分析和蜜罐分配成本作为有限资源引入。他们证明了贝叶斯纳什均衡策略的存在性,并得到了有限资源条件下的最优防御策略。最后,通过数值仿真验证了该方法在获得最优防御效果方面的有效性。文献[30]中提出了一个蜜罐系统,对攻击它的对手进行了攻击严重性分析。为了延迟攻击者的检测,基于 SSH 蜜罐 Cowrie 的 Q-learning 技术使蜜罐具有自适应性,并获得了尽可能多的入侵者信息。根据攻击的严重性对攻击进行分类可以被实际系统用来增强防火墙、入侵检测系统和其他针对这些威胁的安全机制。文献[31]中提出了一种基于软件定义交换的集中式蜜罐方法。通过开发和提出的基于蜜罐的入侵检测和预防方法,可以减少误报、网络流量和网络安全成本,以及进行集中控制。该系统已在 GNS3 仿真软件中运行,通过降低虚警水平、网络流量和网络安全成本,取得了成功的结果。文献[32]中提出了一种基于蜜罐的入侵检测/预防系统方法。所开发的蜜罐服务器应用程序与 IDS 相结合,可实时分析数据并有效运行。此外,通过结合低交互和高交互蜜罐的优点,实现了一种优越的混合蜜罐系统。使用了虚拟化技术,能够以实时动画的形式直观地显示服务器上的网络流量。随着反蜜罐技术的不断进步,现有的蜜罐技术也要不断进步,比如利用云计算平台的工控新型蜜罐技术部署结构与社区协作式的安全威胁监测模式;进行可定制、可扩展的工控蜜罐技术框架的研究与开发以及开发具有业务环境自适应能力的动态蜜罐技术[1]。

在正式投入使用前,研究者还会对蜜罐进行模拟实现。相对而言,模拟实现技术逼真度适中、实现成本一般、实现程度中等。Shi 等[33]将蜜罐的动态特性应用于系统的四种服务中,采用区块链平台(以太坊)对提出的系统进行去中心化,通过交付私有链来存储端口访问数据。为了说明该方案在理论和实践上的有效性,他们进行了安全分析、窃听攻击、扫描攻击和 DoS 攻击实验。结果表明,该方案能够有效地防范网络攻击。Du 等[34]为了保护 SDN 网络免受这种反蜜罐攻击,提出了一种具有理论上性能保证的伪蜜罐对策(PHG)。证明了 PHG 策略中的几个贝叶斯纳什均衡组。在实验台上对所提的方案进行了评估,实验结果表明,所提方案能够有效地抵抗DDoS 攻击,并且与现有的方法相比能耗更低。

蜜罐可以以多种不同的形式应用于网络安全的实践中,因此蜜罐的实体实现方式是多种多样的。与前两者实现方式相比较,实体实现技术逼真度较高、实现成本较大、实现程度较困难。目前较为熟知的有国外的 MHN(modern honey network,现代蜜网),T-Pot 以及国内的天融信。MHN 是一个开源软件,它简化了蜜罐的部署,同时便于收集和统计蜜罐的数据。用 ThreatStream 来部署,MHN 使用开源蜜罐来收集数据,整理后保存在 Mongodb 中,收集到的信息也可以通过 Web 接口来展示或者通过开发的 API 访问。MHN 能够提供多种开源的蜜罐,可以通过 Web 接口来添加它们。一个蜜罐的部署过程很简单,只需要粘贴、复制命令就可以完成部署,部署完成后,可以通过开源的协议 hpfeeds 来收集信息。T-Pot 蜜罐是德国电信下的一个社区蜜罐项目,是一个基于 Docker 容器的集成了众多针对不同应用蜜罐程序的系统。天融信蜜罐基于 SDN/NFV、内核指纹篡改、虚拟化及容器等技术,通过在网络中部署仿真主机构建主动诱捕蜜网,可有效加强在攻击预警、攻击溯源取证、威胁情报管理、应急处置等方面的综合能力,弥补了网络防护体系的短板,提升了主动防御能力。

### 2.2.3　蜜罐交互性

蜜罐的交互程度是指攻击者与蜜罐相互作用的程度,从这个角度出发,可以将蜜罐分为三种:低交互蜜罐、高交互蜜罐以及混合交互蜜罐。

低交互蜜罐系统通常只是对各种系统所提供服务的行为进行模拟,通过打开伪造的端口对攻击做出简单的响应,其主要目的是对未授权的扫描或者连接进行检测。低交互蜜罐的优点是简单、可拓展以及易维护。不过由于低交互蜜罐系统交互程度低,因此很容易被攻击者识破。通常,大多数企业都会模拟 TCP 和 IP 等协议,这使得攻击者认为正在连接的是真实系统而不是蜜罐环境。高交互蜜罐通常使用真实的操作系统诱捕攻击者入侵,因此通过高交互蜜罐,防御方可以更好地记录和发现攻击者的攻击行为和目的,从而及时有效地发现系统所存在的漏洞以提供系统安全性[2]。不过由于高交互蜜罐具有一个真实的操作系统,一旦蜜罐被识破,攻击者很容易将其作为跳板攻击真正的系统。此外,高交互蜜罐构建诱捕系统需要花费大量的时间和精力,同时也需要较高的维护量。相比于上述两种,混合交互蜜罐包括了低交互蜜罐的可扩展性和高交互蜜罐的精确性。为了实现这一目标,低交互蜜罐必须能够收集当未知攻击重定向到高交互蜜罐时的所有攻击信息,而没有受到任何限制的攻击者可以接近高交互蜜罐。通过使用混合架构,可以降低蜜罐部署的成本。

#### 1. 低交互蜜罐

低交互蜜罐模拟网络堆栈或一台真实机器的某个特定的功能,它们可以让攻击者与目标系统进行有限次数的交互,帮助防御者了解攻击者行为并分析其目的,从而进行合适的处理[2]。例如,一个模拟的 Web 服务器只响应对于某个特定文件的请求或者只实现整个 Web 规范的一个子服务。交互的层次应该满足"刚好够用"的条件,从而欺骗攻击者或自动化工具——如一个寻找特定文件而危害服务器的蠕虫。低交互蜜罐主要用于收集数据,它们可以作为提供预警的入侵检测系统,也就是对新的攻击提供自动报警。此外,它们还可以用于引诱攻击者远离生产机器[2]。常见的低交互蜜罐有 ManTrap[35]、Specter[35]、Honeyd 等。

ManTrap 是一个由赛门铁克公司开发的低交互商业蜜罐系统。ManTrap 常常被形象地称之为"笼子(cage)"。基本上,一个"笼子"就是连接一个在特定网络接口卡上主机操作系统的副本。在一台单一的机器上 ManTrap 能支持 4 个这样的操作环境。在安装期间,在"笼子"内部的操作环境实质上与安装 ManTrap 的机器环境一样。在 ManTrap 软件内核上也有一个交互界面,控制"笼子"和主机内核之间的交互。尽管 ManTrap 存在于单一的主机上,但是在网络上这些"笼子"是作为 4 个单独的系统而出现的。因此,一个 ManTrap 就是网络上拥有 4 个系统的子网,每个系统都有网络接口。由于 ManTrap 使用的是现存的操作系统,因此没有任何的软件运用和特征子集的限制,可以在 ManTrap"笼子"上安装差不多任何一个应用程序和数据库,这一点与在一个主机上安装没有任何区别,ManTrap 对其"笼子"运行的应用程序几乎没有限制,ManTrap 仅仅限制了应用程序和内核之间的交互,内核之上的交互界面限制了应用程序和内核之间的联系。

Specter 也是低交互蜜罐系统,所以并没有真正的系统可供攻击者交互。即使在攻击者完全控制了机器并以此作为平台进行新的攻击时,它的风险都是很低的。Specter 的价值在于欺骗,能快速容易地发现攻击者的攻击行为。作为一个蜜罐系统,Specter 较少的误报和漏报,简化了欺骗进程。

Honeyd 是一个典型的低交互虚拟蜜罐框架,用于在网络层模拟虚拟的计算机系统。它由 Niels Provos 创建和维护。该框架可以实现在一台物理机器上同一时间建立和运行多个虚拟机或相应的网络服务。因此,Honeyd 是一个模拟 TCP、UDP 和 ICMP 服务,绑定特定的脚本到特定端口来模拟特定服务的低交互蜜罐。图 2.3 为典型的低交互蜜罐部署架构图。

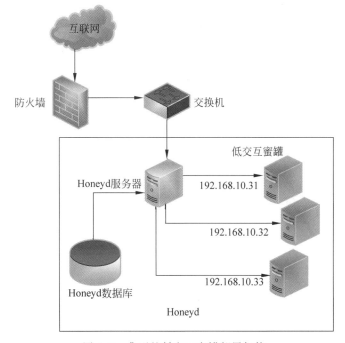

图 2.3 典型的低交互蜜罐部署架构

　　低交互蜜罐的优点是多方面的,它们很容易建立和维护,不需要大量的计算资源,也不会被攻击者完全攻陷。因为攻击者只与一个模拟系统的部分功能进行交互,所以不会完全攻陷系统,这样一来,低交互蜜罐就构造了一个可控环境。不过,低交互蜜罐系统交互程度低,仅模拟少量服务,因此很容易被攻击者识破[2]。

　　**2. 高交互蜜罐**

　　高交互蜜罐(high-interaction honeypots)是常规的计算机系统,如计算机、路由器或交换机。该系统在网络中没有常规任务,也没有固定的活动用户。因此,除了运行系统上的正常守护进程或服务,任何不正常的进程或者任何产生的网络流量都是可疑的。这些假设可以进行检测攻击:每个与高交互蜜罐的交互都是可疑的,这种交互可以指向一个可能的恶意行为。因此,所有出入蜜罐的网络流量都被记录下来。此外,系统的活动也被记录下来以备日后分析[2]。

　　常见的高交互蜜罐有 Xpot[36]、CryPLH[37]、S7commTrace[38]等,图 2.4 是一个高交互蜜罐系统拓扑图[1]。

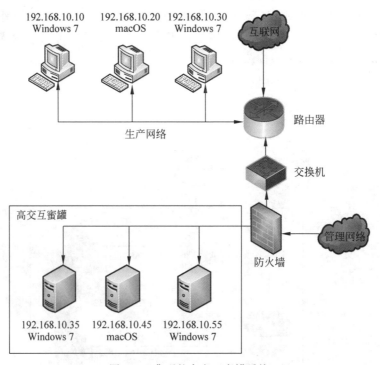

图 2.4　典型的高交互蜜罐系统

　　SCADACS 团队的 Stephan Lau 等为了提高 PLC 蜜罐的交互能力,着手开发了一个 Siemens S7 系列 PLC 的模拟器原型——Xpot。Xpot 是一个模拟 S7-300 系列

PLC 的高交互蜜罐。Xpot 支持 PLC 程序的编译和解释以及 S7comm 协议和 SNMP,支持运行 PLC 程序,并通过模拟 PLC 的网络栈来防止 Nmap 等工具的指纹探测。与低交互蜜罐相比,Xpot 在交互性和不可区分性上有所提高,不过精确的 PLC 模拟仅仅是一个可信蜜罐的一部分,添加工业过程的模拟可以进一步提高蜜罐的交互性[39]。

CryPLH 是一个高交互蜜罐。可以作为大型安全监控系统的一部分来探测针对工控系统的攻击,该蜜罐基于现存解决方案的几个方面做了改进,尤其是交互水平和可配置性。评估结果显示该蜜罐从攻击者角度与真实设备有很好的可区分性,该蜜罐还能够识别一些已经存在的安全问题,并实现特定的防火墙规则来保护真实设备免于攻击。

高交互蜜罐的优点是为攻击者提供了一个完整的可交互的系统。高交互蜜罐不模拟任何服务、功能或基础操作系统,也就是说,它提供真实的系统和服务。因此,攻击者能够完全攻陷主机并控制它,这就使防御方能够了解更多有关攻击者所使用工具、手段和动机的信息,更好地了解攻击者团体[2]。高交互蜜罐的缺点是攻击者可能完全地访问真实的操作系统,所以系统存在完全攻陷的可能。此外,高交互蜜罐需要较高的维护量,防御方需要时刻监测蜜罐,观察攻击者行为并进行分析。

**3. 混合蜜罐**

当低交互蜜罐不够强大,而高交互蜜罐又过于昂贵时,混合蜜罐包括了低交互蜜罐的可扩展性和高交互蜜罐的精确性。通过使用混合架构,可以降低蜜罐部署的成本。文献[40]中利用 HoneyPhy 创建了 HoneyBot。HoneyBot 是第一款专门为网络化机器人系统设计的软件混合交互蜜罐。通过在 HoneyBot 上模拟不安全行为和实际执行安全行为,试图欺骗攻击者相信他们的攻击是成功的,同时记录所有通信以用于攻击者归因和威胁模型创建。文献[41]中提出了一种新的基于随机森林算法的自动识别模型,该模型具有三组特征:应用层特征、网络层特征和其他系统层特征。实验数据收集自公共已知平台,旨在证明所提出模型的有效性。实验结果表明,该模型获得了较高的曲线下面积(AUC)值,为 0.93(接收机工作特性曲线下面积),优于其他机器学习算法。近几年来,人工智能深度学习和机器学习得到了广泛的关注,不过在工控蜜罐上还未得到实际应用,如何将它们有效结合起来,提高 HMI 的可视化,加强攻防之间的交互性,是以后研究的方向。图 2.5 为典型的混合蜜罐架构部署。

目前国内也出现了许多混合方案的思路。文献[42]中提出一个基于混合蜜罐架构的框架,这种架构可以监视大量 IP 地址和控制传入和传出的流量。文献[43]中设计的系统是一个大型综合防护系统,它综合了主动防御的蜜罐技术和传统的防火墙、

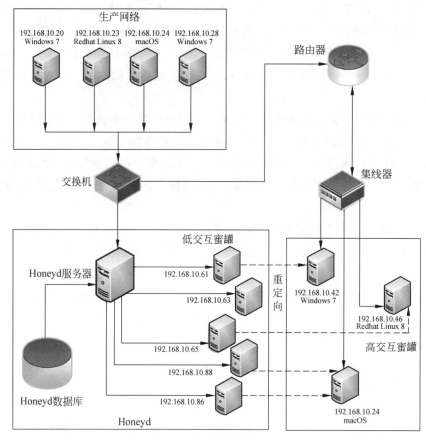

图 2.5　混合蜜罐架构部署

入侵检测技术,通过蜜罐诱惑入侵者,采集到少而精的入侵信息,这些信息对于研究攻击者的意图,发现未知攻击是非常有价值的。从这些数据中提取未知攻击的特征,对于降低入侵检测的漏报率,提高入侵检测的实时性有着重要影响。文献[44]中利用动态混合蜜罐技术很大程度上增强了系统的安全保护强度,并通过审计模块不断优化安全策略,加强了相关安全模块的协助与交流。通过痕迹提取技术的融入,做到防患于未然,一旦发现有攻击,就能及时找出犯罪证据。

综上所述,低交互蜜罐的好处是易于部署且风险较低,可靠性较高,但是检测的信息量也有限。高交互蜜罐技术提供真实的操作系统,可帮助防御方了解更多有关攻击者所使用工具、手段和动机的信息,缺点是维护量大。而混合方案结合了两者的优点,既保证了低交互蜜罐时的可靠性,又保证了高交互蜜罐时的准确性。采取哪一种方案取决于具体的用途,对于初学者而言适合采取低交互蜜罐,对于有一定理论基础和实践经验的研究人员,往往会选择高交互蜜罐或者混合蜜罐方案。三种类型的蜜罐对比如表 2.2 所示。

表 2.2　三种类型的蜜罐对比

| 交互类型 | 功　　能 | 仿真程度 | 捕获信息量 | 迷惑性 |
|---|---|---|---|---|
| 低交互 | 模拟简单服务：Web 服务,HTTP 服务中的一个子服务,攻击者可以访问某个特定的文件 | 低 | 少 | 弱 |
| 高交互 | 模拟真实系统环境：可以是一台 Windows 系统主机,功能与正常的主机没有区别,不过系统里面的数据都是人为设定的,并不是真实的数据 | 高 | 丰富 | 强 |
| 混合交互 | 模拟较为真实的服务：通过低交互蜜罐的可扩展重定向到高交互蜜罐的部分功能,让防御方更好地了解攻击者的攻击手段、攻击目的等 | 较高 | 较丰富 | 较强 |

## 2.3　工控蜜罐及其发展

近年来,随着人们对于工业控制系统安全的重视,越来越多的研究人员投入到工控安全的研究中,蜜罐技术被越来越多地应用在工控领域,从协议的仿真到工控环境的模拟再到实际产品的应用,交互能力越来越强,结构也日趋复杂。蜜罐作为吸引攻击者的诱饵,可以分散攻击者的注意力,获取攻击者的攻击行为数据,给研究人员的工控安全研究提供了帮助,同时对工控系统起到了一定的防护作用[45]。总体来讲,国外对于工控蜜罐的研究较为深入,国内目前仍处于起步阶段,不过也取得了一定的成果。工控蜜罐作为一种被动式主动防御技术,在网络安全维护方面正起着越来越不容忽视的作用。

### 2.3.1　工控蜜罐发展过程

针对工控蜜罐的发展和改良,国内外研究者不断推出新型工控蜜罐,这些新型工控蜜罐扩展了协议支持并提高了交互性。近些年来主要研究成果如下。

第一个 PLC 蜜罐由思科关键基础设施小组的 Matthew Franz 和 Venkat Pothamsetty 开发。2004 年 3 月,开始部署实践环境,使用 Honeyd[2]进行模拟 PLC 中的服务,这些服务包括 PLC 中的 TCP/IP 协议栈、Modbus/TCP 服务器实现、FTP 服务器实现、远程登录服务和 HTTP 服务。Franz 和 Pothamsetty 的目标是验证和模拟工业网络、工业设备软件框架的灵活性和通过单独 Linux 主机部署的可行性。2006 年,Digital Bond 公司[55]研发出包含两个虚拟机的 SCADA 蜜罐。一个虚拟机使用第三代蜜罐收集所有网络活动的数据；另一个虚拟机模拟 PLC 中暴露的服务,吸引攻击者攻击。Digital Bond 公司主要模拟 PLC 中的 Modbus/

TCP、FTP、Telnet、HTTP 和 SNMP 服务,涵盖可以被攻击者攻击的服务。SCADA系统在电力系统中的应用最为广泛,技术发展也最为成熟。2011 年 Kojoney 提出的 Kippo 是使用 Python 开发而成的蜜罐工具。Kippo 具备图形化操作界面,攻击者在访问蜜罐时可以对蜜罐进行一系列操作。2013 年 Glastopf 蜜网项目发布了首个开源工控蜜罐框架 Conpot[46],该框架采用 Python 编写,主要实现了对Modbus、S7comm 等多种工控协议和互联网协议的仿真,它便于开发,架设方便,适用于快速部署。2014 年 8 月,Daniel Istvan Buza 等针对目前存在的工控蜜罐交互水平低和配置复杂的缺点,研究了一种新型蜜罐 CryPLH。该蜜罐以 S7comm服务为基础,扩展实现了 SNMP、HTTP 服务,增强了蜜罐的交互性。2015 年实现的 Cowrie 扩展了对安全拷贝协议(secure copy protocol,SCP)、安全外壳协议(secure shell,SSH)、SSH 文件传输协议(SSH file transfer protocol,SFTP)和 Telnet协议的支持。2016 年 1 月,Litchfield 等[47]针对目前工控蜜罐不能充分捕获和模拟工业控制行为来保护真实设备,提出了 HoneyPhy 框架,通过考虑 CPS 过程和设备的行为,构造了一个高交互蜜罐框架并进行了简单的理论验证和实验。同年 7月,SCADACS 团队提出了用于模拟 S7-300 系列的 PLC 高交互蜜罐 Xpot。Xpot蜜罐支持 PLC 程序编译、各种工业控制协议。通过模拟 PLC 网络栈防止 Nmap 指纹探测来增加蜜罐的交互性[48]。2016 年,德国达姆施塔特工业大学在原移动应用蜜罐的基础上进一步开发出 HosTaGe 工控蜜罐,该蜜罐支持 Modbus 等工业专有协议仿真;2018 年,Li 等部署了分布式蜜罐系统来收集威胁数据库,并根据三种不同的工控协议蜜罐数据,对攻击方法、攻击模式和攻击源进行分析,还提出了一种半监督聚类算法,并构建了一个得分函数,通过计算得分函数的值,进行攻击组织追溯分析。2019 年 12 月,Xiao 等[49]通过对 S7comm 协议中的功能码特征和攻击数据中的各项参数,构建了一个名为 ICSTrace 的恶意 IP 溯源模型,使用短序列概率方法将攻击行为特征转换为向量,并对该向量进行 Partial Seeded K-Means算法模式聚类,追溯攻击组织。

与国外的研究成果相比,到目前为止国内的蜜罐研究成果相对有限。2004 年,北京大学计算机研究所[50]初步开始捕获并深入分析攻击案例。自 2011 年以来,中国科学院信息工程研究所研究并实现了针对电力系统的 IEC104 规约蜜罐、HMI 电力调度系统蜜罐等多种与行业紧密结合的蜜罐。2013 年,趋势科技[38]的安全研究人员建立了一个模拟各种工业控制领域漏洞的蜜罐设备,并且能够与互联网连接,蜜罐中包含了工业控制系统的典型安全漏洞。趋势科技在蜜罐网络加入反制技术,可以在攻击者访问工业控制系统时,对攻击者的浏览器进行渗透攻击,从而获取攻击者的 MAC 地址和基于 IP 的地理坐标。2017 年郑州大学通过一系列低交互蜜罐构建了一个工业控制入侵诱捕系统和威胁感知平台,旨在捕获和分析网络中针对工控系统的攻击流量,研究攻击动机从而防御真实的网络系统。结合工业控制系统业务多样性的特点,设置了不同的蜜罐类型和入侵途径,有利于迷惑攻击者和网络空间搜索引擎。并且采用云主机的形式进行蜜罐部署,不同蜜罐分配不同国家的 IP,使得系统在攻击数据上呈现分布性差异,对研究不同国家工业控制系统遭受攻击的形式具有一定的意义。同年,中国科学技术大学大数据分析与应用重点实验室对标西门子 S7 系列可编程逻辑控制器,开发出高交互工控蜜罐 S7commTrace 并取得了较好的应用效果。目前主流的工控蜜罐有 Conpot、Honeyd、CryPLH、Xpot 和 SCADA 系统等[51],如表 2.3 所示。

表 2.3 主流的开源工控蜜罐

| 名 称 | 特 点 |
| --- | --- |
| Conpot | 实现了完备的日志记录系统,可以通过该系统监视任何入侵者的踪迹,提供基本的跟踪信息,配备了支持通信协议的完整堆栈,因此它能够与真实 PLC 设备相连接。支持的工业通信协议包括 S7comm、Modbus、DNP3、IEC 60870-5-104 和 BACNET 等 |
| Honeyd | 能够同时创建数千个虚拟蜜罐,攻击者可以通过网络与每一个单独的主机交互,防御方可以配置文件实现多种功能。可以模拟多种路由拓扑;可以配置迟延、丢包和带宽等特征。支持子系统虚拟化:利用子系统,Honeyd 可以在一个蜜罐的虚拟命名空间下执行真正的 UNIX 应用,如 Web 服务器、FTP 服务器等 |
| CryPLH | 以 S7comm 服务为基础,扩展实现了简单网络管理协议 SNMP、HTTP 服务,增强了蜜罐的交互性 |
| Xpot | 支持 PLC 程序编译、各种工业控制协议。通过模拟 PLC 网络栈防止 Nmap 指纹探测来增加蜜罐的交互性 |
| SCADA | 是工业控制的核心系统,可以对现场的运行设备进行监视和控制,以实现数据采集、设备控制、测量、参数调节以及各类信号报警等各项功能 |

## 2.3.2 工控蜜罐典型应用场景

在介绍典型的工控蜜罐应用场景之前,有必要对工控系统进行说明。ICS 包括几种工业生产中使用的控制系统类型:SCADA 系统、DCS 和其他较小的控制系统配置,如 PLC。SCADA 系统是工业控制的核心系统,可以对现场的设备进行实时监视和控制,实现数据采集、设备控制、测量、参数调节、各类信号报警等。DCS 应用于基于流程的控制行业,用于实现对各子系统运行过程的整体管控。PLC 用于实现工业设备的具体操作与工艺控制,通常 SCADA 系统或 DCS 调用各 PLC 组件,为其分布式业务提供基本操作[52]。

ICS 主要用于电力,水利,石油,天然气等行业。本文将以电力信息系统、天然气系统,以及交通系统作为工控蜜罐的典型应用场景进行介绍。图 2.6 为典型工业控制系统网络架构图。

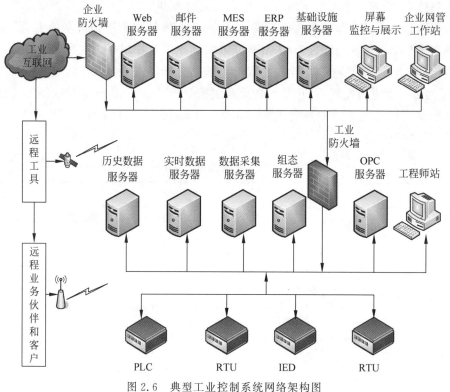

图 2.6　典型工业控制系统网络架构图

## 1. 电力系统

电力信息物理融合系统借助大量传感设备与复杂通信网络使现代电力系统形成一个实时感知、动态控制与信息服务的多维异构复杂系统。信息流交互使得电网面临更多潜在威胁。攻击者对电力工控系统的攻击常常利用协议未认证的漏洞,对工控系统实现远程操作或信息截取。因此,电力工控蜜罐实际上主要是对工控协议进行仿真。但是在电力工控领域,设备、软件的数据传输广泛使用行业专有且不对外公开的通信协议。工控蜜罐的实现其实很大程度依赖协议的分析与逆向。工控协议通常约定了固定的功能码及模块信息,通过获取相关的协议数据包,就可以模拟协议返回信息,达到模仿工控协议的目的[53]。

在电力系统中,SCADA 系统应用最为广泛,在工控蜜罐中通过模拟 SCADA 设备协议来实现。使用 Conpot 系统部署蜜罐。对 Conpot 根据分析情况的需要进行定制化修改,以满足数据控制和数据捕获的要求,可以通过该蜜罐进行实际配置,根据扫描原理欺骗攻击者(图 2.7),从而可以有效地收集攻击者行为,延缓攻击进程[53]。

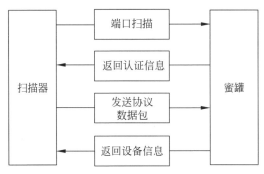

图 2.7 蜜罐与扫描器的简单交互

结合电力系统网络结构、协议特性及分布式通信安全机理,建立面向蜜罐网络的主动防御机制,构建主动防御系统,其拓扑如图 2.8 所示。构建面向服务架构的蜜罐主动防御系统,从而保证信息交互过程中消息的机密性、完整性、防篡改性、不可否认性及时效性[54]。文献[55]中研究了先进计量基础设施(advanced metering infrastructure,AMI)网络中的分布式拒绝服务攻击。通过将蜜罐作为诱饵系统引入 AMI 网络,分析了进攻方和防守方之间的相互作用,并得出双方的最优策略。进一步证明了贝叶斯纳什均衡策略的存在条件。最后在智能电网的 AMI 试验台上对方案进行了评估,结果表明,提出的策略通过部署蜜罐有效地提高了防御效率。因此,通过研究工控蜜罐攻防博弈过程能够优化蜜罐防御方策略,降低工控蜜罐成本并进一步提高防御效率。

国内的春秋云阵蜜罐系统凭借"溯源分析"能力,能够高隐蔽性地采集蜜罐攻击者的地址、样本、行为、黑客指纹等信息,掌握其详细攻击路径、终端指纹和行为特征,实现全面取证、精准溯源。在 2020 年年度大型攻防演练中,某电力企业在互联网区域部署春秋云阵蜜罐系统,春秋云阵蜜罐通过欺骗伪装能力、全量威胁捕获能力、威胁分析溯源能力,支撑了客户方面的安全值守、威胁处置、应急响应以及攻击溯源等需求。期间,春秋云阵蜜罐在实时针对工控网络的攻击和威胁进行诱捕和监测中,成功获取到攻击者的 IP、攻击手段、攻击路径与微博 ID。经过春秋云阵专业安服人员的层层溯源分析,最终在攻击者微博 ID 发现其手机号,通过多途径搜索手机号成功匹配出攻击者姓名,并结合社工库得到攻击者的身份证号、家庭住址等信息,精准溯源到攻击者。

**2. 燃气系统**

文献[56]中将天然气系统与蜜罐技术结合,设计并实现了一个低成本、易部署、高仿真的燃气输送 SCADA 蜜网系统。该系统由调度控制中心、现场控制系统及通信系统构成。平台的主要现场设备有 PLC 和 HMI,PLC 采用西门子 S7-300 PLC 和施耐德 Quantum PLC,HMI 采用的是研华 WOP2100T-N2A 触摸屏,由一台 EDS-408A 系列工业交换机完成设备之间的信息传输以及与调度控制中心之间的通信。

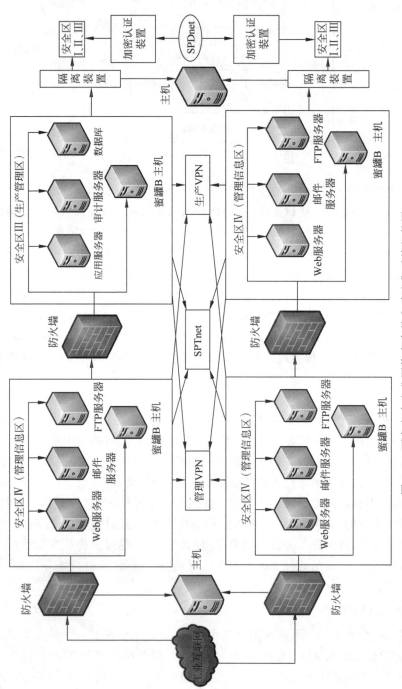

图 2.8   面向电力企业网络安全的主动防御系统拓扑图

系统总体架构如图 2.9 所示。调度监控中心根据 SCADA 系统的规模大小分为总调度控制中心、备用调度控制中心和区域调度控制中心,从而实现对城市高中压燃气管网各重要战场、远控截断阀室的监控,同时完成对中压管网监测点的监视,实现管网运行优化、制订输送计划、计量管理等一系列任务。现场控制系统用于对高压和高中压管路等监测点的操作,还将采集到的相关数据、运行参数等送达上一级的调度监控中心,同时接受、执行调度监控中心下发的指令。它们执行主调度监控中心指令,实现站内数据的采集及处理和工艺设备运行状态的监视,并向主调度监控中心上传所采集的各种数据与信息。通信系统在整个系统中起连接作用,作为连接调度监控中心和现场控制系统的纽带,实现系统数据及运行指令的实时传输、接收和执行等。通信系统的网络拓扑为三层结构,调度监控中心和现场控制系统用工业以太网连接,现场控制系统和控制设备采用标准的工业控制协议,运行了 S7comm 协议、Modbus 协议以及 Profibus-DP 协议。

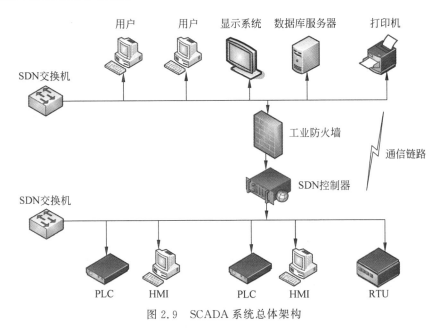

图 2.9 SCADA 系统总体架构

SCADA 系统是高分布式系统,常用于控制地理上位置较远的部件,长期对现场工业过程进行集中监控和通信。所有 SCADA 系统都可从结构上分为 5 个主要组件:物理系统、物理网络连接、DCS、网络、远程监控。如图 2.10 所示。

图 2.10 SCADA 系统组件

物理系统是 SCADA 系统结构的第一个组成部分,SCADA 系统上的物理过程由传感器和执行器来监视和控制过程变量。传感器是测量诸如压力、温度、流量或密度等物理量的设备,由观察者或仪器读取。执行器是机器的一个部件,在给定输入信号的情况下,负责移动或控制物理系统,控制系统通过执行器对外界起作用。

物理网络连接为来自传感器和执行器的信号提供一个传输介质,使其到达DCS。一般的工业控制系统会采用现场总线,从而实现工业现场各种设备间的信息传输,同时实现现场设备与上层控制系统之间的信息传递与协议转换功能[57]。

DCS由一个或多个控制器组成,通过物理链路与传感器和执行器直接连接。控制器是现场设备,通常具有嵌入式控制功能,以完成一些逻辑操作。在绝大多数情况下,采用具有嵌入式控制功能和逻辑操作的 PLC 被用作 SCADA 系统的控制器,PLC 只能处理离散信号和模拟信号。离散信号只存在开或关两种状态。模拟信号可以有一个取值范围,可以表示一个时变量,如温度、压力或密度。离散信号只需要一个比特位存储在 PLC 存储器中,读写速度快,并且需要的硬件相对简单。模拟信号需要存储更多的比特,比特的数量取决于用来读取信号的硬件。此外,与离散信号相比,模拟信号所需的硬件更加复杂,读写速度也更慢。为了将模拟信号转换成PLC 能够理解的内容,需要使用两种硬件:用于信号读取的模数转换器(analog-to-digital converter,ADC)和用于信号写入的数模转换器(digital-to-analog converter,DAC)。ADC 将模拟量转换为数字量,而 DAC 将数字量转换为模拟量[56]。

网络组件用于互连 DCS 和监视控制,以及与 SCADA 系统相关的其他子系统,如人机接口、操作员站、数据库和用户管理系统等。DCS 根据一组称为协议的规则与网络上的监视控制进行通信。第一个 SCADA 协议是由 Modicon 在 1979 年引入的,称为 Modbus。该协议很快成为事实上的行业标准,并且由于该标准是公开可用的,而且实现不需要许可证费用,所以它受到 SCADA 的欢迎。此外,Modbus 可以在许多通信介质上工作,例如电话、以太网、无线电和卫星,这使它成为大型 SCADA系统的理想选择。此外还有一些未公开的私有 SCADA 协议,例如 S7comm。S7comm 是西门子公司专有的协议,是西门子 S7 通信协议簇里的一种,它应用于PLC 中以实现交换数据、访问 PLC 数据的目的。大型 SCADA 系统可以由不同类型介质上的多个协议组成。通常被称为协议网关的 SCADA 协议转换器提供了一种机制,使在不同协议上通信的设备能够相互通信。此外,一个复杂的 SCADA 网络也可能有一些辅助设备,如桥接器、路由器和交换机,以控制网络流量,并与 SCADA 系统中的其他网络在物理或逻辑上分离[56]。

远程监视是操作人员与 SCADA 系统的监视变量进行交互的前端接口,即人机接口。在更高的层次上,HMI 是由按钮、警报、报告和趋势组成的屏幕,用于监视、分析和控制自动化过程。HMI 可以是一个物理屏幕,向用户显示图形界面,并与其他自动化设备一起在过程面板中组装;也可以是一个软件,在距离实际过程很远的计算机上以网页的形式显示。此外,HMI 还可以根据使用的 SCADA 协议向设备发送控制动作、警报、错误代码和其他类型的消息[56]。

文献[58]中研究了有限理性的非合作进化博弈机制,旨在通过进化博弈模型导出的进化稳定策略来提高阵列蜜罐系统的安全性。讨论了均衡条件,得到了服务器数量 N 对策略演化稳定性的影响。仿真实验结果表明,所推导的进化稳定策略在抵御攻击者方面是有效的。文献[59]中在 CPS 中引入了低交互和高交互蜜罐以及一种分析资源约束的方法,以优化 CPS 中的网络攻击防御策略。证明了贝叶斯纳什均衡策略的存在条件,通过数值模拟对所提出的方法进行了评估,证明了该方法在获得最优防御策略方面的有效性。

北京长亭科技有限公司的产品谛听在 SCADA 系统上也做了许多产品,大致有以下几点优势:①东西向流量威胁感知能力。不同于传统内网安全产品基于已知漏洞规则库进行判定,谛听通过在攻击者必经之路上设置诱饵、部署探针,监控攻击者每一步的动作。②用户可自定义多种服务型蜜罐,覆盖信息系统中常用服务类型,并且支持高度自定义蜜罐数据,使得蜜罐蜜网环境和真实环境更加契合,具备极强的伪装性和欺骗性。③精准识别攻击意图,自动化完整取证。当感知到攻击行为,会在第一时间发起告警;通过完整记录攻击者入侵行为,能够协助用户分析其攻击意图。④基于 Docker 架构,天然支持云端部署,支持在云上组蜜网,全方位保障云上安全。

**3. 交通系统**

交通系统由专用短程通信(DSRC)、车辆和道路设施(包括传感器)等部分组成,包括航空、铁路、城市轨道交通、航运、公路交通等,各部分通过紧密合作提供智能化的高效、安全、优质的服务。其中,车辆管理系统应用最为广泛,是整个交通系统的重要组成部分。车载自组织网络(vehicular ad-hoc network,VANET)[60]是一种新兴的移动自组织网络(mobile ad hoc network,MANET),在智能交通系统中有着广泛的应用。VANET 是一种特殊类型的网络,旨在通过为用户提供在线视频流、互联网接入、自动驾驶等不同服务来增强用户的驾驶体验,作为车辆的节点配备了设备传感器,用于感知周边活动,以分布式和协作方式工作,并有助于交换至关重要的信息,如车速、位置、方向和其他道路交通相关信息,与其他节点一起使用时可以获得更好的道路体验。VANET 中的应用程序对生命至关重要,为防止人的生命受到威胁,必须以最安全的方式建立节点(车辆)之间的交互。为了给 VANET 提供安全性,设计了各种安全措施,其中最流行的是 IDS。由于 VANET 的固有特点,如节点存储有限、计算能力有限、电源供应有限、传输范围小等,这些传统的基于 IDS 的解决方案在 VANET 等高度移动和延迟敏感的网络中使用时具有各种挑战。文献[60]中为了弥补在性能、检测率和开销方面的研究空白,同时克服文献中现有入侵检测系统的挑战,还提出了一种基于诱饵的主动蜜罐优化入侵检测系统,旨在以最小的开销检测现有攻击和零日攻击。

幻阵是默安科技首创的一款基于攻击混淆与欺骗防御技术的威胁检测防御系统,利用欺骗防御技术,通过在黑客必经之路上构造陷阱,混淆其攻击目标,精确感知黑客攻击的行为,将攻击隔离到幻阵的云蜜网系统,从而保护企业内部的真实资产,同时记录攻击行为,并获取黑客的网络身份和指纹信息,以便对黑客进行攻击取证和溯源。幻阵在车辆管理上对人员运营调度、车辆视频分析、人车企评分、实时互动等场景进行了细致的规划。

在航天航空领域,文献[61]中介绍了网络威胁情报(cyber threat intelligence,CTI)支持通信和信息系统(CIS)安全,以加强防御和帮助开发威胁模型,为组织的决策制定过程提供信息。在北约这样的军事组织中,CTI还为网络空间作战提供支持,在网络空间和通过网络空间作战时,为指挥官提供有关对手及其能力和目标的基本情报。其次在模拟环境平台上部署了高交互蜜罐,提供实时互动服务,用特定的反应来回应攻击者的行为,目的是继续引诱攻击者,以更多地了解他们的攻击方法。在船舶船运领域,文献[62]提出了一个迭代改进低交互物联网(IoT)蜜罐的原型实现,该原型基于通过 IoT 搜索引擎获得的真实 IoT 设备响应,以及自己控制的设备和服务。该实验旨在确认这是否是一种可行的方法来模拟一组不同种类的黑盒设备。

### 2.3.3 工控蜜罐未来发展趋势

由于 ICS 采用开放的协议,很容易通过扫描的方式获取设备信息,为攻击者提供了便利的信息收集渠道。网络空间搜索引擎的出现(例如有“黑暗谷歌”之称的 Shodan[63]),致使大量的工业控制设备信息暴露,在一定程度上破坏了防护与攻击之间的对称性。工业控制系统威胁具有针对性强、破坏性大、技术含量高等特点,甚至存在军事目的,在网络对抗中,很容易成为互联网攻击和网络战的重要目标。因此,保障工业控制系统的安全性已迫在眉睫。近些年来,随着人们对工控系统安全认知的提升,国内出现了许多工控蜜罐技术。永信至诚公司提出的春秋云阵新一代蜜罐系统基于“欺骗式防御”理念,利用该公司独有的“平行仿真”技术和全量行为捕获技术,构建高甜度的蜜罐环境,诱捕攻击者进入仿真网络环境中,大大延缓了攻击者对实际业务网络的攻击[87];知道创宇公司的云蜜罐因可进行快速部署,并辅以“黑洞蜜罐”“克隆蜜罐”等独特功能,达到了高度仿真真实业务系统、大规模快速部署蜜罐的目的[79];捷普公司的蜜罐系统对部署蜜罐节点进行了统一配置管理,其中包含新增蜜罐、释放蜜罐等,目前支持的类型有反代蜜罐(业务仿真蜜罐)以及应用类蜜罐两部分。应用类蜜罐包含常见的 Zabbix、Tomcat、ActiveMQ、Elasticsearch、Struts2 五种。蜜罐部署流程均可通过可视化界面操作完成,无须专业运维知识,即可完成蜜罐的部署与发布。随着工控蜜罐技术长足的发展,大大提高了网络安全维护的可靠性。

然而,目前大多数工控蜜罐系统仍然存在着诸多问题。如伪装的功能描述与实际具有的功能不相符,响应平均时间远长于 PLC 以及无法完成对读后写、写后读的具有逻辑关系的指令组进行正确应答等。对于攻击方而言,一系列的反蜜罐技术,如已知的应用程序错误处理、操作系统指纹、TCP 序列分析和 ARP 地址等增加了蜜罐被识别的风险。如今随着科技发展,攻击者手段更加多样,出现了 APT。APT 是利用先进的攻击手段对特定目标进行长期的、持续性网络攻击的攻击形式。APT 的攻击原理相对于其他攻击形式更为高级和先进,其高级性主要体现在 APT 发动攻击之前需要对攻击对象的业务流程和目标系统进行精确的收集。在收集的过程中,APT 会主动挖掘被攻击对象的受信系统和应用程序的漏洞,利用这些漏洞组建攻击者所需的资源,并利用"零日"漏洞进行攻击[94]。此外,攻击者受到漏洞挖掘的启发,提出了模糊测试的方法,使得蜜罐更容易被识别出来。因此,现有的蜜罐防御技术无法应对以上挑战。

为了应对以上挑战,未来的工控蜜罐从技术发展趋势上看,应具备虚拟化、智能化和云端化三个特点。

(1)虚拟化:工控网络的规模和技术体制的演化必然带来工控蜜罐技术的演化,诸如一些新型的时序数据库技术的应用,一些新型的虚拟化技术的应用,以及快速发展万物互联产生的新的工控网络的设备接入侧的变化等。这些变化将突破原有的实体化蜜罐限制从而更好应对新型的工控网络攻击。

(2)智能化:工控网络攻击的针对性和智能化发展也必然带来工控蜜罐技术的演化,比如智能化的蜜罐识别技术等。智能化的发展将大大提高工控网络应对未知新型工控网络攻击的能力,从而提高主动防御能力。

(3)云端化:云计算等信息技术的演化,必然带来蜜罐部署应用技术的演化,诸如虚拟化技术、基于数字孪生的态势感知等技术的发展,使得蜜罐的部署方式和应用方式也会发展。这些发展将原有虚高计算力的工作放入云端以提高工控网络防御的时效性从而提高工控网络的防御性能。

## 2.4 小结

从本质上分析,蜜罐技术是一种与攻击技术进行博弈的对抗性思维方式与技术思路。因此,这一技术将随着安全威胁的演化而不断地发展与更新,也仍将作为安全社区所普遍应用的安全威胁监测、追踪与分析技术方法得到持续的研究和关注[1]。

蜜罐技术从 20 世纪 90 年代出现后发展至今,已经成为安全管理人员用于监测、追踪与深入分析安全威胁的一种主动防御技术手段,也已经作为一种常用的对抗性思维方式,被安全研究社区广泛应用于新形态安全威胁的监测分析[1]。本章首先总结回顾了蜜罐的概念、系统的构成、位置的部署、产品的应用、分类、业务类型以及实现方式。在系统构成方面将蜜罐系统的关键机制分为核心机制和辅助机制两部分;在位置部署上先从大的物理网络进行单点或分布式部署,再从局部小型网络进行了网络不同位置的部署分析;在产品应用上概述了当前市场认可使用的蜜罐;针对不同业务应用场景将蜜罐系统分为 Web 蜜罐、数据库蜜罐、服务蜜罐、工控蜜罐;根据实现方式将蜜罐分为仿真实现、模拟实现和实体实现。随后又根据蜜罐的交互性,详细介绍了低交互、高交互和混合交互蜜罐。其中重点介绍了工控蜜罐,包括工控蜜罐近 20 年的发展以及典型的应用场景,将电力信息系统、天然气系统以及交通系统作为工控蜜罐的典型应用场景并进行了叙述,最后从人工智能、技术发展以及策略的规划方面对工控蜜罐未来的发展趋势进行了展望。

# 参 考 文 献

[1]　诸葛建伟,唐勇,韩心慧,等.蜜罐技术研究与应用进展[J].软件学报,2013,24(4):825-842.

[2]　WANG H,WU B. SDN-based hybrid honeypot for attack capture[C]//2019 IEEE 3rd Information Technology, Networking, Electronic and Automation Control Conference (ITNEC). IEEE,2019:1602-1606.

[3]　游建舟,吕世超,孙玉砚,等.物联网蜜罐综述[J].信息安全学报,2020,5(4):138-156.

[4]　NAIK N,SHANG C,SHEN Q,et al. Vigilant dynamic honeypot assisted by dynamic fuzzy rule interpolation[C]//2018 IEEE Symposium Series on Computational Intelligence(SSCI). IEEE,2018:1731-1738.

[5]　李阳.基于区块链技术的阵列蜜罐研究[D].青岛:中国石油大学(华东),2019.

[6]　FRAUNHOLZ D, ZIMMERMANN M, SCHOTTEN H D. An adaptive honeypot configuration,deployment and maintenance strategy[C]//2017 19th International Conference on Advanced Communication Technology(ICACT). IEEE,2017:53-57.

[7]　石乐义,李阳,马猛飞.蜜罐技术研究新进展[J].电子与信息学报,2019,41(2):498-508.

[8]　WAFI H, FIADE A, HAKIEM N, et al. Implementation of a modern security systems honeypot honey network on wireless networks[C]//2017 International Young Engineers Forum(YEF-ECE). IEEE,2017:91-96.

[9]　LEONARD A M,CAI H,VENKATASUBRAMANIAN K K,et al. A honeypot system for wearable networks[C]//2016 IEEE 37th Sarnoff Symposium. IEEE,2016:199-201.

[10]　GUARNIZO J D,TAMBE A,BHUNIA S S,et al. Siphon:Towards scalable high-interaction physical honeypots[C]//Proceedings of the 3rd ACM Workshop on Cyber-Physical System Security. 2017:57-68.

[11]　TARAN A, SILNOV D S. Research of attacks on MySQL servers using HoneyPot technology[C]//2017 IEEE Conference of Russian Young Researchers in Electrical and Electronic Engineering(EIConRus). IEEE,2017:224-226.

[12]　DAGON D,QIN X,GU G,et al. HoneyStat:Local worm detection using honeypots[C]// International Workshop on Recent Advances in Intrusion Detection. Heidelberg:Springer, 2004:39-58.

[13]　https://www.jeeseen.com/.

[14]　BUZZIO-GARCIA J. Creation of a high-interaction honeypot system based-on docker containers[C]//2021 Fifth World Conference on Smart Trends in Systems Security and Sustainability(WorldS4). IEEE,2021:146-151.

[15]　CERNICA I,POPESCU N. Wordpress honeypot module[C]//2018 IEEE 16th International Conference on Embedded and Ubiquitous Computing(EUC). IEEE,2018:9-13.

[16]　WANG H,XI Z,LI F,et al. WebTrap:A dynamic defense scheme against economic denial of sustainability attacks[C]//2017 IEEE Conference on Communications and Network Security

(CNS). IEEE,2017: 1-9.

[17]　孙松柏,诸葛建伟,段海新. Glastopf:Web 应用攻击诱捕软件及案例分析[J]. 中国教育网络,2012(1): 75-78.

[18]　ALMOHANNADI H, AWAN I, AL HAMAR J, et al. Cyber threat intelligence from honeypot data using elasticsearch[C]//2018 IEEE 32nd International Conference on Advanced Information Networking and Applications(AINA). IEEE,2018: 900-906.

[19]　WEGERER M, TJOA S. Defeating the database adversary using deception-a MySQL database honeypot[C]//2016 International Conference on Software Security and Assurance (ICSSA). IEEE,2016: 6-10.

[20]　KYUNG S, HAN W, TIWARI N, et al. HoneyProxy: Design and implementation of next-generation honeynet via SDN[C]//2017 IEEE Conference on Communications and Network Security(CNS). IEEE,2017: 1-9.

[21]　SU M Y. Applying episode mining and pruning to identify malicious online attacks[J]. Computers & Electrical Engineering,2017,59: 180-188.

[22]　DANCHENKO N M, PROKOFIEV A O, SILNOV D S. Detecting suspicious activity on remote desktop protocols using Honeypot system[C]//2017 IEEE Conference of Russian Young Researchers in Electrical and Electronic Engineering (EIConRus). IEEE, 2017: 127-128.

[23]　ACIEN A, NIETO A, FERNANDEZ G, et al. A comprehensive methodology for deploying IoT honeypots[C]//International Conference on Trust and Privacy in Digital Business. Cham: Springer,2018: 229-243.

[24]　PASHAEI A, AKBARI M E, LIGHVAN M Z, et al. Improving the IDS performance through early detection approach in local area networks using industrial control systems of honeypot [C]//2020 IEEE International Conference on Environment and Electrical Engineering and 2020 IEEE Industrial and Commercial Power Systems Europe (EEEIC/I&CPS Europe). IEEE,2020: 1-5.

[25]　KUMAN S, GROŠ S, MIKUC M. An experiment in using IMUNES and Conpot to emulate honeypot control networks[C]. 2017 40th International Convention on Information and Communication Technology, Electronics and Microelectronics. IEEE,2017: 1262-1268.

[26]　LÓPEZ-MORALES E, RUBIO-MEDRANO C, DOUPÉ A, et al. HoneyPLC: A next-generation honeypot for industrial control systems[C]//Proceedings of the 2020 ACM SIGSAC Conference on Computer and Communications Security. 2020: 279-291.

[27]　JICHA A, PATTON M, CHEN H. SCADA honeypots: An in-depth analysis of Conpot [C]//2016 IEEE conference on intelligence and security informatics (ISI). IEEE, 2016: 196-198.

[28]　KUMAR S, SEHGAL R K, CHAMOTRA S. A framework for botnet infection determination through multiple mechanisms applied on honeynet data[C]//2016 Second International Conference on Computational Intelligence & Communication Technology,2016: 6-13.

[29]　TIAN W, JI X P, LIU W, et al. Honeypot game-Theoretical model for defending against APT attacks with limited resources in cyber-Physical systems[J]. ETRI Journal,2019, 41(5): 585-598.

[30]　SURATKAR S, SHAH K, SOOD A, et al. An adaptive honeypot using q-learning with

severity analyzer[J]. Journal of Ambient Intelligence and Humanized Computing,2021, 4(8):1-12.

[31]　BAYKARA M,DAŞ R. SoftSwitch:a centralized honeypot-based security approach using software-defined switching for secure management of VLAN networks[J]. Turkish Journal of Electrical Engineering & Computer Sciences,2019,27(5):3309-3325.

[32]　BAYKARA M,DAS R. A novel honeypot based security approach for real-time intrusion detection and prevention systems[J]. Journal of Information Security and Applications,2018, 41:103-116.

[33]　SHI L,LI Y,LIU T,et al. Dynamic distributed honeypot based on blockchain[J]. IEEE Access,2019,7:72234-72246.

[34]　DU M,WANG K. An SDN-enabled pseudo-honeypot strategy for distributed denial of service attacks in industrial internet of things[J]. IEEE Transactions on Industrial Informatics,2019,16(1):648-657.

[35]　檀玉恒. 蜜罐系统的研究和应用[D]. 西安:西安电子科技大学,2004.

[36]　LIN J,HOU Y,HUANG S,et al. Exportin-T promotes tumor proliferation and invasion in hepatocellular carcinoma [J]. Molecular Carcinogenesis,2019,58(2):293-304.

[37]　BUZA D I,JUHÁSZ F,MIRU G,et al. CryPLH:Protecting smart energy systems from targeted attacks with a PLC honeypot[C]//International Workshop on Smart Grid Security. Cham:Springer,2014:181-192.

[38]　XIAO F,CHEN E,XU Q. S7commtrace:A high interactive honeypot for industrial control system based on S7 protocol [C]//International Conference on Information and Communications Security. Cham:Springer,2017:412-423.

[39]　SOKOL P,ZUZČÁK M,SOCHOR T. Definition of attack in context of high level interaction honeypots [M]//Software Engineering in Intelligent Systems. Cham:Springer,2015: 155-164.

[40]　IRVENE C,FORMBY D,LITCHFIELD S,et al. HoneyBot:A honeypot for robotic systems [J]. Proceedings of the IEEE,2017,106(1):61-70.

[41]　PARSONS Z,BANITAAN S. Automatic identification of Chagas disease vectors using data mining and deep learning techniques [J]. Ecological Informatics,2021,62:101270.

[42]　胡珊珊. 动态混合蜜罐网络的设计和实现[D]. 哈尔滨:哈尔滨理工大学,2013.

[43]　林海静. 混合蜜罐架构在网络安全中的应用[D]. 哈尔滨:哈尔滨理工大学,2013.

[44]　黄艳,方勇,蒋磊,等. 基于动态混合蜜罐的计算机安全系统[J]. 信息安全与通信保密,2012 (7):129-131.

[45]　赵春辉. 基于工业业务的 ICS 高交互蜜罐技术研究与威胁情报分析[D]. 北京:北京邮电大学,2019.

[46]　ROWE N C,NGUYEN T D,DOUGHERTY J T,et al. Identifying anomalous industrial-control-system network flow activity using cloud honeypots[C]//National Cyber Summit. Cham:Springer,2021:151-162.

[47]　LITCHFIELD S L. HoneyPhy:A physics-aware CPS honeypot framework[D]. Atlanta: Georgia Institute of Technology,2017.

[48]　LITCHFIELD S,FORMBY D,ROGERS J,et al. Rethinking the honeypot for cyber-physical systems[J]. IEEE Internet Computing,2016,20(5):9-17.

[49] XIAO F,CHEN E,XU Q,et al. ICSTrace：A malicious IP traceback model for attacking data of the industrial control system[J]. Security and Communication Networks,2021, 21(8)：1-14.

[50] 诸葛建伟.狩猎女神守护 Web 安全[J].中国教育网络,2009(9)：16-17.

[51] 陈柯宇,杨佳宁,郭娴.蜜罐技术在工控安全态势感知中的应用研究[J].自动化博览,2020, 37(6)：38-42.

[52] BERE M,MUYINGI H. Initial investigation of industrial control system(ICS) security using artificial immune system(AIS)[C]//2015 International Conference on Emerging Trends in Networks and Computer Communications(ETNCC). IEEE,2015：79-84.

[53] 郭亚琼,叶卫,陈可,等.电力工控蜜罐系统的研究[C]//浙江省电力学会 2018 年度优秀论文集,2018：175-178.

[54] 杨轶.面向电力系统网络安全的主动防御技术研究[D].沈阳：沈阳理工大学,2019.

[55] WANG K,DU M,MAHARJAN S,et al. Strategic honeypot game model for distributed denial of service attacks in the smart grid[J]. IEEE Transactions on Smart Grid,2017,8(5)：2474-2482.

[56] 胡迪.基于虚拟网络技术的工控蜜网系统的研究与实现[D].郑州：郑州大学,2020.

[57] 沈盛阳,郭星,徐凯.基于 PROFINET 总线的 S7-1500 控制器与 SICK 编码器通讯[J].锻压装备与制造技术,2019,54(5)：43-46.

[58] SHI L,WANG X,HOU H. Research on optimization of array honeypot defense strategies based on evolutionary game theory[J]. Mathematics,2021,9(8)：805.

[59] TIAN W,JI X,LIU W,et al. Prospect theoretic study of honeypot defense against advanced persistent threats in power grid[J]. IEEE Access,2020,8：64075-64085.

[60] SHARMA S,KAUL A. A survey on intrusion detection systems and honeypot based proactive security mechanisms in VANETs and VANET cloud [J]. Vehicular Communications,2018,12：138-164.

[61] PARMAR M,DOMINGO A. On the use of cyber threat intelligence(CTI) in support of developing the commander's understanding of the adversary[C]//MILCOM 2019-2019 IEEE Military Communications Conference(MILCOM). IEEE,2019：1-6.

[62] SEDLAR U,JUŽNIČ L Š,VOLK M. An iteratively-improving internet-of-things honeypot experiment[C]//2020 International Conference on Broadband Communications for Next Generation Networks and Multimedia Applications(CoBCom). IEEE,2020：1-6.

[63] CHEN Y,LIAN X,YU D,et al. Exploring Shodan from the perspective of industrial control systems[J]. IEEE Access,2020,8：75359-75369.

# 第 3 章

# 博弈论及其在网络攻防中的应用

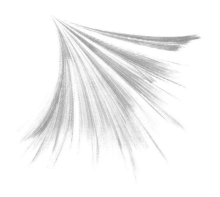

# 3.1 博弈论概述

博弈论,又称对策论,是形式化地研究决策主体(博弈参与者)相互作用的数学理论和方法。博弈是指在一定的游戏规则约束下,基于直接相互作用的环境条件,各参与者依据所掌握的信息,选择各自的策略(行动),以实现利益最大化的过程。博弈论模型是对现实世界中各种情况的高度抽象表示,而这种抽象性使得它作为一个基本的数学工具能够被用来研究广泛的现象。

按照博弈参与者之间是否存在同盟或合作,博弈可以分为合作博弈和非合作博弈。参与者之间存在对各方均具有约束力的合作协议的博弈称为合作博弈,反之则为非合作博弈。寡头石油市场上的竞争与合作是最典型的合作和非合作博弈的例子。如果石油寡头形成联盟进行市场垄断以共同最大化利润,并将总利润在寡头之间进行分配,则为合作博弈,如石油输出国组织(OPEC)的限产联盟行为。如果石油寡头"自私地"以最大化自己的利润为目标进行竞争而不顾对方利润如何,则为非合作博弈。由此可见,合作博弈强调的是集体理性,强调效率和公平;而非合作博弈则强调个体理性,强调个体决策最优。

根据参与者的行动次数和是否具有先后顺序,博弈可以分为静态博弈和动态博弈。静态博弈中参与者仅行动一次且同时选择行动;或者虽然不是同时行动,但行动在后者并不知道行动在先者所选择的具体行动。一次"石头剪刀布"游戏就属于静态博弈。动态博弈是指参与者的行动有先后顺序,并且行动在后者可以观察到行动在先者选择的行动,并据此做出相应的行动选择。象棋或者围棋类游戏则属于动态博弈。

根据参与者是否完全知晓博弈的数学结构,博弈可以分为完全信息博弈和不完全信息博弈。完全信息博弈意味着博弈的构成元素是所有参与者的共同知识;反之,则为不完全信息博弈。完全信息博弈中,每个参与者知晓所有其他参与者、策略及任意策略组合下的损益(payoff)。在讨价还价时,通常买主并不知道卖家的成本或底价,卖家也不知道买主能够接收的最高价,因此属于不完全信息博弈。

博弈的解,是对博弈中可能出现的结果的系统描述。博弈论给出了各种博弈的合理解,并考查它们的性质[1]。

## 3.2　静态博弈及其策略分析

本节在非合作博弈框架下分别讨论完全信息和不完全信息静态博弈。在后文中,如果不特殊说明均指非合作博弈。

在描述静态非合作博弈时,策略式(或标准式)是最主流的表示形式。策略式非合作博弈有三个要素:博弈的所有参与者集合、每个参与者的策略集合以及损益或效用。本节主要讨论完全信息静态博弈,下面正式给出策略式博弈和完全信息的定义。

**定义 3.1**[2]:策略式非合作博弈定义为一个三元组 $G=(\mathcal{N},(\mathcal{S}_i)_{i\in\mathcal{N}},(u_i)_{i\in\mathcal{N}})$,其中:

- $\mathcal{N}$ 表示博弈参与者组成的有限集合,如 $\mathcal{N}=\{1,2,\cdots,N\}$;
- $\mathcal{S}_i$ 表示参与者 $i$ 的可选策略集合;
- $u_i:\mathcal{S}\to\mathbb{R}$ 是参与者 $i$ 的效用(损益)函数,$\mathcal{S}=\mathcal{S}_1\times\mathcal{S}_2\times\cdots\times\mathcal{S}_N$ 是每个参与者的策略集合的笛卡儿积。

需要指出的是,策略式博弈本质上是静态博弈的唯一表示形式,而后文中将要介绍的动态博弈则有多种表示形式。根据上述定义,$s_i\in\mathcal{S}_i$ 表示参与者 $i$ 的一种策略,$s_{-i}=[s_j]_{j\in\mathcal{N},j\neq i}$ 表示由除了参与者 $i$ 之外的所有参与者的策略组成的向量,$s=(s_i,s_{-i})\in\mathcal{S}$ 则称为策略组合(strategy profile)。当所有参与者的策略集合均为有限集时,称该博弈为有限的。在策略式博弈中,每一个参与者必须选择一种策略以最大化其效用函数。如果参与者以确定的方式(以概率1)选择某种策略,则称该策略为纯策略。

**定义 3.2**[2]:如果博弈的所有要素是参与者的共同知识,则称该博弈为完全信息博弈;反之则称为不完全信息博弈。

由定义3.2可知,在完全信息博弈中,每个参与者均知悉博弈的所有参与主体、每个参与主体的策略集合以及任一策略组合所产生的损益。

### 3.2.1　策略式博弈

#### 1. 矩阵博弈

完全信息的策略式非合作博弈是博弈论的核心,目标之一是确定这些博弈是否存在合理的解,即参与者最大化效用时所选择的策略组合。为了分析策略式非合作博弈,首先必须清楚地表示所有参与者、策略集和可能的损益。在这种情况下,任一双人非合作有限博弈均可以表示成矩阵形式(也称为矩阵博弈)。矩阵的每一行表示博弈的第一个参与者(有时也称为行参与者)的一种策略;矩阵的每一列表示博弈的第二个参与者(也称为列参与者)的一种策略。因此矩阵的行列数分别等于行参与者和列参与者的可选策略数量。矩阵中的每一个元素是一个数对$(x,y)$,数对中的两个数分别表示当选择数对所在的行列策略组合时,行、列参与者各自的损益。下面以经典的囚徒困境为例进行说明。

**例 3.1**:两个犯罪嫌疑人被捕并受到指控。警方将他们关入不同牢房,并告知判刑规则:如果两人都不坦白招供,则均被判轻罪入狱 1 个月;如果两人都坦白招供,则均判入狱 4 个月;如果仅一人坦白招供,则招供者立即获释,而不招供者将被判重罪入狱 8 个月。在此博弈中,每一个犯罪嫌疑人有两种策略可选择:坦白、不坦白。两个犯罪嫌疑人面对的博弈问题可以用矩阵表示如下。由于假设博弈中每个参与者均试图最大化效用,所以两个犯罪嫌疑人的损益均表示为负数。当选定某一个特定的策略组合时,两人的损益可由矩阵中相应元素的数据所表示。

囚徒 2

|  |  | 不坦白 | 坦白 |
|---|---|---|---|
| 囚徒 1 | 不坦白 | $(-1,-1)$ | $(-8,0)$ |
|  | 坦白 | $(0,-8)$ | $(-4,-4)$ |

在囚徒困境的例子中,两个犯罪嫌疑人知道博弈的完全信息。一旦将博弈表示成策略式或者矩阵形式,下一步就是对博弈进行求解,即预测每一个参与者可能会选取的策略和博弈结果。下面将详细讨论如何求解非合作博弈,包括优势策略、纳什均衡、混合策略等概念。

**2. 优势策略**

优势策略是求解策略式非合作博弈中一种非常有用的概念,通过删除一些不会对博弈结果产生任何影响的策略来简化博弈的求解。首先给出优势策略的定义。

**定义 3.3**[2]:当满足下列条件时,策略 $s_i \in S_i$ 被称为参与者 $i$ 的优势策略。

$$u_i(s_i, s_{-i}) \geqslant u_i(s'_i, s_{-i}), \quad \forall s'_i \in S_i, \forall s_{-i} \in S_{-i}$$

其中,$S_{-i} = \prod_{j \neq i} S_j$ 表示除参与者 $i$ 之外的其他所有参与者的策略组合的集合。因此,优势策略是参与者的最优策略,即无论其他参与者选择什么策略,参与者 $i$ 的优势策略均会产生最高的效用。当一个理性的参与者有优势策略时,他没有动机去选择其他任一策略。因此,如果每个参与者都有优势策略,那么所有的参与者都将选择他们的优势策略。基于这种直观的选择,产生了一种非合作博弈的解概念(solution concept)——优势策略均衡。

**定义 3.4**[2]:如果策略组合 $s^* \in S$ 的每一个元素 $s_i^*$ 都是参与者 $i$ 的优势策略,

则 $s^*$ 称为优势策略均衡。

优势策略均衡的概念是博弈的自然结果。例 3.1 囚徒困境博弈中,无论其中一个嫌疑人选择什么策略,另一个嫌疑人都可以选择"坦白"而获得更高的损益。因此,策略组合(坦白,坦白)是上述囚徒困境博弈的优势策略均衡,相应的损益向量为$(-4,-4)$。需要指出的是,尽管(坦白,坦白)是博弈的一组解,但是对双方来说不是最优的。对一个博弈来说,尽管优势策略均衡解较为直观,但是这个均衡点并不总是存在。与优势策略相反,博弈中另一个重要概念是严格劣势策略,其定义如下。

**定义 3.5**[3]:对于任意 $s_{-i} \in \mathcal{S}_{-i}$,若 $u_i(s_i, s_{-i}) > u_i(s_i', s_{-i})$ 成立,则称策略 $s_i'$ 严格劣于策略 $s_i$。

因此,在完全信息的情况下,一个理性的博弈参与者自然会首先删除所有的严格劣势策略,然后再做决策。这就产生了迭代严格优势的概念,可用于辅助求解矩阵博弈。迭代严格优势意味着剔除博弈中的所有严格劣势策略,从而减少可能选择的策略的数量,在某些情况下甚至可以得到博弈的合理结果。在例 3.1 囚徒困境博弈中,对两个嫌疑人来说,"不坦白"策略严格劣于"坦白"策略。因此,通过剔除"不坦白"策略可以得到博弈的合理结果(坦白,坦白)。

**3. 纳什均衡**

然而,当博弈参与者没有严格劣势策略时,则不能够迭代严格优势进行求解。因此,需要研究替代的博弈的解概念。在众多研究中,最广为接受的非合作博弈的解的概念是 Nash 在普林斯顿大学攻读博士学位时提出的纳什均衡[4]。不严格地说,纳什均衡是一种非合作博弈的状态,在这种状态下,如果其他博弈者保持其当前的策略,则任何参与者都不能通过改变其策略来提高其效用。形式上,当参与者确定性选择某策略(纯策略)时,纳什均衡定义如下:

**定义 3.6**[5]:对于非合作博弈 $G = (\mathcal{N}, (\mathcal{S}_i)_{i \in \mathcal{N}}, (u_i)_{i \in \mathcal{N}})$,当策略组合 $s^* \in \mathcal{S}$ 对于任意 $i \in \mathcal{N}$ 都有 $u_i(s_i^*, s_{-i}^*) \geqslant u_i(s_i, s_{-i}^*), \forall s_i \in \mathcal{S}_i$ 成立,则策略组合 $s^*$ 称为纯策略纳什均衡。

简言之,当其他参与者的策略不变时,任一个参与者都没有动机单方面改选其他策略,那么该策略组合则为纯策略纳什均衡。特别地,当 $u_i(s_i^*, s_{-i}^*) > u_i(s_i, s_{-i}^*), \forall s_i \in \mathcal{S}_i, s_i \neq s_i^*, \forall i \in \mathcal{N}$ 时,纳什均衡称为严格的。

借助纳什均衡的定义,可以检验是否能够通过研究参与者对每个策略组合的可能偏离来找到纳什均衡解。观察例 3.1 的矩阵表示,可以发现(坦白,坦白)是该博弈的唯一纳什均衡。

广泛的研究发现对于纯策略纳什均衡有如下结论:

(1)存在性和多样性:非合作博弈可能存在 0 个、1 个或者多个纳什均衡点;

(2)效率:从损益的角度来看,纳什均衡并不一定是最好的结果。例如,囚徒困境博弈中,纯策略纳什均衡$(-4,-4)$是低效的,他们可以通过选择策略组合(不坦白,不坦白)取得更好的损益($-1$,$-1$)。然而,策略组合(不坦白,不坦白)在非合作博弈场景中是不稳定的(不是平衡点),因为参与者存在单方面改变策略的可能。事实上,两个犯罪嫌疑人尽管可以通过合作不坦白给予彼此更好的损益$-1$,但是他们的贪婪导致了一个没有效率的结果。这表明非合作博弈的纯策略纳什均衡解可能是低效的。

**4. 混合策略**

上文中对策略式博弈的研究主要集中在纯策略和纯纳什均衡。一般来说,参与者可以一定的概率选择每个纯策略,这就催生了混合策略的概念。对于某一博弈参与者而言,混合策略由一系列可能的动作及概率分布(或权重集合)组成,概率分布对应于选择每个动作的频率。

对策略博弈 $G = (\mathcal{N}, (\mathcal{S}_i)_{i \in \mathcal{N}}, (u_i)_{i \in \mathcal{N}})$ 的每个参与者 $i$,定义其策略集合 $\mathcal{S}_i$ 上的概率分布的集合 $\Sigma_i$,则 $\sigma_i(s_i) \in \Sigma_i$ 是参与者 $i$ 在纯策略 $s_i \in \mathcal{S}_i$ 上的一个概率分布。例如,当 $\mathcal{S}_i$ 是有限的,那么 $\sigma_i$ 是纯策略的概率质量函数。对于混合策略组合 $\boldsymbol{\sigma} \in \boldsymbol{\Sigma} = \prod\limits_{i=1}^{N} \Sigma_i$,假设纯策略集合 $\mathcal{S}_i$ 是有限的,令 $\sup(\sigma_i) = \{s_i \in \mathcal{S}_i \mid \sigma_i(s_i) > 0\}$ 表示策略集合的支撑,则一个混合策略的损益对应于其支撑中纯策略组合的期望值,即

$$u_i(\boldsymbol{\sigma}) = \sum_{s \in \mathcal{S}} \Big( \prod_{j=1}^{N} \sigma_j(s_j) \Big) u_i(s_i, s_{-i})$$

其中,$u_i(s_i, s_{-i})$ 是对应于策略组合 $(s_i, s_{-i})$ 的纯策略损益。在此基础上,可以定义混合策略纳什均衡的概念。

**定义 3.7**[6]:对于每个参与者 $i \in \mathcal{N}$,如果混合策略组合 $\boldsymbol{\sigma}^* \in \boldsymbol{\Sigma}$ 满足 $u_i(\sigma_i^*, \sigma_{-i}^*) \geqslant u_i(\sigma_i, \sigma_{-i}^*)$,$\forall \sigma_i \in \Sigma_i$,则 $\boldsymbol{\sigma}^*$ 是混合策略纳什均衡。

需要指出的是,纯策略纳什均衡也可看作一种每个参与者均以概率 1 选择一个策略(纯策略)而其他策略概率为 0 的混合策略纳什均衡。因此,至少有一个参与者的至少两种策略被分配了正概率的混合策略均衡,又被称为适定的混合纳什均衡。

进一步地,假设 $u_i(\sigma_i, \sigma_{-i}^*) = \sum\limits_{s_i \in \mathcal{S}_i} \sigma_i(s_i) u_i(s_i, \sigma_{-i}^*)$,可以仅通过检查纯策略的偏离来确定某个混合策略组合是否是纳什均衡。可以通过如下引理来求解混合策略纳什均衡。

**引理 3.1**[6]:混合策略组合 $\boldsymbol{\sigma}^* \in \boldsymbol{\Sigma}$ 是混合策略纳什均衡,当且仅当对任意 $i \in \mathcal{N}$ 有以下两个条件成立:

(1)对于给定的 $\boldsymbol{\sigma}_{-i}^*$,每个 $s_i \in \sup(\sigma_i)$ 的期望损益是相等的;

(2)对于给定的 $\boldsymbol{\sigma}_{-i}^*$,不在 $\sigma_i^*$ 的支撑中的策略的期望损益一定不大于支撑中纯策略组合的期望损益。

换句话说,该引理表明混合策略组合 $\boldsymbol{\sigma}^* \in \boldsymbol{\Sigma}$ 是混合纳什均衡的充要条件是:对于每个参与者 $i \in \mathcal{N}$ 有,$\sigma_i^*$ 的支撑中的每一个纯策略都是 $\boldsymbol{\sigma}_{-i}^*$ 的最优响应(best response)。事实上,如果支撑中的策略有不同的损益,那么参与者就可以直接选取有最高期望损益的纯策略,而这与$\sigma^*$是纳什均衡相矛盾。从某种意义上来说,该引理表明,在混合策略纳什均衡点上,参与者并不关心他们支撑集中的纯策略,即这些纯策略的期望损益是相等的。

下面给出一些判断混合策略纳什均衡存在性的定理,具体证明过程可参考相关文献。

**定理 3.1**[4]:每一个有限的策略式非合作博弈都有一个混合策略纳什均衡。

**定理 3.2**[7]:对于策略式博弈 $G=(\mathcal{N},(\mathcal{S}_i)_{i\in\mathcal{N}},(u_i)_{i\in\mathcal{N}})$,其中,$\mathcal{S}_i$ 是非空的紧度量空间且任意 $u_i$ 是连续函数,有一个混合策略纳什均衡。

综上所述,混合策略或纯策略中的纳什均衡为非合作策略博弈提供了一个强有力的解概念。博弈论在模型和解方面的许多其他应用、概念和分类,都以这样或那样的方式依赖于受纳什均衡启发所产生的一些概念。

### 3.2.2 贝叶斯博弈

3.2.1 节中所讨论的博弈论模型,是建立在所有参与者对博弈要素,特别是所有参与者的动作空间和损益函数,具有完全信息的假设基础上。然而,在很多场景中,特别是竞争性环境中,某个参与者可以获得的先验信息对于其他参与者而言可能并不是公开信息。特别地,博弈参与者可能没有对手的行动、策略和损益的完全信息。

海萨尼首先通过引入一个虚拟参与人"自然",提出了一种模拟和处理这类不完全信息博弈的方法[6]。"自然"首先选择参与人 1 的类型,将其他参与人对于参与人 1 的不完全信息转变为"自然"的行动不完美信息,使得转换后的博弈可以用纳什均衡等标准技术来分析。海萨尼的贝叶斯(纳什)均衡正是指不完美信息博弈的纳什均衡。贝叶斯博弈是一种解决不具有完全信息问题的有效途径。事实上,贝叶斯博弈分为静态贝叶斯博弈和扩展式动态贝叶斯博弈,本节主要讨论静态贝叶斯博弈。

一般来说,一个不完全信息博弈可被视为一个贝叶斯博弈[6]。假设有一个博弈参与者的集合 $\mathcal{N}=\{1,2,\cdots,\mathcal{N}\}$,其中,$\mathcal{N}$ 是参与者的总数;参与者 $i$ 的行动空间和类型空间分别表示为 $\mathcal{A}_i$ 和 $\mathcal{T}_i$。参与者 $i$ 的损益可以定义为所有参与者的类型和行动的函数 $U_i(a;t)$,其中,$a$ 表示由所有参与者所采取的行动组成的向量,$t$ 表示所有参与者类型向量。参与者 $i$ 在给定自身类型下的信念,定义为所有其他参与者类型的条件概率质量函数 $Pr_i(t_{-i}|t_i)$,其中,$t_i\in\mathcal{T}_i$ 是参与者 $i$ 的类型,$t_{-i}\in\mathcal{T}_{-i}$ 是除参与者 $i$ 之外的所有参与者的类型向量。信念表达式刻画了不确定性,这是不完全信息博弈的核心。

作为一种不完全信息博弈,贝叶斯博弈可以形式化的定义如下。

**定义 3.8**[2]:一个不完全信息博弈可以通过以下要素定义:

(1) 博弈参与者的集合:$i\in\mathcal{N}=\{1,\cdots,\mathcal{N}\}$。

(2) 参与者 $i$ 可选的行动集合:$\mathcal{A}_i$。$a_i\in\mathcal{A}_i$ 表示一个具体的行动。

（3）参与者 $i$ 可能的类型集合：$\mathcal{T}_i$。$t_i \in \mathcal{T}_i$ 表示一种具体类型。

（4）设 $\boldsymbol{a} = (a_1, \cdots, a_N)$，$\boldsymbol{t} = (t_1, \cdots, t_N)$，$\boldsymbol{a}_{-i} = (a_1, \cdots, a_{i-1}, a_{i+1}, \cdots, a_N)$，$\boldsymbol{t}_{-i} = (t_1, \cdots, t_{i-1}, t_{i+1}, \cdots, t_N)$。

（5）自然（Nature）的动作：根据 $\mathcal{T} = \mathcal{T}_1 \times \cdots \times \mathcal{T}_N$ 上的联合概率质量函数 $Pr(\boldsymbol{t})$ 来选择 $\boldsymbol{t}$，这产生了自然条件概率。

（6）参与者 $i$ 的策略：$s_i : \mathcal{T} \to \mathcal{A}_i$，其中 $s_i(t_i) \in \mathcal{A}_i$ 是类型 $i$ 的参与者 $i$ 的行动。

（7）损益 $\mathcal{U}_i(\boldsymbol{a} ; \boldsymbol{t})$，$i \in \mathcal{N}$。

贝叶斯博弈过程可按时序描述如下[2]：

（1）自然选择所有参与者的类型。

（2）参与者观察自己的类型。每个参与者仅知道自己类型的完整描述。

（3）参与者同时选择他们的行动。具体地说，参与者 $i$ 在给定自身类型下，基于他对其他参与者类型的信念选择一个行动 $a_i \in \mathcal{A}_i$。

（4）参与者获得损益值。

上述博弈的一个合适的解的概念是贝叶斯纳什均衡，其定义如下。

**定义 3.9**[2]：对于任意参与者 $i \in \mathcal{N}$，若策略 $\mathcal{N}$ 元组 $\boldsymbol{s}^* = (s_1^*, \cdots, s_N^*)$ 满足

$$s_i^*(t_i) = \underset{a_i \in \mathcal{A}_i}{\mathrm{argmax}} \sum_{t_{-i} \in \mathcal{T}_{-i}} \mathcal{U}_i(s_1^*(t_1), \cdots, s_{i-1}^*(t_{i-1}), a_i, s_{i+1}^*(t_{i+1}), \cdots, s_N^*(t_N); \boldsymbol{t}) Pr(\boldsymbol{t}_{-i} \mid t_i)$$

，则 $\boldsymbol{s}^*$ 称为贝叶斯纳什均衡。

定义 3.9 可视为纯策略贝叶斯纳什均衡。与上一节中介绍的非贝叶斯有限博弈的情况类似，纯策略的贝叶斯纳什均衡可能不存在。因此，需要将贝叶斯纳什均衡拓展至混合策略的情形，将混合策略定义为对于每个参与者对其每种类型在其行动集合上的概率分布，即对于每种类型有不同的概率分布。将策略空间从纯策略拓展至混合策略后，已有研究表明，对于如上述定义的每一个有限的不完全信息博弈，存在一个混合策略贝叶斯纳什均衡[8]。

## 3.3 动态博弈及其策略分析

动态非合作博弈中，博弈参与者的策略选择序列和已知的（或者收集的）关于其他参与者的决策信息，会对博弈结果产生重大影响。与在静态博弈中不同，动态博弈中的参与者至少了解其他参与者所选择行动的部分信息，因此，他们的选择可能取决于过去的行动。例如，在动态非合作博弈中，基于所选择行动的历史信息和来自其他参与者的威胁，在参与者无须相互间沟通的情况下可以鼓励合作。因此，在动态博弈中，参与者的行动（即参与者可以选择的行动选项）和参与者的策略（即从参与者可获得的信息到其行动集的映射）之间有明确的区别。在本节中，将研究两类完全信息动态博弈（扩展式博弈和重复博弈）和一类不完全信息动态博弈（扩展式贝叶斯动态博弈）。

### 3.3.1    扩展式博弈

动态博弈中的一个大类是序贯博弈,顾名思义,即参与者按照预先确定的顺序做出决策(选择策略)。在序贯博弈中,一些参与者能够观察到在他们之前行动的参与者的行动,并据此做出策略选择。因此,每个参与者都可以根据可得到的其他参与者的行动信息制定自己的策略。值得指出的是,静态博弈可看作序贯博弈的一种特例,即没有参与者能够观察到其他参与者的动作。

因此,在序贯博弈中,信息(即参与者知道的动作)的作用是至关重要的。据此,动态序贯博弈可以分为完美信息和不完美信息两种信息知识类型。如果一次只有一个参与者动作,并且每个参与者在每一个博弈点都知道在它之前的参与者的每一个行动,则称该序贯博弈具有完美信息。直观上,如果轮到一个参与者选择一个动作,那么完美信息博弈假设这个参与者总是知道其他参与者直到当前所做的所有动作。相反,当一部分参与者不知道其他参与者之前的所有选择时,则称他具有不完美信息。在许多场景中,每当轮到一名参与者行动时,他可能并不完全了解其他参与者之前所采取的每一项行动,但需要在这种情况下做出决策。

必须强调的是,完美或不完美信息的概念与前文中讨论的完全和不完全信息的概念截然不同。完全信息的概念涉及每个参与者知晓的博弈要素信息,例如策略空间、可能的损益等,而完美信息的概念则涉及一个参与者对其他参与者所采取的行动或其顺序的信息。

虽然动态博弈可以用策略式(标准式)表示,但由于存在序贯决策,因此有必要使用一种能够清楚地突出时间或动作顺序的替代表示法。在这种情况下,动态顺序博弈最有用的表示形式之一是扩展式(或博弈树)。扩展式博弈是非合作动态博弈的图形表示,它不仅提供了参与者、行动及其损益的信息表示,同时描述了行动顺序(或序列)和信息集。博弈树由图节点和连边组成,其中,图节点表示参与者可以采取行动的点,连边则表示在某个节点上的参与者可以采取的动作。初始(或根)节点表示其中一个参与者做出的第一个决策(根节点通常表示为博弈树中的最上层节点,博弈从上层节点一直向下进行到终端节点)。对于每个参与者,一些节点可能被虚线包围,这表示信息集,即参与者在博弈时可获得的信息。在具有完美信息的博弈中,每个信息集只包含一个节点,因为每个参与者确切地知道前一个参与者的所有动作信息。相反,在不完美信息中,至少存在一个包含多个节点的信息集。博弈树的每一层都称为一个阶段。终端节点表示博弈结束。如果博弈在某个终端节点结束,则该终端节点会标有每个参与者所获得的损益。在博弈树的给定阶段中的给定节点上,"历史"是指直到所考虑阶段执行的动作序列。换句话说,在给定阶段的给定节点上,历史是从初始节点到所考虑节点的动作集,即树中的路径。

在确定参与者的策略集后,由于策略是从信息集到参与者行动集的映射,那么根据参与者可能的行动和可用的信息,扩展式博弈总是可以转换为策略式。此外,如果每个参与者的行动集是有限的并且只做有限次动作,那么动态博弈在策略式上等价于有限的静态博弈,因此等价于矩阵博弈。

在具有完美信息的动态博弈(扩展式)中寻找均衡点的一种有用方法是使用反向归纳法(backwards induction)。反向归纳法是一种类似于动态规划的迭代技术,可用于求解有限单行动扩展式博弈。在反向归纳法中,首先确定博弈最后一步的参与者的最佳选择,然后根据给定的最后一名参与者的动作,确定下一个移动到最后一个参与者的最佳动作。这一过程一直以这种方式向后进行,直到所有参与者的行动都已确定。对具有完美信息的扩展式动态博弈采用反向归纳法可以得到如下结论。

**定理 3.3**[9]:每一个拥有完美信息的有限扩展式博弈具有一个纯策略纳什均衡。

反向归纳法可用于对具有完美信息的扩展式动态博弈进行求解,然而这种方法不适用于具有不完美信息的情况。此外,对于动态博弈(特别是不完美信息博弈),需要一个均衡解,它要求每个参与者的策略不仅在博弈开始时(就像在纳什均衡中那样),而且在每个历史之后都是最优的。这就引出了子博弈完美均衡的概念。

**定义 3.10**[6]:动态非合作博弈的子博弈由扩展式博弈(即博弈树)的单个节点及其所有后续节点组成。子博弈的信息集和损益继承自原始博弈。此外,参与者的策略仅限于子博弈中的历史动作。

**定义 3.11**[6]:如果参与者的策略(限于子博弈)在原始博弈的每个子博弈中都构成纳什均衡,则策略组合 $s \in \mathcal{S}$ 是子博弈完美均衡。

为了找到子博弈的完美均衡,首先,根据博弈的扩展式找到子博弈,其次,确定它们的纳什均衡。最后,寻找子博弈完美均衡需要检查动态博弈的每个子博弈,这可能是一项繁琐的任务。为此,可以使用定义如下的单阶段偏离原则。

**定义 3.12**[6]:当某参与者在其他信息集的策略和其他参与者的策略固定时,一步偏离原理(one-stage deviation principle)要求不存在某参与者可以通过偏离子博弈完美均衡策略而获利的任何信息集。

在有限博弈中,可以采用以下步骤来寻找子博弈完美均衡[2]:

(1)选择不包含任何其他子博弈的子博弈。

(2)计算此子博弈的纳什均衡。

(3)将与该均衡相关联的损益向量分配给起始节点,并消除子博弈。

(4)重复此过程,直到没有子博弈可消除时,每个可能发生时间都分配了一个动作。

注意,在动态博弈中,纳什均衡不一定是子博弈完美均衡。这里,主要研究扩展式博弈,寻找纯策略均衡解。但是,所介绍的方法很容易扩展到混合策略空间,感兴趣的读者可参考相关资料。

## 3.3.2 重复博弈

除了序贯博弈之外,另一种重要的动态博弈类型是重复博弈。简言之,重复博弈可以被视为一种随时间重复的静态非合作战略博弈。随着时间的推移,参与者可能会了解到参与者过去的行为,并相应地改变他们的策略。这类博弈的动机来源于例 3.1 的囚徒困境。在这个例子中,两个犯罪嫌疑人都坦白的非合作行为是博弈的唯一纯策略纳什均衡。然而,如果两名嫌疑人合作而不招供,情况则会更好。重复博弈背后的主要思想是,如果像囚徒困境这样的博弈反复进行,并且如果双方都认为背叛将终止合作,导致他们后续的损失超过了短期收益,那么双方都期望的结果(即双方在每个时期都不坦白)则是稳定的。

在重复博弈的背景下,策略式博弈将被称为重复博弈的一个阶段,或重复博弈的成分博弈。参与者在任何阶段的成分博弈中做出的决定称为行动,而参与者在重复博弈中做出的决定本身则称为策略。

在重复博弈中,将阶段 $t$ 之前所有过去动作的集合定义为博弈在阶段 $t$ 的历史,表示为 $h(t)$。当 $t=0$ 时,$h(t)=\varnothing$;当 $t \geqslant 1$ 时,$h(t)=\{\boldsymbol{a}(0),\cdots,\boldsymbol{a}(t-1)\}$,其中,$\boldsymbol{a}(t)=[a_1(z),\cdots,a_N(t)]$ 是 $N$ 个参与者在阶段 $t$ 所选择的行动组合。进一步地,参与者 $i$ 在阶段 $t$ 的策略可定义为与在阶段 $t$ 的历史相关的函数,即 $s_i(h(t))$。因此,对于博弈的每一个历史 $h(t)$,每个参与者均可以定义将历史 $h(t)$ 和动作 $\boldsymbol{a}(t)$ 联系起来的函数,即 $a_i(t)=s_i(h(t))$。例如,由于起始历史 $h(0)$ 是空集,每个参与者 $i$ 需要从其起始成分博弈的行动空间中选择一个行动 $a_i(0)$。此处主要讨论具有可观察动作和完美监视的重复博弈,这意味着每个游戏参与者都知道在每个阶段之前的其他参与者和自己的所有行动。

显然,重复博弈的可能策略空间随着阶段数量的增加迅速增长。因此,通过穷举搜索最优响应策略以得到纳什均衡是非常复杂的。可以通过替代方法去寻找重复博弈的均衡点。介绍了重复博弈背后的动机以及一些基本概念后,首先正式地给出重复博弈的定义。

**定义 3.13**:假设 $G=(\mathcal{N},(\mathcal{S}_i)_{i \in \mathcal{N}},(u_i)_{i \in \mathcal{N}})$ 是一个策略式博弈,$\delta \in [0,1)$ 是贴现因子。重复博弈由博弈 $G$ 从阶段 $t=0$ 到 $t=T$ 重复 $T+1$ 次组成,表示为 $G(T,\delta)$。对于每个参与者 $i$,可以定义其重复博弈策略为 $\boldsymbol{s}_i=[s_i(h(0)),\cdots,s_i(h(T))]$,则对手的策略组合可表示为 $\boldsymbol{s}_{-i}=[(s_j)_{j \in \mathcal{N},j \neq i}]$。因此,重复博弈中参与者 $i$ 的效用可以定义为

$$u_i(\boldsymbol{s}_i,\boldsymbol{s}_{-i})=\sum_{t=0}^{T}\delta^t g_i(a_i(t),\boldsymbol{a}_{-i}(t))$$

其中,$a_i(t)=s_i(h(t))$ 表示参与者 $i$ 在阶段 $t$ 采取的行动,$g_i(a_i(t),\boldsymbol{a}_{-i}(t))$ 则表示参与者 $i$ 在阶段 $t$ 的成分博弈中的损益。如果 $T$ 趋向于无穷,那么 $G(\infty,\delta)$ 称为无限重复博弈,否则为有限重复博弈。

对于无限重复博弈,无名氏(Folk)定理提供了一个有趣的结果,这意味着通过重复博弈可以获得一个可行的结果,使每个参与者可以获得比静态博弈纳什均衡更好的损益。在正式介绍无名氏定理之前,首先给出可行损益集合 $\mathcal{U}$ 的定义:

$$\mathcal{U} = \mathrm{Conv}\{u \mid \exists a \in \mathcal{A}, g(a) = u\}$$

其中,Conv 表示凸包,$g(a)$ 是联系每个策略组合和 $N$ 维损益向量的函数。进一步地,可以定义参与者 $i$ 在重复博弈任一阶段的最小最大值 $\underline{u}_i = \min_{a_{-i}}[\max_{a_i} g_i(a_i, a_{-i})]$。因为考虑单个阶段,所以省略了表示阶段的下标 $t$。最小最大值是参与者 $i$ 针对对手"压迫"做出最优反应时所能得到的最低阶段损益。当损益向量 $u \in \mathbb{R}^N$ 的任一分量 $u_i > \underline{u}_i$ 时,称 $u$ 是严格个体理性的。在静态纳什均衡中,参与者 $i$ 的损益不小于 $\underline{u}_i$。下面给出无名氏定理。

**定义 3.14(无名氏定理):** 如果 $u = (u_1, \cdots, u_N)$ 是一个可行的严格个体理性的损益向量,那么存在一个贴现因子 $0 \leqslant \underline{\delta} < 1$,使得对于所有的 $\delta > \underline{\delta}$,无穷重复博弈 $G(\infty, \delta)$ 存在一个纳什均衡(也是一个子博弈完美均衡)。

无名氏定理背后的主要动机是,如果博弈持续时间足够长($\delta$ 接近 1),当损失是由其他参与者的最小-最大策略造成时,某个参与者通过偏离一次获得的收益将被随后每个阶段的损失所抵消。一方面,如果有足够的耐心,即 $\delta$ 较大,则一个参与者的非合作行为将受到其他合作参与者未来行动的惩罚;另一方面,一个参与者的合作(通过独立决策,没有交流)在未来可以通过其他参与者的合作获得回报。因此,从长远来看,参与者虽然可以采取非合作行动,但可能还是会选择合作行为以获得比最小-最大值更好的损益。

虽然无名氏定理指出,通过重复博弈可以获得比最小-最大值更好的收益,但接下来的难点在于如何设计通过强制非合作参与者之间的合作来实现这些更好收益的规则。为此,可以使用两种方法:针锋相对(tit-for-tat)和卡特尔维持(Cartel maintenance)。

针锋相对是一种依靠惩罚来加强合作的触发策略。在重复囚徒困境博弈中,某参与者初始时选择合作(即不坦白),当对手背叛时,他也会在预先确定的一段时长内选择背叛(即坦白)作为对对手背叛的回应。因此,针锋相对是一种触发策略,在这种策略中,参与者开始合作,但在重复博弈的一个阶段中,以其对手在前一阶段使用的相同策略做出反应。因此,一旦对手从合作策略中背叛,参与者也会背叛。在重复囚徒困境中,已经证明两个犯罪嫌疑人针锋相对的策略会导致帕累托最优纳什均衡。尽管针锋相对易于实现,但它也有一些缺点。首先,在给定的博弈中,对于给定的参与者,选择与对手相同的策略不一定是该参与者的最佳反应。此外,在许多情况下,收集关于其他参与者的所有策略的信息(如针锋相对所需)是相当困难的(尽管这是具有可观察行动和完美监控的博弈的一个普遍缺点)。因此,虽然针锋相对在许多研究问题上是有用的,但缺点限制了它的应用领域。

作为针锋相对的替代方案,可以使用能够产生更接近最优损益的触发策略(而不是针锋相对)。在某些情况下,这是更严厉的策略,其中一种方法是卡特尔维持。卡特尔维持重复博弈框架的基本思想是向贪婪的参与者提供足够的威胁,以防止他们偏离潜在的合作。在这种情况下,首先计算一个让所有参与者都能获得比纳什均衡点有更好损益的合作点。然而,如果某个参与者偏离合作,而其他参与者仍在采取合作策略,那么这个偏离的参与者会具有更好的效用,而其他参与者则具有相对较差的效用。如果没有任何强制执行规则,其他合作参与者也会有偏离的动机,从而使得博弈的总体结果可能会回到一个低效的非合作点,如纳什均衡。卡特尔维持框架提供了一种机制,使任何参与者当前的叛逃收益将被其他参与者未来的惩罚策略所抵消。因此,未来惩罚的威胁会阻止任何一个行为理性的参与者叛变,从而使得合作得以持续,总体损益也更好。

### 3.3.3　扩展式贝叶斯动态博弈

在动态博弈中,由于参与者会采取多个行动并且不断获得信息,贝叶斯纳什均衡的概念会导致复杂的均衡点。此处的复杂性类似于完全信息博弈的情形,在动态信息下存在过多的均衡。这种多样性可以在完全信息博弈中通过各种精炼方案(如子博弈完美)加以控制。然而,由于这种博弈具有非单例信息集,并且有时只有一个子博弈(整个博弈),导致每个纳什均衡都是平凡的子博弈完美,所以各种精炼方案在不完全信息博弈中并不总是可能的。

为了改进由贝叶斯纳什解概念或子博弈完美性产生的均衡,提出了完美贝叶斯均衡(PBE)概念。PBE 本着子博弈完美的精神要求后续博弈是最优的。然而,它将参与者的信念放在决策节点上,使非单例信息集中的动作能够得到更满意的处理。下面给出 PBE 的概念。

**定义 3.15**:PBE 是满足下面条件的策略组合和信念集合:

(1) 在每个信息集中,给定参与者 $i$ 的信念和所有其他参与者的策略时,参与者 $i$ 的策略能够最大化其损益;

(2) 在使用 PBE 策略时,在以正概率到达的信息集上,必要时根据策略和贝叶斯规则形成信念;

(3) 在使用 PBE 策略时,在以零概率到达的信息集上,信念可能是任意的,但在可能的情况下必须根据贝叶斯规则形成。

到目前为止,在讨论贝叶斯博弈时,假设信息是完美的(或者,不完美但博弈是同时进行的)。然而,在研究动态博弈时,有必要对不完美信息建模。PBE 提供了一种方法:参与者将信念放在其信息集合中出现的节点上,这意味着信息集可以由“自然”(在不完全信息的情况下)或其他参与者(在不完美信息的情况下)生成。

在 PBE 中,可以更严格地接近贝叶斯博弈中参与者所持有的信念。信念系统是对博弈中每个节点的概率分配,使得任何信息集中的概率之和为 1。某个参与者的信念正是该参与者采取行动的所有信息集中节点的概率(参与者的信念可能被指定为其信息集的并集到[0,1]的函数)。信念系统对于给定策略组合是一致的,当且仅当系统分配给每个节点的概率是按照给定策略组合达到该节点的概率(即按照贝叶斯规则)来计算的。

序贯理性的概念决定了 PBE 中后续行动的最优性。对于一个特定的信念系统,一个策略组合在一个特定信息集上是序贯理性的,当且仅当给定所有其他参与者所使用的策略时,拥有该信息集的参与者(即在该信息集上有动作的参与者)的期望损益是最大的。对于一个特定的信念系统,如果策略组合对每个信息集都满足上述条件,则该策略组合是序贯理性的。

### 3.3.4 演化博弈

演化博弈论已经发展成为一个数学框架,用于研究种群中理性生物主体之间的相互作用。在演化博弈论中,个体根据其适应度(即损益)来适应(即演化)所选择的策略。通过这种方式,可以分析博弈的静态和动态行为(如均衡)。

在演化博弈中,从种群中选择的个体反复进行博弈。演化过程和演化博弈的两个主要机制是突变和选择。突变是改变个体特性(如个体基因或参与者的策略)的一种机制。因此,可以在种群中引入具有新特性的个体。然后应用选择机制筛选保留适应度高的个体,同时消灭适应度低的个体。特别地,突变机制用于维持种群的多样性,而选择机制则用于促进适应度高的个体。在演化博弈中,突变机制描述为演化稳定策略,选择机制则描述为复制者动态。换言之,演化稳定策略用于研究静态演化博弈,而复制者动态用于研究动态演化博弈。

演化稳定策略是演化过程的重要概念,即当应用突变机制时,选择一种策略的一组个体不会被选择不同策略的个体取代。在博弈论中,由群体中初始的一组个体选择的纯策略或混合策略称为主导策略(incumbent strategy)。种群份额为 $\varepsilon \in (0,1)$ 的一群个体可以选择不同的纯策略或者混合策略 $s'$,称为突变策略。在这种情况下,种群中选取的某个体分别以概率 $1-\varepsilon$ 和 $\varepsilon$ 选择策略 $s$ 和 $s'$。该博弈中被选个体的损益等于传统非合作博弈中参与者以概率 $\varepsilon$ 选择混合策略的损益,即 $\bar{s} = \varepsilon s' + (1-\varepsilon)s$。假设 $u(s,s')$ 表示当对手选择 $s'$ 时选择策略 $s$ 的损益。策略 $s$ 称为演化稳定的,如果对于每个策略 $s' \neq s$,都存在 $\hat{\varepsilon} \in (0,1)$ 使得对于所有的 $\varepsilon \in (0,\hat{\varepsilon})$ 都有如下条件成立:

$$u(s, \varepsilon s' + (1-\varepsilon)s) > u(s', \varepsilon s' + (1-\varepsilon)s) \tag{3.1}$$

有了演化稳定策略,突变群体的份额将趋于减少,因为它获得的损益较低,从而增长率较低。在这种情况下,策略 $s$ 对突变免疫。

下面建立演化稳定策略与纳什均衡之间的关系。如果式(3.1)中考虑线性损益函数,在有混合策略的矩阵博弈中肯定是这样的,可以得到如下条件:

$$(1-\varepsilon)u(s,s) + \varepsilon u(s,s') > (1-\varepsilon)u(s',s) + \varepsilon u(s',s') \tag{3.2}$$

当 $\varepsilon$ 趋向于 0 时,由连续性可以得到 $u(s,s) \geq u(s',s)$,由此可见,演化稳定策略是一个混合策略纳什均衡(mixed-strategy Nash equilibrium,MSNE)。如果 $s$ 是演化稳定策略,那么 $(s,s)$ 是混合策略纳什均衡。然而,这不是充分条件,除非 $u(s,s) >$

$u(s',s)$。另一方面,如果 $u(s,s)=u(s',s)$,那么需要一个二阶条件 $u(s,s')>u(s',s')$,这是另一个演化稳定策略的充分条件。

将种群分为多个组,每个组采用一种不同的纯策略。复制者动态建模每组规模随时间演化的过程。与演化稳定策略不同,复制者动态中的个体只采用纯策略。一组数量很大但有限的个体选择策略 $s\in S$,其中,$S$ 是策略集。假设 $n_s(t)$ 表示在时间 $t$ 采用策略 $s$ 的个体数量,种群中个体的总数表示为 $N(t)=\sum_{s\in S}n_s(t)$,采用纯策略 $s$ 的个体比例(即种群份额)表示为 $X_s(t)=n_s(t)/N(t)$。种群状态则可定义为 $|S|$ 维向量 $\boldsymbol{X}(t)=[\cdots,X_s(t),\cdots]$。种群状态为 $\boldsymbol{X}$ 时选择策略 $s$ 的个体的损益表示为 $u(s,\boldsymbol{X})$,那么种群的平均损益为 $\bar{u}(\boldsymbol{X})=\sum_{s\in S}X_s(t)u(s,\boldsymbol{X})$。自然地,每个个体的再生率(即个体从一种策略切换到另一种策略的速率)依赖于损益。换言之,个体将切换到能够获得更高损益的策略。损益越大,策略切换越快。因此,随着时间的推移,能够确保获得更高损益的个体群体规模将不断增长,因为损益较低的个体将切换其策略。基于这个事实,种群份额动态可以表示为

$$\dot{X}_s = X_s(u(s,\boldsymbol{X})-\bar{u}(\boldsymbol{X})) \tag{3.3}$$

式中,$\dot{X}_s$ 是采用纯策略 $s$ 的种群份额 $X_s$ 对时间的导数。根据这些动态,收益高于平均水平的个体群体的规模将随着时间的推移而增长。

令 $\dot{X}_s=0$ 就可以得到演化均衡,即选择不同策略的种群比例不再改变。这对于分析复制者动态的稳定性以确定演化均衡是非常重要的。演化均衡存在以下两种情况的稳定(即均衡点对于局部扰动是鲁棒的):

(1) 当复制者动态的初始点离演化均衡足够近时,复制者动态的解路径仍然任意接近均衡点,这称为李雅普诺夫稳定。

(2) 当复制者动态的初始点离演化均衡较近时,复制者动态的解路径收敛至均衡点,这称为渐进稳定。

与非线性系统稳定性研究相同,基于李雅普诺夫函数和线性化系统的系统矩阵的特征值是两种主要的证明演化均衡稳定性的方法。

## 3.4 基于博弈论的网络攻防建模

### 3.4.1 博弈论视角下网络攻防行为分析

网络攻击是利用网络信息系统存在的漏洞和安全缺陷对系统和资源进行攻击。网络信息系统所面临的威胁来自很多方面,而且会随着时间的变化而变化。攻击者会通过寻找系统的弱点,以非授权方式达到破坏、欺骗和窃取数据信息等目的。从攻击方式来看,网络攻击有口令入侵、木马病毒、重放攻击、拒绝服务、WWW 欺骗、电

子邮件攻击、节点漏洞攻击和端口扫描等[10]。从攻击阶段来看,网络攻击可分为信息搜集、入侵权限获取、安装后门、扩大影响和消除痕迹5个阶段[11]。为了对抗网络攻击,网络防御方技术也不断发展。当下网络防御技术可分为被动防御技术和主动防御技术两类[12]。被动防御技术有网络防火墙技术、入侵检测技术和安全扫描技术等;主动防御技术有蜜罐技术[13]和入侵防御技术[14]等。

在博弈论[15]中,攻击方的信息搜集和入侵权限获取可以看作网络攻击的第一个阶段。在该阶段,攻击者的行为可理想化成单次的静态行为,同时此阶段攻击者通常面临的是防火墙的阻碍。因此,可以通过静态博弈对攻防对抗过程进行建模,由于攻防博弈双方信息是不对称的,所有的攻防博弈模型通常都是在不完全信息下进行建模。在网络攻击者角度,对于攻防博弈的第一阶段,攻击者的成本来自于搜集数据所花费的时间、金钱和人力等。攻击者的收益来自于入侵成功后了解入侵网络架构所对应的信息价值。在网络防御者角度,对于攻防博弈的第一阶段,防御者的成本来自于部署防火墙等防御设备的摊销成本和运行防御设备的运维成本两部分。防御者的收益来自于捕获攻击行为、分析攻击方式并进一步保护网络系统正常运行的奖励。

攻击方安装后门可看作网络攻击的第二阶段。在该阶段中,攻击者已经成功入侵工控系统,此时攻击者的行为可看作潜伏等待发动攻击时机。在该阶段,攻防博弈双方可建模成为不完全信息动态博弈模型,攻击者的收益来自于搜集网络内部数据的价值,攻击者的成本是成功入侵方式暴露的代价。与之对应的,防御者的收益是扫描出攻击入侵者新型攻击方式的奖励,防御者的成本是运行防御工具的运维成本。

攻击方扩大影响和擦除痕迹可看作网络攻击的第三阶段。在该阶段中,攻击者在发动攻击前仍然未被防御者清除出网络,此时该阶段的攻防对抗过程可看作不完全信息静态博弈。攻击者的收益来自于网络被破坏所带来的社会影响以及对己方的优势,攻击者的成本是发动攻击并暴露的损失。与之对应的,防御方的收益是破解攻击行为、维护网络正常工作的收益,防御方的成本是运行防御系统的成本。

网络攻防博弈过程中,除了单个攻击者与单个防御者之间的对抗外,多个攻击者与多个防御者彼此也可能存在群体联盟博弈,多个防御者或多个攻击者之间可能存在合作博弈。通过合约博弈可以设计出有效的激励机制并鼓励防御者们或者攻击者们相互合作并主动参与,提高攻击资源或者防御资源的利用效率。

## 3.4.2 基于博弈论的互联网攻防博弈建模

在互联网安全研究中,除了攻防技术研究外,攻防策略研究同样重要。博弈论作为研究具有对抗性质行为的数学方法能够直接地描述攻防对抗过程。近些年来,很多学者采用博弈论来研究互联网中的攻防对抗问题。

在移动通信互联网对抗研究中,Zhang等[16]提出了FlipIn的双层博弈论模型,该模型设计了激励相容和收益最大化的网络保险合约,完全刻画了分布式防御方网络和集中式防御方网络的双层对策的均衡解,并证明了最优保险合约覆盖了防御方损失的一半。Xiong 等[17]针对移动众感知(the mobile crowd sensing,MCS)技术面临传输过程隐私泄露的问题,提出了基于人工智能(AI)的三方博弈的敏感数据隐私分类匿名模型,该模型能用来保护互联网中的数据隐私。仿真结果表明该模型能够有效防止数据隐私泄露。Shen 等[18]针对互联网中存在恶意软件扩散的问题,提出了一种基于信号博弈的恶意软件检测模型。该模型通过理论计算博弈的完美贝叶斯均衡条件,获得了恶意软件检测概率最优化策略。Liao 等[19]针对互联网中传感器之间面临级联失效的问题,提出了一种基于随机博弈的无先验信息 Q-CFA 模型。该模型在攻击/防御成本、预算约束、不同减载成本和系统动态的情况下模拟了恶意攻击方和防御方的攻防对抗过程。该模型能够提高互联网传感器的防御能力。Chen 等[20]针对互联网中用户风险感知困难的问题,提出了一种基于博弈论的用户有限理性感知模型。该模型通过最小化用户成本来确定自己的安全管理策略。通过对智能社区的实例分析,该模型能够成功地识别出在安全管理过程中需要重点考虑的关键用户。Dai 等[21]针对互联网中移动用户和应用高速增长带来的隐私泄露问题,提出了基于一阶价格博弈的互联网任务分配模型。该模型能够有效提高移动用户完成任务的数量,并为移动用户带来更多收益。以上模型中攻击方通常以移动互联网的用户通信数据为奖励来源,以攻击时长、攻击模式为成本,防御方通常以移动通信正常运行为奖励,以移动通信中断为成本代价。总体来说,基于移动互联网的博弈框架是面向以移动互联通信网络为目标的攻防控制权限夺取对抗。

在社交网络研究中,Zhou 等[22]针对日益增长的安全问题,提出了一种基于三维博弈的社交网络安全模型。该模型不会增加原始社交互联网中场景的复杂性,同时将所有关键信息保持在同一平台上,能够提高社交互联网的安全性能。Lim 等[23]针对移动互联网中用户主动分享的隐私安全问题,提出了一种基于合约博弈的联邦学习隐私保护模型。该模型利用逆向归纳法,首先求解合约公式,然后用合并拆分算法求解联盟博弈均衡。仿真结果表明该模型能够有效保护移动用户的隐私。胡永进等[24]将非合作信号博弈理论应用于网络攻防分析。在充分考虑网络欺骗信号的衰减性后,设计了基于多阶段欺骗博弈的最优网络欺骗防御策略选取算法。该算法能够为网络安全防御机制提供有效指导。黄健明等[25]根据攻防博弈双方有限理性行为的假设,提出了基于演化博弈的社交网络攻防博弈模型,该模型能够为攻防决策者提供决策上的指导。以上模型通常以用户的社交属性隐私为攻击方奖励的主要来源,攻击方的目标是利用用户的社交属性通过网络攻击获得最大化的破坏效果,其成本主要来自于如何取得社交用户的信任。总体来说,基于社交网络的博弈框架是面向以社交拓扑网络为目标的网络破坏传播的攻防对抗。

除了移动通信互联网和社交网络外,工业互联网作为国家重要基础设施,其安全性相比于社交网络和移动通信网络具有更紧迫的需求。

### 3.4.3 基于博弈论的工业互联网攻防博弈建模

在工业互联网领域,很多学者也采用博弈论来研究攻防对抗问题,特别是时刻与民众相关的智能电网、智能交通和云计算相关等领域。

在智能电网领域,Ashok 等[26]针对国家电网和其他关键基础设施面临网络攻击威胁的问题,从协同网络攻击的角度讨论了网络物理安全,并引入了一种博弈论方法来提高智能电网的网络防御性能。Esmalifalak 等[27]详细说明了测量方法对电价的影响,利用零和博弈模型使攻击方能够按照期望的方向(增加或减少)改变电价,保护了智能电网收益。Hewett 等[28]通过建立攻击方与安全管理员之间的非零和序贯博弈模型,提出了一种分析 SCADA 智能电网安全性的方法。该方法利用反向归纳技术进行决策分析。Jiang 等[29]讨论了先进计量基础设施(advanced metering infrastructure,AMI)的背景,确定了 AMI 的防御要素,并提出了一个基于攻击树的威胁模型来描述 AMI 中的能量窃取行为。该模型将现有的 AMI 能量窃取检测方案归纳为基于分类、基于状态估计和基于博弈论三类,并对它们进行了广泛的比较和讨论。仿真结果表明,该威胁模型能够有效模拟 AMI 中的攻防博弈过程。Xiao 等[30]研究了智能电网中微电网之间的能量交换问题,将备用能源发电厂与微网之间的能量交换设计为基于前景理论的静态博弈模型。仿真结果表明该模型的纳什均衡策略解能够有效地提高智能电网中的电力能源交换效率。以上研究在建模过程中需根据智能电网的物理属性对电网节点的重要性进行建模评估。重要性评估不只需要考虑电网的网络拓扑结构,也需要对每个节点的能力,如输电能力、储能能力等进行综合评估。评估结果对于博弈框架中的奖励和损失具有直接影响,同时也是收益分析和均衡策略选取的决定性因素。

在智能交通领域,Sedjelmaci 等[31]分析了智能交通系统(intelligent transportation systems,ITSs)在新一代交通工具建设中的意义,提出了基于博弈论的 ITSs 防御模型。该模型从安全级别和所需成本两方面进行利弊评估。Koutsoukos 等[32]为了保护交通网络免受网络攻击威胁,提出了基于博弈论的交通信号检测模型。该模型通过启发式算法获得高计算量下的最优防御策略。Laszka 等[33]设计了基于高斯博弈的异常检测模型,该模型能够警告操作员正面临网络攻击。Wang 等[34]针对交通信息系统中传感器与遥控器之间安全传输的问题,提出了基于 Stackelberg 博弈的单/多天线模型。该模型通过传感器与干扰机的相互作用证明了单/多天线 Stackelberg 平衡的存在条件。此外,Wang 等提出了两种最优传输策略求解算法。该算法结合带反馈随机算法和智能模拟退火算法提高了传输速率。Mecheva 等[35]利用博弈论研究了智能交通系统的安全标准,并结合雾计算和人工智能进行了应用。与传统互联网不同,智能交通互联网的节点重要性评估需重点考虑每个节点的吞吐量,不同的吞吐量会导致每个节点防御设备部署的差异以及网络攻击方式选取的差异从而进一步导致均衡策略选取的不同。

在云计算及相关领域,Xiao 等[30]提出了基于前景理论的有限理性攻防博弈模型。该模型应用前景理论来描述云存储系统的防御方与攻击方之间的有限理性攻防博弈过程。仿真结果表明,利用攻击方的有限理性行为可以提高防御方的收益。Min 等[36]提出了基于 Blotto 的中央处理器(CPU)攻防博弈模型,该模型描述了云存储系统中攻击方和多存储设备上分配 CPU 的防御方之间的攻防对抗过程。该模型通过推导攻防博弈双方之间的 CPU 纳什均衡,分析了有限 CPU 资源、数据存储大小和存储设备数量对云存储系统收益的影响。Xu 等[37]应用前景理论研究了有限理性云存储防御方与 APT 攻击方之间的攻防博弈过程,建立了两个有限理性 APT 攻防博弈模型。该模型在 APT 攻击时间未知的情况下,推导了有限理性静态 APT 博弈的纳什均衡。此外,Xu 等还提出了一种基于 Q 学习的 APT 防御模型,该模型能够为防御方提供有效的防御策略。Abass 等[38]提出了基于云存储的动态演化博弈模型。该模型利用演化博弈论来描述 APT 攻击方攻击云存储设备,防御方扫描云存储设备的攻防博弈行为,获得了具有离散的 APT 防御对策并提高了云存储设备的防御性能。以上研究在进行建模时需重点考虑云存储节点的价值评估,如存储量和存储数据价值。因为在工业互联网网络拓扑中它只是一个节点,但每个节点所包含的数据量和数据价值是有差异的,这就导致防御体系部署和攻击方式的差异,最终影响攻防对抗策略选取的不同。

以上研究分析了工业互联网领域利用被动防御设备进行工业互联网攻防对抗策略的研究,除了被动防御外,主动防御工具也被应用到工业互联网攻防对抗研究中。以工控蜜罐为代表的主动防御工具在当下的工业互联网防御中具有重要意义。本书后续内容将分别从不同场景阐述基于工控蜜罐的工业互联网攻防对抗策略研究。

## 3.5　小结

从理论上分析,博弈论为网络攻防提供了一种对抗性思维方式。因此,这一理论将随着安全威胁和网络防御演化而不断地发展与更新,也仍将作为网络攻防普遍应用的理论分析方法得到持续的研究和关注。

博弈论从 1944 年提出以后发展至今,已经成为研究具有斗争或竞争性质现象的数学理论和方法,也已经作为一种常用的对抗性思维方式,被网络攻防研究者进行研究和分析。本章首先总结回顾了博弈论的理论组成以及其在网络攻防中的研究现状。在理论组成方面将博弈对抗过程从静态博弈和动态博弈分别进行概述;在网络攻防研究建模中分别分析了攻防博弈行为和策略选取算法。其中,重点介绍了工业互联网攻防博弈建模,包括移动通信网络、社交网络、智能电网、智能交通以及云计算进行了叙述,最后从主被动防御相结合未来的发展趋势进行了展望。

# 参 考 文 献

[1] 奥斯本.博弈论教程[M].北京：中国社会科学出版社，2000.

[2] HAN Z,NIYATO D,SAAD W. Game theory in wireless and communication networks[M]. Cambridge：Cambridge University Press,2011.

[3] 罗伯特·吉本斯,高峰.博弈论基础[M].北京：中国社会科学出版社,1999.

[4] NASH JR J F. Equilibrium points in $n$-person games[J]. Proceedings of the National Academy of Sciences,1950,36(1)：48-49.

[5] BAŞAR T,OLSDER G J. Dynamic noncooperative game theory[M]. New York：Society for Industrial and Applied Mathematics,1998.

[6] 弗登博格.博弈论(经济科学译丛)[M].北京：中国人民大学出版社,2006.

[7] GLICKSBERG I L. A further generalization of the Kakutani fixed point theorem,with application to Nash equilibrium points[J]. Proceedings of the American Mathematical Society,1952,3(1)：170-174.

[8] HARSANYI J C. Games with incomplete information played by "Bayesian" players part Ⅱ. Bayesian equilibrium points[J]. Management Science,1968,14(5)：320-334.

[9] KUHN H W, TUCKER A W. Contributions to the Theory of Games[M]. Princeton：Princeton University Press,1953.

[10] ALSHAMRANI A,MYNENI S,CHOWDHARY A,et al. A survey on advanced persistent threats：Techniques,solutions,challenges,and research opportunities[J]. IEEE Communications Surveys & Tutorials,2019,21(2)：1851-1877.

[11] ZHANG R,HUO Y,LIU J,et al. Constructing apt attack scenarios based on intrusion kill chain and fuzzy clustering[J]. Security and Communication Networks,2017,17(12)：1-9.

[12] 郭军权,诸葛建伟,孙东红,等. Spampot：基于分布式蜜罐的垃圾邮件捕获系统[J].计算机研究与发展,2014,51(5):10.

[13] 诸葛建伟,唐勇,韩心慧,等.蜜罐技术研究与应用进展[J].软件学报,2013,24(4):18.

[14] XING T,HUANG D,XU L,et al. Snortflow：A openflow-based intrusion prevention system in cloud environment[C]//2013 Second GENI Research and Educational Experiment Workshop. IEEE,2013：89-92.

[15] FERDOWSI A,SAAD W,MAHAM B,et al. A colonel blotto game for interdependence-aware cyber-physical systems security in smart cities[C]//Proceedings of the 2nd International Workshop on Science of Smart City Operations and Platforms Engineering. 2017：7-12.

[16] ZHANG R ,ZHU Q. FlipIn：A Game-theoretic cyber insurance framework for incentive-compatible cyber risk management of internet of things[J]. IEEE Transactions on Information Forensics and Security,2020,15：2026-2041.

[17] XIONG Z,NIYATO D,WANG P,et al. Dynamic pricing for revenue maximization in mobile social data market with network effects[J]. IEEE Transactions on Wireless Communications,2019,19(3)：1722-1737.

[18] SHEN S,HUANG L,ZHOU H,et al. Multistage signaling game-based optimal detection

strategies for suppressing malware diffusion in fog-cloud-based IoT networks[J]. IEEE Internet of Things Journal,2018,5(2)：1043-1054.

[19] LIAO W, SALINAS S, LI M, et al. Cascading failure attacks in the power system：A stochastic game perspective[J]. IEEE Internet of Things Journal,2017,4(6)：2247-2259.

[20] CHEN Z, NI T, ZHONG H, et al. Differentially private double spectrum auction with approximate social welfare maximization[J]. IEEE Transactions on Information Forensics and Security,2019,14(11)：2805-2818.

[21] DAI M,LI J, SU Z, et al. A privacy preservation based scheme for task assignment in internet of things[J]. IEEE Transactions on Network Science and Engineering,2020,7(4)：2323-2335.

[22] ZHOU B,MAINES C, TANG S, et al. A 3-D security modeling platform for social IoT environments[J]. IEEE Transactions on Computational Social Systems, 2018, 5 (4)：1174-1188.

[23] LIM W Y B, XIONG Z, MIAO C, et al. Hierarchical incentive mechanism design for federated machine learning in mobile networks[J]. IEEE Internet of Things Journal,2020,7(10)：9575-9588.

[24] 胡永进,马骏,郭渊博,等.基于多阶段网络欺骗博弈的主动防御研究[J].通信学报,2020,41(8)：32-42.

[25] 黄健明,张恒巍,王晋东,等.基于攻防演化博弈模型的防御策略选取方法[J].通信学报,2017,038(1)：168-176.

[26] ASHOK A, HAHN A, GOVINDARASU M. Cyber-physical security of wide-area monitoring,protection and control in a smart grid environment[J]. Journal of Advanced Research,2014,5(4)：481-489.

[27] ESMALIFALAK M,SHI G, HAN Z,et al. Bad data injection attack and defense in electricity market using game theory study[J]. IEEE Transactions on Smart Grid, 2013, 4 (1)：160-169.

[28] HEWETT R, RUDRAPATTANA S, KIJSANAYOTHIN P. Cyber-security analysis of smart grid SCADA systems with game models[C]//Proceedings of the 9th Annual Cyber and Information Security Research Conference. 2014：109-112.

[29] JIANG R,LU R, WANG Y, et al. Energy-theft detection issues for advanced metering infrastructure in smart grid[J]. Tsinghua Science and Technology,2014,19(2)：105-120.

[30] XIAO L,MANDAYAM N B,POOR H V. Prospect theoretic analysis of energy exchange among microgrids[J]. IEEE Transactions on Smart Grid,2014,6(1)：63-72.

[31] SEDJELMACI H,HADJI M,ANSARI N. Cyber security game for intelligent transportation systems[J]. IEEE Network,2019,33(4)：216-222.

[32] KOUTSOUKOS X, KARSAI G, LASZKA A, et al. SURE：A modeling and simulation integration platform for evaluation of secure and resilient cyber-physical systems [J]. Proceedings of the IEEE,2017,106(1)：93-112.

[33] LASZKA A,ABBAS W, VOROBEYCHIK Y,et al. Detection and mitigation of attacks on transportation networks as a multi-stage security game[J]. Computers & Security,2019,87：101576.

[34] WANG K, YUAN L, MIYAZAKI T, et al. Jamming and eavesdropping defense in green

cyber-physical transportation systems using a Stackelberg game[J]. IEEE Transactions on Industrial Informatics,2018,14(9):4232-4242.

[35] MECHEVA T,KAKANAKOV N. Cybersecurity in intelligent transportation systems[J]. Computers,2020,9(4):83.

[36] MIN M,XIAO L,XIE C,et al. Defense against advanced persistent threats in dynamic cloud storage:A colonel blotto game approach[J]. IEEE Internet of Things Journal,2018,5(6): 4250-4261.

[37] XU D,XIAO L,MANDAYAM N B,et al. Cumulative prospect theoretic study of a cloud storage defense game against advanced persistent threats[C]//2017 IEEE Conference on Computer Communications Workshops (INFOCOM WKSHPS). IEEE,2017:541-546.

[38] ABASS A A A,XIAO L,MANDAYAM N B,et al. Evolutionary game theoretic analysis of advanced persistent threats against cloud storage[J]. IEEE Access,2017,5: 8482-8491.

# 第 4 章

# 基于静态博弈的工控
# 蜜罐攻防建模及分析

　　本章重点介绍基于不完全信息静态博弈的工控蜜罐攻防过程，也可称作基于贝叶斯静态博弈的工控蜜罐攻防过程。根据第 3 章博弈理论的基础知识可知，在一个完全信息博弈中，参与者的行为、策略和收益函数均为公共信息；而在不完全信息博弈中，参与者的行为、策略和收益函数不都是公共信息。不完全信息静态博弈的典型例子是密封报价拍卖，由于参与者并不知晓其他参与者的价格且所有报价完成后同时打开不可修改，因此参与者的行为可看作同时进行的。除此以外，受到环境的影响以及参与者自身认知能力的限制，参与者的行为并不都是完全理性的，因此，有限理性因素也是博弈过程需要考虑的。

## 4.1　理论：不完全信息工控蜜罐静态博弈模型

　　工控蜜罐对抗网络攻击的攻防博弈过程可以被建模为基于不完全信息的工控蜜罐静态攻防博弈模型。在此模型中，防御方对攻击方所掌握的漏洞信息了解有限，无法判断攻击方利用的漏洞是零日漏洞还是 $N$ 日漏洞。相反，工业控制网络需向社会公布一些防御信息，比如使用工控蜜罐作为防御机制，所以，防御方的行为在一定程度上是可观测的公共信息。但是攻击方并不知道其入侵的具体设备所对应的工控蜜罐模式。在此攻防博弈中，攻击方的漏洞利用类型是私有信息，但是防御方可根据历史经验对攻击方的漏洞利用类型进行概率推断。同理，防御方蜜罐模式和数量是公有信息而具体节点部署的蜜罐是私有信息，但是攻击方可以根据配置数量比例对防御方的蜜罐模式进行概率推断。基于以上推断，该模型定义如下：

　　**定义 4.1**：工控蜜罐不完全信息静态博弈模型可以用一个标准六元组来表示：$HAG \triangleq \langle Z, W, F_Z, F_W, U_Z, U_W \rangle$。其中，$Z$ 表示防御方蜜罐的模式；$W$ 表示攻击类型；$F_Z$ 表示防御方的策略集合；$F_W$ 表示攻击方的策略集合；$U_Z$ 表示防御方的收益，它代表着防御方所有蜜罐收益的总和；$U_W$ 表示攻击方的收益，它代表着攻击方所有入侵收益的总和。攻防策略的收益量化是最优策略选取的基础,量化的准确性直接影响最优策略选取的结果。因此,后续将从防御方和攻击方视角分别进行量化说明。

工控蜜罐不完全信息静态博弈模型可根据六元组来进行描述,通过 $Z$ 表示防御方蜜罐如低交互蜜罐、高交互蜜罐等;通过 $W$ 表示攻击类型如 DDoS 攻击、重放攻击、高级持续性威胁等;通过 $F_Z$ 表示防御方的策略集合如搜集、分析、溯源等;$F_W$ 表示攻击方的策略集合如识别、破坏等;$U_Z$ 表示防御方的收益,它代表着防御方所有蜜罐收益的总和;$U_W$ 表示攻击方的收益,它代表着攻击方所有入侵收益的总和。

## 4.1.1　静态博弈防御方类型、策略和收益

在不完全信息工控蜜罐静态博弈中,防御方蜜罐的类型是私有信息因此其类型空间为 $Z \in \{Z_1, Z_2, \cdots, Z_n\}$,他们的策略集合为 $F_Z \in \{D_1, D_2, \cdots, D_n\}$,他们的收益为 $U_Z \in \{U_{Z_1}, U_{Z_2}, \cdots, U_{Z_n}\}$。此外,蜜罐作为一种主动防御机制并不能做到对所有网络攻击行为的百分百捕获,同时,蜜罐对于不同攻击类型的捕获概率也有差异[1]。因此假设蜜罐面对不同攻击类型的捕获概率如表 4.1 所示。

表 4.1　工控蜜罐诱捕不同类型网络攻击成功的概率

|  | $Z_1$ | $Z_2$ | $\cdots$ | $Z_n$ |
|---|---|---|---|---|
| $W_1$ | $p_1$ | $p_2$ | $\cdots$ | $p_n$ |
| $W_2$ | $p_{n+1}$ | $p_{n+2}$ | $\cdots$ | $p_{2n}$ |
| $\vdots$ | $\vdots$ | $\vdots$ | $\cdots$ | $\vdots$ |
| $W_n$ | $p_{n(n-1)+1}$ | $p_{n(n-1)+2}$ | $\cdots$ | $p_{n^2}$ |

在不完全信息静态博弈模型中,防御方事先并不知道攻击方的类型,但是根据先验知识,防御方能够获得攻击方发动漏洞攻击的历史统计数据,例如 $N$ 日漏洞 APT 攻击和零日漏洞 APT 攻击等漏洞攻击的历史分布等。因此,假设不同网络攻击的概率分布为:$p(W_1), p(W_2), \cdots, p(W_n)$。为了更好地描述防御方的收益,通过海萨尼转换将不完全信息静态博弈过程转换为贝叶斯规则下已知攻击方类型分布概率的不完美信息静态博弈过程,并以此计算防御方的收益。防御方的收益由所有蜜罐的收益组成,表达式如式(4.1)所示:

$$U_Z = \sum_{i=1}^{n} U_{Z_i} \tag{4.1}$$

假设工控蜜罐 $i$ 的策略使用概率为 $q_1^i, q_2^i, \cdots, q_n^i$,则工控蜜罐的收益如式(4.2)所示:

$$U_{Z_i} = \sum_{j=1}^{n} q_j^i U_{Z_i}(D_j) \tag{4.2}$$

## 4.1.2　静态博弈攻击方类型、策略和收益

在不完全信息工控蜜罐静态博弈中,攻击方的攻击类型是私有信息因此其类型空间为 $W\in\{W_1,W_2,\cdots,W_n\}$,他们的策略集合为 $F_W\in\{A_1,A_2,\cdots,A_n\}$,他们的收益为 $U_W\in\{U_{W_1},U_{W_2},\cdots,U_{W_n}\}$。在不完全信息静态博弈模型中,尽管攻击方能够从防御方的公开资料中获得其配置蜜罐的数量和类型,但是攻击方事先并不知道他们入侵具体设备时可能遇到的蜜罐模式,因此,面对不同模式蜜罐的概率可用工控蜜罐配置分布概率进行表示,即:$p_A(Z_1),p_A(Z_2),\cdots,p_A(Z_n)$。此时,通过进一步计算能够获得攻击方的收益。攻击方的收益由所有发动攻击的不同类型攻击收益之和组成,表达式如式(4.3)所示:

$$U_W=\sum_{i=1}^n U_{W_i} \tag{4.3}$$

假设攻击方使用攻击类型 $i$ 的策略概率分布为 $qa_1^i,qa_2^i,\cdots,qa_n^i$,则工控蜜罐的收益如式(4.4)所示:

$$U_{W_i}=\sum_{j=1}^n q_j^i U_{W_i}(A_j) \tag{4.4}$$

## 4.1.3　静态博弈均衡策略分析

根据前面所描述的工业控制网络蜜罐攻防博弈双方的标准表达式为:$HAG\triangleq\langle Z,W,F_Z,F_W,U_Z,U_W\rangle$。为了描述不完全信息工控蜜罐静态博弈的时间顺序,先把一个完全信息工控蜜罐静态博弈的时间顺序描述如下:①蜜罐防御方和网络攻击方同时选择行动(如蜜罐防御方可以从 $F_Z$ 中选择策略),然后②蜜罐防御方和网络攻击方分别得到收益 $U_Z$ 和 $U_W$。为了获得不完全信息工控蜜罐静态博弈的标准贝叶斯均衡表达式,首先需要表示出博弈过程中的关键因素,即攻防博弈双方仅一定知道自己的收益函数而未必知道对方的收益函数。蜜罐防御方中工控蜜罐类型 $i$ 的潜在收益函数表示为 $U_{Z_i}(D_1,D_2,\cdots,D_n;Z_i)$,其中,$Z_i$ 为工控蜜罐 $i$ 的类型。

在定义工控蜜罐攻防博弈双方的类型后,说明工控蜜罐 $i$ 知道其收益就等价于知道其类型,类似地,工控蜜罐 $i$ 不知道其他网络攻击者的收益函数也就等价于工控蜜罐 $i$ 不知道其他网络攻击者的类型。基于以上描述,可以用 $Z_{-i}$ 表示非工控蜜罐 $i$ 以外的其他蜜罐类型。虽然工控蜜罐攻防博弈双方并不清楚地知道对方的具体类型,但是由于历史经验的存在,工控蜜罐攻防博弈双方可以依据之前的经验进行期望收益分析。在此,根据博弈论知识可引入"自然"这一概念,"自然"可以根据历史经验推断出工控蜜罐和网络攻击方不同类型的概率分布。以蜜罐防御方举例,"自然"推断出攻击方可能攻击到的工控蜜罐属于类型 $i$ 工控蜜罐的概率可以用 $p(Z_i)$ 表示。此时,工控蜜罐攻防博弈双方的贝叶斯纳什均衡策略需满足的条件如式(4.5)所示:

$$\max_{D_i A_j} \sum_{Z_i W_j} U_{Z_i}(F_Z^*, F_W^*; Z_i, W_j) p(Z_i) p(W_j) \tag{4.5}$$

亦即,工控蜜罐攻防博弈双方不会有意愿单方面改变其收益,即使这种改变只涉及一种类型。

## 4.2 基于资源约束的信息物理系统蜜罐静态攻防建模及分析

本节以漏洞利用这一攻击方式为例,分析了 APT 攻击入侵阶段攻击方的入侵过程[2-3],利用不完全信息静态博弈描述了信息不对称下攻防博弈双方的交互过程,建立了基于自动化工控蜜罐的不完全信息静态攻防博弈模型。通过海萨尼转换求解该模型的贝叶斯纳什均衡策略的具体方法,同时分析了蜜罐配置成本约束下自动化蜜罐最优防御策略选取方法。最后,仿真结果表明该模型能够有效提高 APT 攻击入侵阶段自动化工控蜜罐的防御能力。

APT 攻击入侵阶段,自动化蜜罐对抗 APT 攻击的攻防博弈过程可以被建模为基于自动化蜜罐的不完全信息静态攻防博弈模型。在此阶段,防御方对攻击方所掌握的漏洞信息了解有限,无法判断攻击方利用的漏洞是零日漏洞还是 N 日漏洞。相反,工业互联网会向社会公布一些防御信息,比如使用自动化蜜罐作为防御机制,所以,防御方的行为在一定程度上是可观测的公共信息。但是攻击方并不知道他们入侵的具体设备所对应的自动化蜜罐模式。在此攻防博弈中,攻击方的漏洞利用类型是私有信息,但是防御方可根据历史经验对攻击方的漏洞利用类型进行概率推断。同理,防御方蜜罐模式和数量是公有信息而具体节点部署的蜜罐是私有信息,但是攻击方可以根据配置数量比例对防御方的蜜罐模式进行概率推断。基于以上推断,该模型可用定义 4.1 中的六元组来表示:$HAG \triangleq \langle Z, W, F_Z, F_W, U_Z, U_W \rangle$。其中:

(1) $Z \in \{Z_1, Z_2\}$ 表示防御方蜜罐的两种模式,$Z_1$ 表示低交互蜜罐;$Z_2$ 表示高交互蜜罐。其中,低交互蜜罐是模仿工业互联网中少量的互联网协议和网络服务,优点是成本较低,缺点是捕获能力较弱。高交互蜜罐是模拟整个工业互联网节点的操作系统,优点是捕获能力较强,缺点是成本较高。

(2) $W \in \{W_1, W_2\}$ 表示的是 APT 攻击类型,$W_1$ 表示工业互联网中因为没有及时升级补丁而存在的 N 日漏洞 APT 攻击;$W_2$ 表示工业互联网中还未被发现的零日漏洞 APT 攻击。

(3) $F_Z \in \{(\Omega_1, \Omega_1), (\Omega_1, \Omega_2), (\Omega_2, \Omega_1), (\Omega_2, \Omega_2)\}$ 表示防御方的策略集合,其中,$\Omega_1$ 表示自动化蜜罐启动诱捕机制;$\Omega_2$ 表示自动化蜜罐不启动诱捕机制。

(4) $F_W \in \{(\nu_1, \nu_1), (\nu_1, \nu_2), (\nu_2, \nu_1), (\nu_2, \nu_2)\}$ 表示攻击方的策略集合,其中,$\nu_1$ 表示攻击方发动入侵;$\nu_2$ 表示攻击方不发动入侵。

(5) $U_Z$ 表示防御方的收益,它代表防御方所有蜜罐收益的总和。

（6）$U_W$ 表示攻击方的收益，它代表攻击方所有入侵收益的总和。

攻防策略的收益量化是最优策略选取的基础，量化的准确性直接影响最优策略选取的结果。这里从防御方和攻击方视角分别进行量化说明。详细的参数描述如表 4.2 所示。

**表 4.2 APT 入侵阶段蜜罐攻防博弈模型符号**

| 符 号 | 描 述 | 符 号 | 描 述 |
| --- | --- | --- | --- |
| $Z_1$ | 低交互蜜罐 | $Z_2$ | 高交互蜜罐 |
| $W_1$ | N 日漏洞 APT 攻击 | $W_2$ | 零日漏洞 APT 攻击 |
| $\Omega_1$ | 启动诱捕机制 | $\Omega_2$ | 不启动诱捕机制 |
| $\nu_1$ | 发动入侵 | $\nu_2$ | 不发动入侵 |
| $\gamma_1$ | N 日漏洞 APT 攻击的成本 | $\gamma_2$ | 零日漏洞 APT 攻击的成本 |
| $\zeta_1$ | 低交互蜜罐成本 | $\zeta_2$ | 高交互蜜罐成本 |
| $\chi$ | 工业互联网节点正常运行的奖励 | $m$ | 高交互蜜罐的数量 |
| $n$ | 低交互蜜罐的数量 | $C$ | 蜜罐配置的总成本 |
| $\varepsilon_1$ | 诱捕 N 日漏洞 APT 攻击的奖励 | $\varepsilon_2$ | 诱捕零日漏洞 APT 攻击的奖励 |

## 4.2.1 防御方行为、策略和收益

众所周知，工控蜜罐诱捕不同 APT 攻击类型的收益也是不同的。当低交互蜜罐启动诱捕机制但诱捕 N 日漏洞 APT 攻击失败时，防御方的损失为 $\zeta_1$。反之，当低交互蜜罐启动诱捕机制且诱捕 N 日漏洞 APT 攻击成功时，防御方的收益为 $\chi + \varepsilon_1 - \zeta_1$。此外，当高交互蜜罐启动诱捕机制但诱捕 N 日漏洞攻击失败时，防御方的损失为 $\zeta_2$。反之，当高交互蜜罐启动诱捕机制且诱捕 N 日漏洞 APT 攻击成功时，防御方的收益为 $\chi + \varepsilon_1 - \zeta_2$。同理，当低交互蜜罐启动诱捕机制且诱捕零日漏洞 APT 攻击失败时，防御方的损失为 $\zeta_1$。反之，当低交互蜜罐启动诱捕机制且诱捕零日漏洞 APT 攻击成功时，防御方的收益为 $\chi + \varepsilon_2 - \zeta_1$。当高交互蜜罐启动诱捕机制且诱捕零日漏洞攻击失败时，防御方的损失为 $\zeta_2$。反之，当高交互蜜罐启动诱捕机制且诱捕零日漏洞 APT 攻击成功时，防御方的收益为 $\chi + \varepsilon_2 - \zeta_2$。特别地是，当 APT 攻击没有接受蜜罐诱捕而直接进入设备时可以等效看作蜜罐不发动诱捕机制。防御方视角下的博弈树如图 4.1 所示。在该博弈树中，通过海萨尼转换设置虚拟参与人"自然"，根据攻击方类型将攻防双方不完全信息静态博弈表述为不完美信息静态博弈。在防御方视角下，防御方可能面对零日漏洞 APT 攻击也可能面对 N 日漏洞 APT 攻击。此外，无论防御方面临哪种攻击，防御方可以选择启动防御机制或者不启动防御机制。

对于防御方，高、低交互蜜罐诱捕 APT 攻击的能力是不同的，高、低交互蜜罐诱捕不同 APT 攻击失败的概率见表 4.3。根据文献[1]可知，高、低交互蜜罐诱捕 APT 攻击成功的概率与部署蜜罐的数量呈正相关。蜜罐诱捕失败概率函数可以

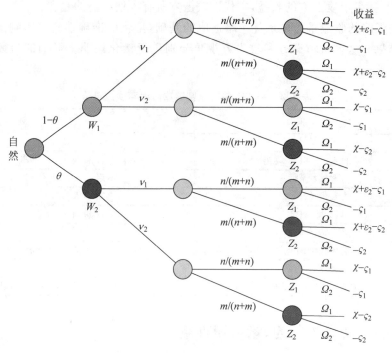

图 4.1　防御方视角的博弈树

用表达式 $\Psi_i(\text{num}\,|\,p_i, af_i)$ 表示,其中,$p_i$ 表示单个高(低)交互蜜罐诱捕 $N$(零)日漏洞失败的概率,即 $\Psi_i(\text{num}=1\,|\,p_i, af_i)=p_i$,$af_i$ 表示不同 APT 攻击的最低逃脱概率,$\Psi_i$ 是一个随着蜜罐数量增加而严格单调递减并形式上最终趋于恒值的函数。

表 4.3　高低交互蜜罐诱捕 APT 攻击失败的概率

|  | 低交互蜜罐 | 高交互蜜罐 |
|---|---|---|
| $N$ 日漏洞 APT 攻击 | $p_1$ | $p_2$ |
| 零日漏洞 APT 攻击 | $p_3$ | $p_4$ |

在不完全信息静态博弈模型中,防御方事先并不知道攻击方的类型,但是根据先验知识,防御方能够获得攻击方发动漏洞攻击的历史统计数据,例如 $N$ 日漏洞 APT 攻击和零日漏洞 APT 攻击的分布等。因此,本章假设 $N$ 日漏洞 APT 攻击和零日漏洞 APT 攻击的概率分布分别为:$p(W_1)=1-\theta$,$p(W_2)=\theta$。为了更好地描述防御方的收益,通过海萨尼转换将不完全信息静态博弈过程转换为贝叶斯规则下已知攻击方类型分布概率的不完美信息静态博弈过程,并以此计算防御方的收益。

当低交互蜜罐启动诱捕机制时,其收益由对抗 $N$ 日漏洞和对抗零日漏洞两部分

收益组成,表达式如式(4.6)所示:

$$U_{Z_1}(\Omega_1) = (1-\theta)U_{Z_1,w_1}(\Omega_1) + \theta U_{Z_1,w_2}(\Omega_1) \tag{4.6}$$

式中,$U_{Z_1,w_1}(\Omega_1)$表示低交互蜜罐启动诱捕机制对抗 N 日漏洞 APT 攻击的收益;而$U_{Z_1,w_2}(\Omega_1)$表示低交互蜜罐启动诱捕机制对抗零日漏洞 APT 攻击的收益。$U_{Z_1,w_1}(\Omega_1)$和$U_{Z_1,w_2}(\Omega_1)$分别由式(4.7)和式(4.8)表示:

$$U_{Z_1,w_1}(\Omega_1) = \Psi_1(-\zeta_1) + (1-\Psi_1)(\chi + \varepsilon_1 - \zeta_1) \tag{4.7}$$

$$U_{Z_1,w_2}(\Omega_1) = \Psi_3(-\zeta_1) + (1-\Psi_3)(\chi + \varepsilon_2 - \zeta_1) \tag{4.8}$$

当低交互蜜罐不启动诱捕机制时,无论它面对的是何种漏洞,收益都一致,其收益如式(4.9)所示:

$$U_{Z_1}(\Omega_2) = -\zeta_1 \tag{4.9}$$

相似地,当高交互蜜罐启动诱捕机制时,其收益由对抗 N 日漏洞和对抗零日漏洞两部分收益组成,表达式如式(4.10)所示:

$$U_{Z_2}(\Omega_1) = (1-\theta)U_{Z_2,w_1}(\Omega_1) + \theta U_{Z_2,w_2}(\Omega_1) \tag{4.10}$$

式中,$U_{Z_2,w_1}(\Omega_1)$表示高交互蜜罐启动诱捕机制对抗 N 日漏洞 APT 攻击的收益;$U_{Z_2,w_2}(\Omega_1)$表示高交互蜜罐启动诱捕机制对抗零日漏洞 APT 攻击的收益。$U_{Z_2,w_1}(\Omega_1)$和$U_{Z_2,w_2}(\Omega_1)$分别由式(4.11)和式(4.12)表示:

$$U_{Z_2,w_1}(\Omega_1) = \Psi_2(-\zeta_2) + (1-\Psi_2)(\chi + \varepsilon_1 - \zeta_2) \tag{4.11}$$

$$U_{Z_1,w_2}(\Omega_1) = \Psi_4(-\zeta_2) + (1-\Psi_4)(\chi + \varepsilon_2 - \zeta_2) \tag{4.12}$$

当高交互蜜罐不启动诱捕机制时,无论它面对何种漏洞,收益都一致,其收益如式(4.13)所示:

$$U_{Z_2}(\Omega_2) = -\zeta_2 \tag{4.13}$$

此外,防御方策略$(\Omega_1, \Omega_1)$标记为防御策略 1,策略$(\Omega_1, \Omega_2)$标记为防御策略 2,策略$(\Omega_2, \Omega_1)$标记为防御策略 3,策略$(\Omega_2, \Omega_2)$表示防御策略 4。防御方的总收益为低交互蜜罐的收益和高交互蜜罐的收益之和,表达式如下:

$$U_Z = \sum_{i=1}^{n} U_{Z_1,i} + \sum_{j=1}^{m} U_{Z_2,j} \tag{4.14}$$

## 4.2.2　攻击方行为、策略和收益

在 APT 攻击入侵阶段,攻击方存在被蜜罐主动暴露漏洞所诱骗的风险,因此,攻击方需要先识别蜜罐以便入侵真实的工业互联网设备系统。当攻击方发起 N 日漏洞 APT 攻击且未被低交互蜜罐诱捕时,攻击方的收益为$\zeta_1 - \gamma_1$。反之,当攻击方发起 N 日漏洞 APT 攻击且被低交互蜜罐诱捕时,攻击方的收益为$-\gamma_1$。类似地,当攻击方发起 N 日漏洞 APT 攻击且未被高交互蜜罐诱捕时,攻击方的收益为$\zeta_2 - \gamma_1$。反之,当攻击方发起 N 日漏洞 APT 攻击且被高交互蜜罐诱捕时,攻击方的收益为$-\gamma_1$。同理,当攻击方发起零日漏洞 APT 攻击且未被低交互蜜罐诱捕时,攻击方

的收益为 $\zeta_1 - \gamma_2$。反之,当攻击方发起零日漏洞 APT 攻击且被低交互蜜罐诱捕时,攻击方的收益为 $-\gamma_2$。当攻击方发起零日漏洞 APT 攻击且未被高交互蜜罐诱捕时,攻击方的收益为 $\zeta_2 - \gamma_2$。反之,当攻击方发起零日漏洞 APT 攻击且被高交互蜜罐诱捕时,攻击方的收益为 $-\gamma_2$。特别地是,当攻击方没有被漏洞诱骗而直接进入设备时可以等价于识别出蜜罐。攻击方视角下的博弈树如图 4.2 所示。

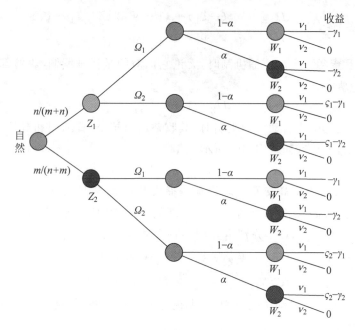

图 4.2　攻击方视角的博弈树

在不完全信息静态博弈模型中,尽管攻击方能够从防御方的公开资料中获得配置蜜罐的数量和类型,但是攻击方事先并不知道他们入侵具体设备时可能遇到的蜜罐模式,因此,面对高、低交互蜜罐的概率可用高、低交互蜜罐配置分布概率分别进行表示,即 $p(Z_1) = n/(n+m)$,$p(Z_2) = m/(n+m)$。此时,通过进一步计算能够获得攻击方的收益。攻击方的收益由 N 日漏洞 APT 攻击的收益和零日漏洞 APT 攻击的收益之和组成。

当攻击方发起 N 日漏洞 APT 攻击时,其收益由 N 日漏洞 APT 攻击高交互蜜罐和 N 日漏洞 APT 攻击低交互蜜罐组成,表达式如式(4.15)所示:

$$U_{W_1}(\nu_1) = \frac{n}{m+n} U_{W_1, Z_1}(\nu_1) + \frac{m}{m+n} U_{W_1, Z_2}(\nu_1) \tag{4.15}$$

式中,$U_{W_1, Z_1}(\nu_1)$ 表示攻击方对低交互蜜罐发起 N 日漏洞 APT 攻击的收益;$U_{W_1, Z_2}(\nu_1)$ 表示攻击方对高交互蜜罐发起 N 日漏洞 APT 攻击的收益。$U_{W_1, Z_1}(\nu_1)$ 和 $U_{W_1, Z_2}(\nu_1)$ 可以分别如式(4.16)和式(4.17)所示:

$$U_{W_1, Z_1}(\nu_1) = \Psi_1(\zeta_1 - \gamma_1) + (1 - \Psi_1)(-\gamma_1) \tag{4.16}$$

$$U_{W_1,Z_2}(\nu_1) = \Psi_2(\zeta_2 - \gamma_1) + (1 - \Psi_2)(-\gamma_1) \tag{4.17}$$

反之,当攻击方不发动 $N$ 日漏洞 APT 攻击时,其收益可以如式(4.18)所示:

$$U_{W_1}(\nu_2) = 0 \tag{4.18}$$

同理,当攻击方发起零日漏洞 APT 攻击时,其收益由零日漏洞 APT 攻击高交互蜜罐和零日漏洞 APT 攻击低交互蜜罐组成,表达式如式(4.19)所示:

$$U_{W_2}(\nu_1) = \frac{n}{m+n} U_{W_2,Z_1}(\nu_1) + \frac{m}{m+n} U_{W_2,Z_2}(\nu_1) \tag{4.19}$$

式中, $U_{W_2,Z_1}(\nu_1)$ 表示攻击方对低交互蜜罐发起零日漏洞 APT 攻击的收益; $U_{W_2,Z_2}(\nu_1)$ 表示攻击方对高交互蜜罐发起零日漏洞 APT 攻击的收益。$U_{W_2,Z_1}(\nu_1)$ 和 $U_{W_2,Z_2}(\nu_1)$ 分别如式(4.20)和式(4.21)所示:

$$U_{W_2,Z_1}(\nu_1) = \Psi_3(\zeta_1 - \gamma_2) + (1 - \Psi_3)(-\gamma_2) \tag{4.20}$$

$$U_{W_2,Z_2}(\nu_1) = \Psi_4(\zeta_2 - \gamma_2) + (1 - \Psi_4)(-\gamma_2) \tag{4.21}$$

反之,当攻击方不发动零日漏洞 APT 攻击时,其收益可以如式(4.22)所示:

$$U_{W_2}(\nu_2) = 0 \tag{4.22}$$

此外,将攻击方的策略 $(\nu_1, \nu_1)$ 标记为攻击策略 1,将策略 $(\nu_1, \nu_2)$ 标记为攻击策略 2,将策略 $(\nu_2, \nu_1)$ 标记为攻击策略 3,将策略 $(\nu_2, \nu_2)$ 标记为攻击策略 4。

### 4.2.3　贝叶斯纳什均衡策略获取方法

不完全信息静态博弈的均衡称之为贝叶斯纳什均衡。基于自动化蜜罐的不完全信息静态攻防博弈模型的贝叶斯纳什均衡的定义如下所示。

**定义 4.2:** $HAG \triangleq \langle Z, W, F_Z, F_W, U_Z, U_W \rangle$ 的贝叶斯纳什均衡策略 $(\nu_{ii}, \nu_{ij}, \Omega_{ji}, \Omega_{jj})^*$ 满足如下条件

$$(\nu_{ii}, \nu_{ij}, \Omega_{ji}, \Omega_{jj})^* \in \underset{(\nu_{ii}, \nu_{ij}, \Omega_{ji}, \Omega_{jj})}{\arg\max} (U_Z, U_W)$$

根据定义,由式(4.6),式(4.9),式(4.10)和式(4.13)可以看出,无论 $\Psi_1, \Psi_2, \Psi_3, \Psi_4, \theta, \chi, \zeta_1, \zeta_2, \varepsilon_1$ 和 $\varepsilon_2$ 的值在可行域内如何变化,$U_{Z_1}(\Omega_1) > U_{Z_1}(\Omega_2)$ 和 $U_{Z_2}(\Omega_1) > U_{Z_2}(\Omega_2)$ 恒成立。所以,防御方的策略集合中存在严格优势策略。

然而,比较式(4.15),式(4.18),式(4.19)和式(4.22)可以发现,攻击方的策略集合中并不存在严格优势策略,其最优策略与 $\Psi_1, \Psi_2, \Psi_3, \Psi_4, n, m, \mu_1, \mu_2, \zeta_1$ 和 $\zeta_2$ 的值相关。因此,在 APT 入侵阶段,基于自动化蜜罐的不完全信息静态攻防博弈模型中,攻击方是根据其收益来决定是否发起 APT 漏洞攻击。攻击方的实际收益与防御方的策略以及自身攻击成本相关,当防御方不启动防御时,攻击方的攻击收益只与攻击成本相关。综上分析,基于自动化蜜罐的不完全信息静态攻防博弈模型中存在四种不同条件下的贝叶斯纳什均衡策略。

**引理 4.1:** APT 入侵阶段蜜罐攻防博弈存在贝叶斯纳什均衡策略 $(\nu_1, \nu_1, \Omega_1, \Omega_1)$ 的条件为:

$$\frac{n}{n+m}\Psi_1\zeta_1 + \frac{m}{n+m}\Psi_2\zeta_2 - \gamma_1 \geqslant 0$$

$$\frac{n}{n+m}\Psi_3\zeta_1 + \frac{m}{n+m}\Psi_4\zeta_2 - \gamma_2 \geqslant 0$$

**证明**：对于防御方而言，需要验证$(\Omega_1,\Omega_1)$是严格优势策略。假设低交互蜜罐启动防御的收益比不启动防御的收益低，即$U_{Z_1}(\Omega_2) > U_{Z_1}(\Omega_1)$，可以得到式(4.23)

$$
\begin{aligned}
U_{Z_1}(\Omega_1) &= (1-\theta)((1-\Psi_1)(\beta+\varepsilon_1)-\Psi_1\zeta_1) + \\
&\quad \theta((1-\Psi_3)(\beta+\varepsilon_2)-\Psi_3\zeta_1) \\
&= (1-\theta)\Psi_1(-\zeta_1)+\theta\Psi_3(-\zeta_1) + \\
&\quad (1-\theta)(1-\Psi_1)(\beta+\varepsilon_1)+\theta(1-\Psi_3)(\beta+\varepsilon_2) \\
&< (1-\theta)\Psi_1(-\zeta_1)+\theta\Psi_1(-\zeta_1) + \\
&\quad (1-\theta)(1-\Psi_1)(\beta+\varepsilon_1)+\theta(1-\Psi_3)(\beta+\varepsilon_2) \\
&= -\zeta_1 + (1-\theta)(1-\Psi_1)(\beta+\varepsilon_1)+\theta(1-\Psi_3)(\beta+\varepsilon_2) \\
&= U_{Z_1}(\Omega_2)+(1-\theta)(1-\Psi_1)(\beta+\varepsilon_1)+\theta(1-\Psi_3)(\beta+\varepsilon_2)
\end{aligned}
\tag{4.23}
$$

式中，由于$0\leqslant\theta\leqslant1,0\leqslant\Psi_1<\Psi_3\leqslant1,0<\beta,\varepsilon_1>0,\varepsilon_2>0,\zeta_1>0$，因此，式(4.23)成立的条件是$(1-\theta)(1-\Psi_1)(\beta+\varepsilon_1)+\theta(1-\Psi_3)(\beta+\varepsilon_2)\leqslant0$，这与已知条件相矛盾，所以，$U_{Z_1}(\Omega_1)>U_{Z_1}(\Omega_2)$恒成立。同理，假设高交互蜜罐启动防御的收益比不启动防御的收益低，即$U_{Z_2}(\Omega_2)>U_{Z_2}(\Omega_1)$，可以得到式(4.24)

$$
\begin{aligned}
U_{Z_2}(\Omega_1) &= (1-\theta)((1-\Psi_2)(\beta+\varepsilon_1)-\Psi_2\zeta_2) + \\
&\quad \theta((1-\Psi_4)(\beta+\varepsilon_2)-\Psi_4\zeta_2) \\
&= (1-\theta)\Psi_2(-\zeta_2)+\theta\Psi_4(-\zeta_2) + \\
&\quad (1-\theta)(1-\Psi_2)(\beta+\varepsilon_1)+\theta(1-\Psi_4)(\beta+\varepsilon_2) \\
&< (1-\theta)\Psi_2(-\zeta_2)+\theta\Psi_2(-\zeta_2) + \\
&\quad (1-\theta)(1-\Psi_2)(\beta+\varepsilon_1)+\theta(1-\Psi_4)(\beta+\varepsilon_2) \\
&= -\zeta_2 + (1-\theta)(1-\Psi_2)(\beta+\varepsilon_1)+\theta(1-\Psi_4)(\beta+\varepsilon_2) \\
&= U_{Z_2}(\Omega_2)+(1-\theta)(1-\Psi_2)(\beta+\varepsilon_1)+\theta(1-\Psi_4)(\beta+\varepsilon_2)
\end{aligned}
\tag{4.24}
$$

式中，由于$0\leqslant\theta\leqslant1,0\leqslant\Psi_2<\Psi_4\leqslant1,0<\beta,\varepsilon_1>0,\varepsilon_2>0,\zeta_2>0$，因此，式(4.24)成立的条件是$(1-\theta)(1-\Psi_2)(\beta+\varepsilon_1)+\theta(1-\Psi_4)(\beta+\varepsilon_2)\leqslant0$，这与已知条件相矛盾，所以，$U_{Z_2}(\Omega_1)>U_{Z_2}(\Omega_2)$始终成立。因此，$(\Omega_1,\Omega_1)$是防御方的严格优势策略。

对于攻击方而言，贝叶斯纳什均衡策略组$(\nu_1,\nu_1,\Omega_1,\Omega_1)$攻击方选择的策略是$(\nu_1,\nu_1)$，即

$$U_{W_1}(\nu_1) = \frac{n}{n+m}(\Psi_1(\zeta_1-\gamma_1)-(1-\Psi_1)\gamma_1) +$$

$$\frac{m}{n+m}(\Psi_2(\zeta_2-\gamma_1)-(1-\Psi_2)\gamma_1) \tag{4.25}$$

$$\geqslant U_{W_1}(\nu_2)=0$$

$$U_{W_2}(\nu_1)=\frac{n}{n+m}(\Psi_3(\zeta_1-\gamma_2)-(1-\Psi_3)\gamma_2)+$$

$$\frac{m}{n+m}(\Psi_4(\zeta_2-\gamma_2)-(1-\Psi_4)\gamma_2) \tag{4.26}$$

$$\geqslant U_{W_2}(\nu_2)=0$$

显然,当参数满足式(4.25)和式(4.26)时,攻击方倾向于既发动 N 日漏洞 APT 攻击也发动零日漏洞 APT 攻击。反之,当参数满足式(4.25)而不满足式(4.26)时,攻击方倾向于发动 N 日漏洞 APT 攻击而不发动零日漏洞 APT 攻击。同理,当参数不满足式(4.25)而满足式(4.26)时,攻击方倾向于不发动 N 日漏洞 APT 攻击而发动零日漏洞 APT 攻击。此外,当参数不满足式(4.25)和式(4.26)时,攻击方倾向于既不发动 N 日漏洞 APT 攻击也不发动零日漏洞 APT 攻击。

---

**算法 4.1**　APT 入侵阶段蜜罐攻防博弈贝叶斯纳什均衡获取方法

输入:$p_1,p_2,p_3,p_4,\theta,\chi,af_1,af_2,af_3,af_4,m,n,\varepsilon_1,\varepsilon_2,\gamma_1,\gamma_2,\zeta_1$ 和 $\zeta_2$

输出:贝叶斯纳什均衡策略$(\nu_{ii},\nu_{ij},\Omega_{ji},\Omega_{jj})$

/ * 初始化策略攻击方策略$(\nu_{ii},\nu_{ij})$ * /

/ * 寻找稳定策略 * /

　　如果 $\frac{n}{n+m}\Psi_1\zeta_1+\frac{m}{n+m}\Psi_2\zeta_2-\gamma_1\geqslant0$ 然后

　　　　如果 $\frac{n}{n+m}\Psi_3\zeta_1+\frac{m}{n+m}\Psi_4\zeta_2-\gamma_2\geqslant0$

　　　　选取策略 $(\nu_1,\nu_1,\Omega_1,\Omega_1)$

　　　　否则

　　　　选取策略 $(\nu_1,\nu_2,\Omega_1,\Omega_1)$

　　　　结束

　　否则

　　　　如果 $\frac{n}{n+m}\Psi_3\zeta_1+\frac{m}{n+m}\Psi_4\zeta_2-\gamma_2\geqslant0$

　　　　选取策略 $(\nu_2,\nu_1,\Omega_1,\Omega_1)$

　　　　否则

　　　　选取策略 $(\nu_2,\nu_2,\Omega_1,\Omega_1)$

　　　　结束

　　结束

---

同理,其他的贝叶斯纳什均衡策略 $(\nu_1,\nu_2,\Omega_1,\Omega_1)$,$(\nu_2,\nu_1,\Omega_1,\Omega_1)$ 和 $(\nu_2,\nu_2,\Omega_1,\Omega_1)$ 的存在条件也可用类似的过程进行证明。为了获取 APT 入侵阶段基于自动化蜜罐的不完全信息静态攻防博弈模型中贝叶斯纳什均衡策略的求解方

法,可用算法 4.1 表示。

### 4.2.4　资源约束下最优防御策略获取方法

在 4.2.3 节中讨论了 APT 入侵阶段基于自动化蜜罐的不完全信息静态攻防博弈模型最优策略即贝叶斯纳什均衡策略的获取方法,但是,防御方的实际收益仍然会受防御资源的约束。此处,防御资源具体指配置蜜罐的成本。为了最大化防御方的实际收益,需要优化蜜罐的部署策略。首先,防御方的总收益可由式(4.14)获得。然后,本节使用蜜罐成本利用率作为指标来优化蜜罐部署策略。

低交互蜜罐成本利用率用 $UP_{Z_1}$ 表示,高交互蜜罐成本利用率用 $UP_{Z_2}$ 表示,表达式如下:

$$UP_{Z_1} = \frac{\sum_{i=1}^{n} U_{Z_{1,i}}(\Omega_1)}{n\zeta_1} \tag{4.27}$$

$$UP_{Z_2} = \frac{\sum_{j=1}^{n} U_{Z_{2,i}}(\Omega_1)}{m\zeta_2} \tag{4.28}$$

当低交互蜜罐成本利用率低于高交互蜜罐成本利用率时,防御方倾向于优先部署低交互蜜罐,反之,当高交互蜜罐成本利用率低于低交互蜜罐成本利用率时,防御方倾向于优先部署高交互蜜罐。因此,防御方的最大收益可由式(4.29)表示:

$$(n,m)^* = \underset{(n,m)}{\arg\max}\, U_Z$$
$$\text{s.t}\quad n\zeta_1 + m\zeta_2 \leqslant C \tag{4.29}$$

进一步分析防御方收益与参数 $\zeta_1,\zeta_2,m,n$ 和 $\chi$ 的关系,并利用偏导数来进行描述。

$$\frac{\partial U_Z}{\partial \zeta_1} = -(1-\theta)\Psi_1 - \theta\Psi_3 \tag{4.30}$$

$$\frac{\partial U_Z}{\partial \zeta_2} = -(1-\theta)\Psi_2 - \theta\Psi_4 \tag{4.31}$$

$$\frac{\partial U_Z}{\partial m} = -\frac{2}{(m+n)^2} \tag{4.32}$$

$$\frac{\partial U_Z}{\partial n} = -\frac{2}{(m+n)^2} \tag{4.33}$$

$$\frac{\partial U_Z}{\partial \chi} = (1-\theta)(2-\Psi_1-\Psi_2) + \theta(2-\Psi_3-\Psi_4) \tag{4.34}$$

显然,式(4.30)和式(4.31)表明,$\dfrac{\partial U_Z}{\partial \zeta_1} < 0$ 和 $\dfrac{\partial U_Z}{\partial \zeta_2} < 0$ 恒成立,即当高、低交互蜜罐配

置成本增加时,防御方的收益会下降,这表明蜜罐带来的奖励如果低于其成本,防御方将会考虑不部署蜜罐。从式(4.32)和式(4.33)可以看出,$\dfrac{\partial U_Z}{\partial m}<0$ 和 $\dfrac{\partial U_Z}{\partial n}<0$ 恒成立,即当高交互蜜罐和低交互蜜罐数量增加时,防御方的收益会下降,这表明虽然蜜罐数量的增加会提高捕获概率,但是单纯的提高数量也会增加配置成本从而导致收益降低。此外,式(4.34)表明当工业互联网正常工作创造的价值变大时,防御方的收益会增加。

## 4.2.5 仿真验证与分析

本节构建了一个节点数为 100 的信息物理系统,仿真实验环境如表 4.4 所示。仿真中,假设每个节点都配置一个自动化蜜罐来进行防御,高交互蜜罐和低交互蜜罐的配置成本分别假设为 $\zeta_1=10$ 和 $\zeta_2=30$。为了对防御资源进行约束,假设蜜罐总配置成本为 $C=2000$。为了防止攻击方通过节点价值不同而进行高、低交互蜜罐配置判断,假设工业互联网节点正常运行的奖励均为 $\chi=150$。此外,由于零日漏洞比 $N$ 日漏洞挖掘所花费的成本要高,假设发动 $N$ 日漏洞 APT 攻击的成本为 $\gamma_1=1$,发动零日漏洞 APT 攻击的成本为 $\gamma_2=2$。为了体现出高、低交互蜜罐对于诱捕 $N$ 日漏洞 APT 攻击和零日漏洞 APT 攻击之间的差异,根据文献[3],APT 攻击逃脱蜜罐诱捕的概率假设为 $(p_1,p_2,p_3,p_4)=(0.6,0.5,0.8,0.7)$,APT 攻击最小逃脱概率假设为 $(af_1,af_2,af_3,af_4)=(0.4,0.3,0.6,0.5)$。考虑到函数 $\Psi_i(\text{num}|p_i,af_i)$ 的一般性,使用文献[2]中的函数和参数值来进行假设:

$$\Psi_i=hp_i^{\text{num}}+af_i \tag{4.35}$$

式中,$h=1-af_i/p_i$。

**表 4.4 仿真实验环境**

| 参　　数 | 值 |
| --- | --- |
| 节点数 | 100 |
| APT 漏洞攻击次数 | 100 |
| 仿真程序 | Matlab 2010 |

此外,如图 4.3 所示,随着蜜罐数量的增加,$N$ 日漏洞 APT 攻击和零日漏洞 APT 攻击逃脱蜜罐诱捕的概率 $\Psi_i(\text{num}|p_i,af_i)$ 下降并趋于恒值。

为了验证算法 4.1 中贝叶斯纳什均衡策略的获取有效性,先假设防御资源充足的情况,零日漏洞 APT 攻击与 $N$ 日漏洞 APT 攻击的分布概率为 $\theta=0.5$,此时根据算法 4.1,策略 $(\Omega_1,\Omega_1)$ 为严格优势策略,且无论高交互蜜罐数量如何变化,$(\nu_1,\nu_1,\Omega_1,\Omega_1)$ 均为贝叶斯纳什均衡策略。

从图 4.4 可以看出,当防御资源充足时,无论工业互联网中节点部署高交互蜜罐或者低交互蜜罐,防御方均倾向于启动诱捕机制即采取策略 $(\Omega_1,\Omega_1)$。这证明了防

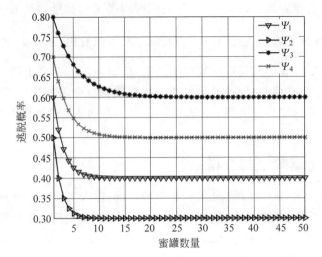

图 4.3 APT 攻击逃脱蜜罐诱捕的概率随蜜罐数量的变化趋势

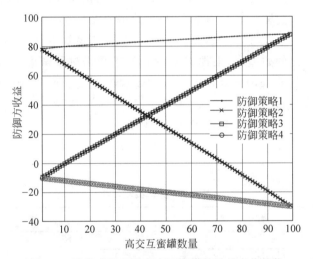

图 4.4 防御方收益随高交互蜜罐数量的变化趋势

御策略 1($\Omega_1$,$\Omega_1$)是严格优势策略并具有最高的防御收益。当 $m=0$ 时,防御策略 1($\Omega_1$,$\Omega_1$)的收益与防御策略 2($\Omega_1$,$\Omega_2$)相等,这是由于 $m=0$ 表示所有节点都部署了低交互蜜罐,因此高交互蜜罐不启动诱捕机制等价于没有部署高交互蜜罐。同理,当 $m=100$ 时,防御策略 1($\Omega_1$,$\Omega_1$)的收益与防御策略 3($\Omega_2$,$\Omega_1$)的相等,这是由于 $m=100$ 表示所有节点都部署了高交互蜜罐,因此低交互蜜罐不启动诱捕机制等价于没有部署低交互蜜罐。

对于攻击方而言,如图 4.5 所示,发动 N 日漏洞 APT 攻击比不发动 N 日漏洞 APT 攻击的收益要高,发动零日漏洞 APT 攻击比不发动零日漏洞 APT 攻击的收益要高。因此,攻击策略 1 对应的策略($\nu_1$,$\nu_1$)为攻击方的最优策略。这验证了攻防博

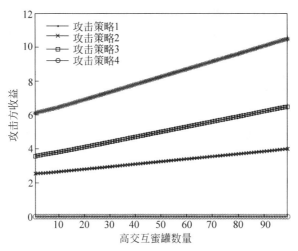

图 4.5 攻击方收益随高交互蜜罐数量的变化趋势

弈双方策略$(\nu_1, \nu_1, \Omega_1, \Omega_1)$满足算法 4.1，即$(\nu_1, \nu_1, \Omega_1, \Omega_1)$是贝叶斯纳什均衡策略。除了防御方蜜罐配置数量变化外，仿真实验进一步分析了攻击方不同 $N$ 日漏洞 APT 攻击和零日漏洞 APT 攻击的比例 $\theta$ 对于贝叶斯纳什均衡策略的影响。

从图 4.6 可以看出，无论攻击方采用何种 $N$ 日漏洞 APT 攻击和零日漏洞 APT 攻击比例，对于防御方而言，防御方都倾向于高交互蜜罐和低交互蜜罐都启动诱捕机制即采取策略$(\Omega_1, \Omega_1)$。这证明了防御策略 $1(\Omega_1, \Omega_1)$ 是严格优势策略并具有最高的防御收益。从图 4.7 可以看出，无论攻击方采用何种的 $N$ 日漏洞 APT 攻击和零日漏洞 APT 攻击的比例，对于攻击方而言，发动 $N$ 日漏洞 APT 攻击都比不发动 $N$ 日漏洞 APT 攻击的收益要高，发动零日漏洞 APT 攻击都比不发动零日漏洞 APT

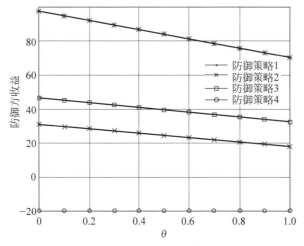

图 4.6 防御方收益随不同 APT 攻击比例的变化趋势

攻击的收益要高。因此,攻击策略 1 对应的策略$(\nu_1,\nu_1)$为攻击方的最优策略。这验证了策略$(\nu_1,\nu_1,\Omega_1,\Omega_1)$满足算法 4.1,即策略$(\nu_1,\nu_1,\Omega_1,\Omega_1)$是贝叶斯纳什均衡策略。此外,当$\theta=0$时,攻击策略 1$(\nu_1,\nu_1)$的收益与攻击策略 3$(\nu_1,\nu_2)$相等,这是由于$\theta=0$表示攻击方发动的漏洞攻击分布中只包含 N 日漏洞 APT 攻击,这与攻击方只发动 N 日漏洞 APT 攻击而不发动零日漏洞 APT 攻击是等价的。同理,当$\theta=1$时,攻击策略 1$(\nu_1,\nu_1)$的收益与攻击策略 2$(\nu_2,\nu_1)$相等,这是由于$\theta=1$表示所有攻击方发动的漏洞攻击分布中只包含零日漏洞 APT 攻击,这与攻击方只发动零日漏洞 APT 攻击而不发动 N 日漏洞 APT 攻击是等价的。

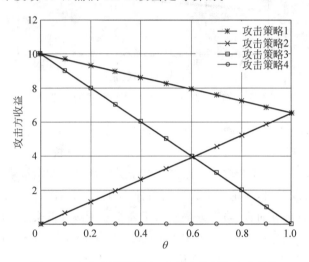

图 4.7　攻击方随不同 APT 攻击比例的变化趋势

在贝叶斯纳什均衡策略的基础上,利用仿真进一步验证资源约束下 APT 入侵阶段自动化蜜罐的最优防御策略。首先验证蜜罐的最优配置策略,在资源约束下,优先部署高交互蜜罐有时未必比优先部署低交互蜜罐获得收益大。本节通过对比式(4.27)和式(4.28)表示的高、低交互蜜罐防御效率进行验证。从图 4.8 可以看出,当高交互蜜罐配置成本与低交互蜜罐配置成本之比小于 2.07 时,配置高交互蜜罐能够获得更多的收益,反之,当高交互蜜罐配置成本与低交互蜜罐配置成本之比大于 2.07 时,配置低交互蜜罐能够获得更多的收益。因此,当$\zeta_2/\zeta_1>2.07$时,防御方倾向于优先部署低交互蜜罐,反之,当$\zeta_2/\zeta_1<2.07$时,防御方倾向于优先部署高交互蜜罐。

为了进一步验证模型的有效性,将自动化蜜罐的不完全信息静态攻防博弈模型的最优防御策略与符合最优配置策略下的随机防御策略和符合贝叶斯纳什均衡策略下的随机配置策略进行对比。此时假设高、低交互蜜罐配置成本之比为 2.05。

从图 4.9 中可以看出,基于自动化蜜罐的不完全信息静态攻防博弈模型所获得的最优防御策略比符合最优配置策略下的随机防御策略和符合贝叶斯纳什均衡策略

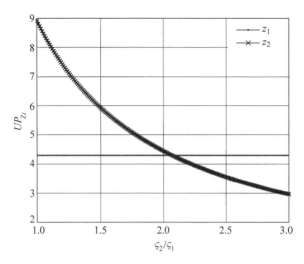

图 4.8 蜜罐利用率随高低交互自动化蜜罐配置成本比的变化趋势

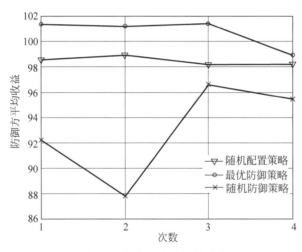

图 4.9 防御方平均收益对比

下的随机配置策略具有更高的防御平均收益,这表明该模型能够提升工业互联网 APT 入侵阶段自动化蜜罐的防御能力。

## 4.3 基于前景理论的能源电网蜜罐静态攻防建模及分析

APT 攻击入侵阶段,半自动化蜜罐对抗 APT 攻击的有限理性攻防博弈过程可以被建模为基于半自动化蜜罐的不完全信息静态有限理性攻防博弈模型[4]。与 4.2 节类似,防御方对攻击方所掌握的漏洞信息了解有限,无法判断攻击方利用的漏洞是零日漏洞还是 N 日漏洞。相反,由于工业互联网会向社会公布使用半自动化蜜罐作为防御机制,所以,防御方的行为在一定程度上是可观测的公共信息。相似地,本章将半自动化蜜罐分为高交互半自动化蜜罐和低交互半自动化蜜罐。此时,攻击方并不知道他们入侵的具体设备所对应的半自动化蜜罐模式。与 4.2 节类似,在此攻防博弈中,攻击方的漏洞利用类型是私有信息,但是防御方可根据历史经验对攻击方的漏洞利用类型进行概率推断。同理,防御方半自动化蜜罐模式和数量是公有信息而部署半自动化蜜罐具体节点是私有信息。与 4.2 节不同,攻击方和防御方的行为是有限理性行为,为了描述攻防博弈双方的有限理性行为,本章引入前景理论[5]这一经典有限理性描述理论来进行描述。APT 入侵阶段,半自动化蜜罐不完全信息静态有限理性博弈模型可以同样用一个六元组来表示:$HABG \triangleq \langle \widetilde{Z}, W, F_{\widetilde{Z}}, F_{\widetilde{W}}, U_{\widetilde{Z}}, U_{\widetilde{W}} \rangle$。其中:

(1) $\widetilde{Z} \in \{\widetilde{Z}_1, \widetilde{Z}_2\}$ 表示防御方蜜罐的两种类型,$\widetilde{Z}_1$ 表示低交互半自动化蜜罐;$\widetilde{Z}_2$ 表示高交互半自动化蜜罐。

(2) $W \in \{W_1, W_2\}$ 表示 APT 攻击类型,$W_1$ 表示工业互联网中存在的 N 日漏洞 APT 攻击;$W_2$ 表示工业互联网中存在的零日漏洞 APT 攻击。

(3) $F_{\widetilde{Z}} \in \{(\Omega_1, \Omega_1), (\Omega_1, \Omega_2), (\Omega_2, \Omega_1), (\Omega_2, \Omega_2)\}$ 表示防御方的策略集合,其中,$\Omega_1$ 表示半自动化蜜罐启动诱捕机制;$\Omega_2$ 表示半自动化蜜罐不启动诱捕机制。

(4) $F_{\widetilde{W}} \in \{(\nu_1, \nu_1), (\nu_1, \nu_2), (\nu_2, \nu_1), (\nu_2, \nu_2)\}$ 表示攻击方的策略集合,其中,$\nu_1$ 表示攻击方发动入侵;$\nu_2$ 表示攻击方不发动入侵。

(5) $U_{\widetilde{Z}}$ 表示防御方的收益,它代表着防御方所有蜜罐收益的总和。

(6) $U_{\widetilde{W}}$ 表示攻击方的有限理性收益,它代表着攻击方所有入侵收益的总和。

为了便于计算,详细的参数描述如表 4.2 所示。与表 4.2 模型不同,攻防博弈双方不能保持完全理性,因此根据前景理论可通过价值函数和权重函数[5]来描述攻击方和防御方的行为偏好。价值函数为攻防博弈双方决策者主观感受的价值,与收益函数相关。价值函数由式(4.36)表示。

$$\nu(\Theta_i) = \begin{cases} \Theta_i^\alpha, & \Theta_i > 0 \\ -\lambda(-\Theta_i)^\beta, & \Theta_i \leqslant 0 \end{cases} \tag{4.36}$$

式中,$\Theta_i$ 表示节点 $i$ 的客观收益。根据文献[6]可知,$\alpha$ 和 $\beta$ 为风险态度系数,$\lambda$ 为损失厌恶系数,其中 $\alpha \leqslant 1$、$\beta \leqslant 1$ 而 $\lambda \geqslant 1$。价值函数的参数含义为攻防博弈双方在获利情况下是风险厌恶的,反之,在损失情况下是风险追逐的。除了价值函数外,经典的 Prelec 权重函数可由式(4.37)和式(4.38)表示

$$w^A(p_i) = \exp\{-(-\ln p_i)^\rho\} \tag{4.37}$$

$$w^D(1 - p_i) = \exp\{-(-\ln(1 - p_i))^\delta\} \tag{4.38}$$

式中,$p_i$ 表示事件发生的客观概率,$\rho$ 和 $\delta$ 表示有限理性因子。权重函数表示的是客观概率的"扭曲"(distortion)而不是主观概率。从 Prelec 权重函数形式可以看出,攻

防博弈双方会高估小概率并低估大概率。

## 4.3.1　防御方行为、策略和收益

当人工介入半自动化蜜罐对抗 APT 攻击入侵时,高、低交互半自动化蜜罐诱捕不同 APT 攻击成功或失败的收益将受到有限理性的影响。当低交互半自动化蜜罐启动诱捕机制但诱捕 N 日漏洞 APT 攻击失败时,防御方的有限理性收益为 $-\lambda\varsigma_1^\beta$。反之,当低交互半自动化蜜罐启动诱捕机制且诱捕 N 日漏洞 APT 攻击成功时,防御方的有限理性收益为 $(\chi+\varepsilon_1-\varsigma_1)^\alpha$。当高交互半自动化蜜罐启动诱捕机制但诱捕 N 日漏洞攻击失败时,防御方的有限理性收益为 $-\lambda\varsigma_2^\beta$。反之,当高交互半自动化蜜罐启动诱捕机制且诱捕 N 日漏洞 APT 攻击成功时,防御方的有限理性收益为 $(\chi+\varepsilon_1-\varsigma_2)^\alpha$。同理,当低交互半自动化蜜罐启动诱捕机制但诱捕零日漏洞 APT 攻击失败时,防御方的有限理性收益为 $-\lambda\varsigma_1^\beta$。反之,当低交互半自动化蜜罐启动诱捕机制且诱捕零日漏洞 APT 攻击成功时,防御方的有限理性收益为 $(\chi+\varepsilon_2-\varsigma_1)^\alpha$。当高交互半自动化蜜罐启动诱捕机制但诱捕零日漏洞攻击失败时,防御方的有限理性收益为 $-\lambda^\beta\varsigma_2$。反之,当高交互半自动化蜜罐启动诱捕机制且诱捕零日漏洞 APT 攻击成功时,防御方的有限理性收益为 $(\chi+\varepsilon_2-\varsigma_2)^\alpha$。特别地是,当 APT 攻击没有接受半自动化蜜罐诱捕而直接进入设备时可以等效看作半自动化蜜罐不发动诱捕机制。防御方视角如图 4.10 所示。

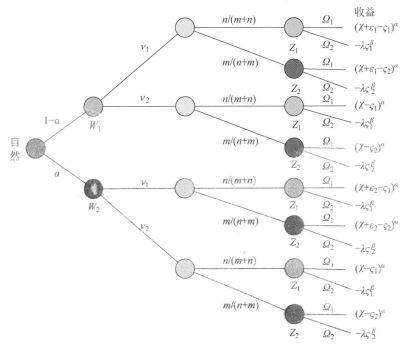

图 4.10　防御方视角下有限理性博弈树

对于防御方而言,与 4.2 节类似,半自动化蜜罐诱捕失败概率函数可以用表达式 $\Psi_i(\mathrm{num}\mid p_i, a_i)$ 表示,根据前景理论,防御方视角下半自动化蜜罐诱捕 APT 攻击失败的概率可见表 4.5。

**表 4.5 防御方视角诱捕 APT 攻击成功的概率**

| 成功概率 | 低交互半自动化蜜罐 | 高交互半自动化蜜罐 |
|---|---|---|
| $N$ 日漏洞 APT 攻击 | $w^D(1-\Psi_1)$ | $w^D(1-\Psi_2)$ |
| 零日漏洞 APT 攻击 | $w^D(1-\Psi_3)$ | $w^D(1-\Psi_4)$ |

与 4.2 节类似,在不完全信息静态有限理性博弈模型中,防御方事先并不知道攻击方的类型,根据先验知识,防御方能够获得攻击方发动攻击的历史统计数据,例如 $N$ 日漏洞 APT 攻击和零日漏洞 APT 攻击的分布等。因此,本章假设 $N$ 日漏洞 APT 攻击和零日漏洞 APT 攻击的概率分布分别为: $p(W_1) = 1-\theta, p(W_2) = \theta$。为了更好地描述防御方的有限理性收益,通过海萨尼转换[7]将不完全信息静态有限理性博弈过程转换为贝叶斯规则下已知攻击方类型分布概率的不完美信息静态有限理性博弈过程,从而进一步计算防御方的收益。

当低交互半自动化蜜罐启动诱捕机制时,其收益由对抗 $N$ 日漏洞和对抗零日漏洞两部分收益组成,其收益表达式如式(4.39)所示:

$$U_{\tilde{z}_1}(\Omega_1) = (1-\theta)U_{\tilde{z}_1, \tilde{w}_1}(\Omega_1) + \theta U_{\tilde{z}_1, \tilde{w}_2}(\Omega_1) \tag{4.39}$$

式中,$U_{\tilde{z}_1, \tilde{w}_1}(\Omega_1)$ 表示低交互半自动化蜜罐启动诱捕机制对抗 $N$ 日漏洞 APT 攻击的有限理性收益; $U_{\tilde{z}_1, \tilde{w}_2}(\Omega_1)$ 表示低交互半自动化蜜罐启动诱捕机制对抗零日漏洞 APT 攻击的有限理性收益。$U_{\tilde{z}_1, \tilde{w}_1}(\Omega_1)$ 和 $U_{\tilde{z}_1, \tilde{w}_2}(\Omega_1)$ 分别如式(4.40)和式(4.41)表示:

$$U_{\tilde{z}_1, \tilde{w}_1}(\Omega_1) = (1-w^D(1-\Psi_1))(-\lambda\zeta_1^\beta) +$$
$$w^D(1-\Psi_1)(\chi + \varepsilon_1 - \zeta_1)^\alpha \tag{4.40}$$
$$U_{\tilde{z}_1, \tilde{w}_2}(\Omega_1) = (1-w^D(1-\Psi_3))(-\lambda\zeta_1^\beta) +$$
$$w^D(1-\Psi_3)(\chi + \varepsilon_2 - \zeta_1)^\alpha \tag{4.41}$$

当低交互半自动化蜜罐不启动诱捕机制时,其有限理性收益如式(4.42)所示:

$$U_{\tilde{z}_1}(\Omega_2) = -\lambda\zeta_1^\beta \tag{4.42}$$

相似地,当高交互半自动化蜜罐启动诱捕机制时,其有限理性收益由对抗 $N$ 日漏洞和对抗零日漏洞两部分收益组成,表达式如式(4.43)所示:

$$U_{\tilde{z}_2}(\Omega_1) = (1-\theta)U_{\tilde{z}_2, \tilde{w}_1}(\Omega_1) + \theta U_{\tilde{z}_2, \tilde{w}_2}(\Omega_1) \tag{4.43}$$

式中,$U_{\tilde{z}_2, \tilde{w}_1}(\Omega_1)$ 表示高交互半自动化蜜罐启动诱捕机制对抗 $N$ 日漏洞 APT 攻击的有限理性收益；$U_{\widetilde{z}_2,\widetilde{w}_2}(\Omega_1)$ 表示高交互半自动化蜜罐启动诱捕机制对抗零日漏洞 APT 攻击的有限理性收益。$U_{\widetilde{z}_2,\widetilde{w}_1}(\Omega_1)$ 和 $U_{Z_2,w_2}(\Omega_1)$ 分别如式（4.44）和式（4.45）表示：

$$U_{\widetilde{z}_2,\widetilde{w}_1}(\Omega_1) = (1 - w^D(1 - \Psi_2))(-\lambda\zeta_2^\beta) +$$
$$w^D(1 - \Psi_2)(\chi + \varepsilon_1 - \zeta_2)^\alpha \tag{4.44}$$

$$U_{\widetilde{z}_2,\widetilde{w}_2}(\Omega_1) = (1 - w^D(1 - \Psi_4))(-\lambda\zeta_2^\beta) +$$
$$w^D(1 - \Psi_4)(\chi + \varepsilon_2 - \zeta_2)^\alpha \tag{4.45}$$

当高交互半自动化蜜罐不启动诱捕机制时，其收益如式（4.46）所示：

$$U_{\widetilde{z}_2}(\Omega_2) = -\lambda\zeta_2^\beta \tag{4.46}$$

与 4.2.1 节类似，防御方策略 $(\Omega_1, \Omega_1)$ 标记为防御策略 1，策略 $(\Omega_1, \Omega_2)$ 标记为防御策略 2，策略 $(\Omega_2, \Omega_1)$ 标记为防御策略 3，策略 $(\Omega_2, \Omega_2)$ 表示防御策略 4。

## 4.3.2　攻击方行为、策略和收益

与防御方类似，当攻击方发起 $N$ 日漏洞 APT 攻击且未被低交互半自动化蜜罐诱捕时，攻击方的有限理性收益为 $(\zeta_1 - \gamma_1)^\alpha$。反之，当攻击方发起 $N$ 日漏洞 APT 攻击且被低交互半自动化蜜罐诱捕时，攻击方的有限理性收益为 $-\lambda\gamma_1^\beta$。当攻击方发起 $N$ 日漏洞 APT 攻击且未被高交互半自动化蜜罐诱捕时，攻击方的有限理性收益为 $(\zeta_2 - \gamma_1)^\alpha$。反之，当攻击方发起 $N$ 日漏洞 APT 攻击且被高交互半自动化蜜罐诱捕时，攻击方的有限理性收益为 $-\lambda\gamma_1^\beta$。同理，当攻击方发起零日漏洞 APT 攻击且未被低交互半自动化蜜罐诱捕时，攻击方的有限理性收益为 $(\zeta_1 - \gamma_2)^\alpha$。反之，当攻击方发起零日漏洞 APT 攻击且被低交互半自动化蜜罐诱捕时，攻击方的有限理性收益为 $-\lambda\gamma_2^\beta$。当攻击方发起零日漏洞 APT 攻击且未被高交互半自动化蜜罐诱捕时，攻击方的有限理性收益为 $(\zeta_2 - \gamma_2)^\alpha$。反之，当攻击方发起零日漏洞 APT 攻击且被高交互半自动化蜜罐诱捕时，攻击方的有限理性收益为 $-\lambda\gamma_2^\beta$。攻击方视角如图 4.2 所示。

在不完全信息静态有限理性博弈模型中，尽管攻击方能够从防御方的公开资料中获得其配置蜜罐的数量和类型，但是攻击方事先并不知道入侵具体设备时可能遇到的蜜罐模式，因此，面对高、低交互半自动化蜜罐的概率可用高、低交互半自动化蜜罐配置分布概率分别表示，即 $p(Z_1) = n/(n+m)$，$p(Z_2) = m/(n+m)$。此时，通过进一步计算能够获得攻击方的有限理性收益。攻击方的有限理性收益由 $N$ 日漏洞 APT 攻击的有限理性收益和零日漏洞 APT 攻击的有限理性收益之和组成。当攻击方发动 $N$ 日漏洞 APT 攻击时，其有限理性收益表达式如式（4.47）所示：

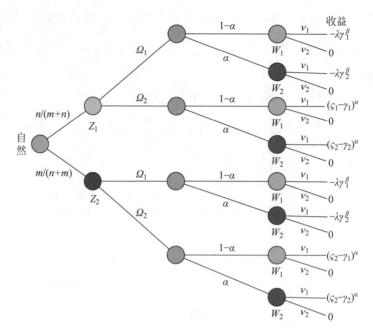

图 4.11　攻击方视角下有限理性博弈树

$$U_{\widetilde{w}_1}(\nu_1) = \frac{1}{m+n}U_{\widetilde{w}_1,\widetilde{z}_1}(\nu_1) + \frac{1}{m+n}U_{\widetilde{w}_1,\widetilde{z}_2}(\nu_1) \tag{4.47}$$

式中,$U_{\widetilde{w}_1,\widetilde{z}_1}(\nu_1)$ 表示攻击方对低交互半自动化蜜罐发起 $N$ 日漏洞 APT 攻击的有限理性收益; $U_{\widetilde{w}_1,\widetilde{z}_2}(\nu_1)$ 表示攻击方对高交互半自动化蜜罐发起 $N$ 日漏洞 APT 攻击的有限理性收益。$U_{\widetilde{w}_1,\widetilde{z}_1}(\nu_1)$ 和 $U_{\widetilde{w}_1,\widetilde{z}_2}(\nu_1)$ 可以分别如式(4.48)和式(4.49)表示:

$$U_{\widetilde{w}_1,\widetilde{z}_1}(\nu_1) = \sum_{i=1}^{n} w^{A}(\Psi_1)(\zeta_{1,i} - \gamma_1)^{\alpha} + (1 - w^{A}(\Psi_1))(-\lambda\gamma_1^{\beta}) \tag{4.48}$$

$$U_{\widetilde{w}_1,\widetilde{z}_2}(\nu_1) = \sum_{k=1}^{m} w^{A}(\Psi_2)(\zeta_{2,k} - \gamma_1)^{\alpha} + (1 - w^{A}(\Psi_2))(-\lambda\gamma_1^{\beta}) \tag{4.49}$$

反之,当攻击方不发动 $N$ 日漏洞 APT 攻击时,其有限理性收益可以如式(4.50)所示:

$$U_{\widetilde{w}_1}(\nu_2) = 0 \tag{4.50}$$

同理,当攻击方发动零日漏洞 APT 攻击时,其有限理性收益可以由式(4.51)表示:

$$U_{\widetilde{w}_2}(\nu_1) = \frac{1}{m+n}U_{\widetilde{w}_2,\widetilde{z}_1}(\nu_1) + \frac{1}{m+n}U_{\widetilde{w}_2,\widetilde{z}_2}(\nu_1) \tag{4.51}$$

式中，$U_{\widetilde{\mathrm{w}}_2,\widetilde{z}_1}(\nu_1)$ 表示攻击方对低交互半自动化蜜罐发起零日漏洞 APT 攻击的有限理性收益；$U_{\widetilde{\mathrm{w}}_2,\widetilde{z}_2}(\nu_1)$ 表示攻击方对高交互半自动化蜜罐发起零日漏洞 APT 攻击的有限理性收益。$U_{\widetilde{\mathrm{w}}_2,\widetilde{z}_1}(\nu_1)$ 和 $U_{\widetilde{\mathrm{w}}_2,\widetilde{z}_2}(\nu_1)$ 可以分别由式(4.52)和式(4.53)表示：

$$U_{\widetilde{\mathrm{w}}_2,\widetilde{z}_1}(\nu_1) = \sum_{i=1}^{n} w^{\mathrm{A}}(\Psi_3)(\zeta_{1,i} - \gamma_2)^{\alpha} + (1 - w^{\mathrm{A}}(\Psi_3))(-\lambda\gamma_2^{\beta}) \quad (4.52)$$

$$U_{\widetilde{\mathrm{w}}_2,\widetilde{z}_2}(\nu_1) = \sum_{k=1}^{m} w^{\mathrm{A}}(\Psi_4)(\zeta_{2,k} - \gamma_2)^{\alpha} + (1 - w^{\mathrm{A}}(\Psi_4))(-\lambda\gamma_2^{\beta}) \quad (4.53)$$

反之，当攻击方不发动零日漏洞 APT 攻击时，其收益可以由式(4.54)表示：

$$U_{\widetilde{\mathrm{w}}_2}(\nu_2) = 0 \quad (4.54)$$

与 4.2.2 节类似，将攻击方的策略 $(\nu_1,\nu_1)$ 标记为攻击策略 1，将策略 $(\nu_1,\nu_2)$ 标记为攻击策略 2，将策略 $(\nu_2,\nu_1)$ 标记为攻击策略 3，将策略 $(\nu_2,\nu_2)$ 标记为攻击策略 4。此外，根据 Prelec 权重函数，攻击方视角下 APT 入侵成功的概率见表 4.6。

**表 4.6　攻击方视角下入侵成功的概率**

| 入侵成功概率 | 低交互半自动化蜜罐 | 高交互半自动化蜜罐 |
| --- | --- | --- |
| $N$ 日漏洞 APT 攻击 | $w^{\mathrm{A}}(\Psi_1)$ | $w^{\mathrm{A}}(\Psi_2)$ |
| 零日漏洞 APT 攻击 | $w^{\mathrm{A}}(\Psi_3)$ | $w^{\mathrm{A}}(\Psi_4)$ |

### 4.3.3　有限理性贝叶斯纳什均衡策略获取方法

与 4.2.3 节类似，基于半自动化蜜罐的不完全信息静态有限理性攻防博弈模型的有限理性贝叶斯纳什均衡的定义如下所示。

**定义 4.3**：$HABG \triangleq \langle \widetilde{Z}, W, F_{\widetilde{z}}, F_{\widetilde{\mathrm{w}}}, U_{\widetilde{z}}, U_{\widetilde{\mathrm{w}}} \rangle$ 的贝叶斯纳什均衡策略 $(\nu_{ii}, \nu_{ij}, \Omega_{ji}, \Omega_{jj})^*$ 满足如下条件

$$(\nu_{ii}, \nu_{ij}, \Omega_{ji}, \Omega_{jj})^* \in \underset{(\nu_{ii}, \nu_{ij}, \Omega_{ji}, \Omega_{jj})}{\mathrm{argmax}} (U_{\widetilde{z}}, U_{\widetilde{\mathrm{w}}})$$

根据定义 4.3，由式(4.39)、式(4.42)、式(4.43)和式(4.46)可以看出，防御方不存在严格优势策略，其优势策略与 $\Psi_1$、$\Psi_2$、$\Psi_3$、$\Psi_4$、$\chi$、$\theta$、$\alpha$、$\beta$、$\zeta_1$、$\zeta_2$、$\lambda$、$\varepsilon_1$ 和 $\varepsilon_2$ 的值相关。类似地，由式(4.47)、式(4.50)、式(4.51)和式(4.54)可以发现，攻击方也不存在严格优势策略，其优势策略与 $\Psi_1$、$\Psi_2$、$\Psi_3$、$\Psi_4$、$n$、$m$、$\zeta_1$、$\zeta_2$、$\gamma_1$、$\lambda$、$\alpha$、$\beta$ 和 $\gamma_2$ 的取值相关。综上分析，基于半自动化蜜罐的不完全信息静态有限理性攻防博弈模型中存在 16 种不同条件下的有限理性贝叶斯纳什均衡策略。

**引理 4.2**：APT 入侵阶段半自动化蜜罐攻防博弈存在有限理性贝叶斯纳什均衡策略 $(\nu_1,\nu_1,\Omega_1,\Omega_1)$ 的条件为：

$$
\begin{cases}
\sum_{k=1}^{m} \left[ w^A(\Psi_2)(\zeta_{2,k} - \gamma_1)^\alpha - (1 - w^A(\Psi_2))\lambda\gamma_1^\beta \right] + \\
\sum_{i=1}^{n} \left[ w^A(\Psi_1)(\zeta_{1,k} - \gamma_1)^\alpha - (1 - w^A(\Psi_1))\lambda\gamma_1^\beta \right] \geqslant 0 \\
\sum_{k=1}^{m} \left[ w^A(\Psi_4)(\zeta_{2,k} - \gamma_1)^\alpha - (1 - w^A(\Psi_4))\lambda\gamma_1^\beta \right] + \\
\sum_{i=1}^{n} \left[ w^A(\Psi_3)(\zeta_{1,k} - \gamma_1)^\alpha - (1 - w^A(\Psi_3))\lambda\gamma_1^\beta \right] \geqslant 0 \\
(1-\theta)w^D(1-\Psi_1)\left[ (\chi + \varepsilon_1 - \zeta_1)^\alpha - \lambda\zeta_1^\beta \right] + \\
\theta w^D(1-\Psi_3)\left[ (\chi + \varepsilon_2 - \zeta_1)^\alpha - \lambda\zeta_1^\beta \right] \geqslant 0 \\
(1-\theta)w^D(1-\Psi_3)\left[ (\chi + \varepsilon_1 - \zeta_2)^\alpha - \lambda\zeta_2^\beta \right] + \\
\theta w^D(1-\Psi_4)\left[ (\chi + \varepsilon_2 - \zeta_2)^\alpha - \lambda\zeta_2^\beta \right] \geqslant 0
\end{cases}
$$

**证明**：对于攻击方而言，策略组$(\nu_1, \nu_1, \Omega_1, \Omega_1)$是贝叶斯纳什均衡策略等价于攻击方发动 $N$ 日漏洞 APT 攻击的收益不低于攻击方不发动 $N$ 日漏洞 APT 攻击的收益，同时，攻击方发动零日漏洞 APT 攻击的收益不低于攻击方不发动零日漏洞 APT 攻击的收益，即

$$
\begin{aligned}
U_{\widetilde{w}_1}(\nu_1) &= \frac{1}{m+n} \left[ \sum_{k=1}^{m} \left[ w^A(\Psi_2)(\zeta_{2,i} - \gamma_1)^\alpha - (1 - w^A(\Psi_2))\lambda\gamma_1^\beta \right] + \right. \\
&\left. \sum_{i=1}^{n} \left[ w^A(\Psi_1)(\zeta_{1,k} - \gamma_1)^\alpha - (1 - w^A(\Psi_1))\lambda\gamma_1^\beta \right] \right] \geqslant 0 \\
&= U_{\widetilde{w}_1}(\nu_2)
\end{aligned}
\tag{4.55}
$$

$$
\begin{aligned}
U_{\widetilde{w}_2}(\nu_1) &= \frac{1}{m+n} \left[ \sum_{k=1}^{m} \left[ w^A(\Psi_4)(\zeta_{2,i} - \gamma_1)^\alpha - (1 - w^A(\Psi_4))\lambda\gamma_1^\beta \right] + \right. \\
&\left. \sum_{i=1}^{n} \left[ w^A(\Psi_3)(\zeta_{1,k} - \gamma_1)^\alpha - (1 - w^A(\Psi_3))\lambda\gamma_1^\beta \right] \right] \geqslant 0 \\
&= U_{\widetilde{w}_2}(\nu_2)
\end{aligned}
\tag{4.56}
$$

与引理 2.1 类似，当参数满足式(4.55)和式(4.56)时，攻击方倾向于发动 $N$ 日漏洞 APT 攻击和零日漏洞 APT 攻击，反之，当参数满足式(4.55)而不满足式(4.56)时，攻击方倾向于发动 $N$ 日漏洞 APT 攻击而不发动零日漏洞 APT 攻击。同理，当参数不满足式(4.55)而满足式(4.56)时，攻击方倾向于不发动 $N$ 日漏洞 APT 攻击而发动零日漏洞 APT 攻击。此外，当参数不满足式(4.55)和式(4.56)时，攻击方倾向于既不发动 $N$ 日漏洞 APT 攻击也不发动零日漏洞 APT 攻击。

对于防御方，需进一步验证$(\Omega_1, \Omega_1)$是优势策略。假设低交互半自动化蜜罐启动防御的有限理性收益比不启动防御的有限理性收益高，即 $U_{\widetilde{z}_1}(\Omega_1) \geqslant U_{\widetilde{z}_1}(\Omega_2)$，

可以得到式(4.57):

$$
\begin{aligned}
U_{\widetilde{Z}_1}(\Omega_1) &= (1-\theta)\left[(1-w^{\mathrm{D}}(1-\Psi_1))(-\lambda\zeta_1^{\beta}) + w^{\mathrm{D}}(1-\Psi_1)(\chi+\varepsilon_1-\zeta_1)^{\alpha}\right] + \\
&\quad \theta\left[(1-w^{\mathrm{D}}(1-\Psi_3))(-\lambda\zeta_1^{\beta}) + w^{\mathrm{D}}(1-\Psi_3)(\chi+\varepsilon_2-\zeta_1)^{\alpha}\right] \\
&= -\lambda\zeta_1^{\beta} + (1-\theta)w^{\mathrm{D}}(1-\Psi_1)\left[(\chi+\varepsilon_1-\zeta_1)^{\alpha}-\lambda\zeta_1^{\beta}\right] + \\
&\quad \theta w^{\mathrm{D}}(1-\Psi_3)\left[(\chi+\varepsilon_2-\zeta_1)^{\alpha}-\lambda\zeta_1^{\beta}\right] \\
&= U_{Z_1}(\Omega_2) + (1-\theta)w^{\mathrm{D}}(1-\Psi_1)\left[(\chi+\varepsilon_1-\zeta_1)^{\alpha}-\lambda\zeta_1^{\beta}\right] + \\
&\quad \theta w^{\mathrm{D}}(1-\Psi_3)\left[(\chi+\varepsilon_2-\zeta_1)^{\alpha}-\lambda\zeta_1^{\beta}\right] \quad\quad (4.57)
\end{aligned}
$$

此时,满足 $U_{\widetilde{Z}_1}(\Omega_1) \geqslant U_{\widetilde{Z}_1}(\Omega_2)$ 的条件是 $(1-\theta)w^{\mathrm{D}}(1-\Psi_1)\left[(\chi+\varepsilon_1-\zeta_1)^{\alpha}-\lambda\zeta_1^{\beta}\right] + \theta w^{\mathrm{D}}(1-\Psi_3)\left[(\chi+\varepsilon_2-\zeta_1)^{\alpha}-\lambda\zeta_1^{\beta}\right] \geqslant 0$,反之,$U_{\widetilde{Z}_1}(\Omega_1) < U_{\widetilde{Z}_1}(\Omega_2)$。同理分析高交互半自动化蜜罐启动防御的有限理性收益和不启动防御的有限理性收益,假设 $U_{\widetilde{Z}_2}(\Omega_1) \geqslant U_{\widetilde{Z}_2}(\Omega_2)$,可以得到式(4.58):

$$
\begin{aligned}
U_{\widetilde{Z}_2}(\Omega_1) &= (1-\theta)\left[(1-w^{\mathrm{D}}(1-\Psi_2))(-\lambda\zeta_2^{\beta}) + w^{\mathrm{D}}(1-\Psi_2)(\chi+\varepsilon_1-\zeta_2)^{\alpha}\right] + \\
&\quad \theta\left[(1-w^{\mathrm{D}}(1-\Psi_4))(-\lambda\zeta_2^{\beta}) + w^{\mathrm{D}}(1-\Psi_4)(\chi+\varepsilon_2-\zeta_2)^{\alpha}\right] \\
&= -\lambda\zeta_2^{\beta} + (1-\theta)w^{\mathrm{D}}(1-\Psi_2)\left[(\chi+\varepsilon_1-\zeta_2)^{\alpha}-\lambda\zeta_2^{\beta}\right] + \\
&\quad \theta w^{\mathrm{D}}(1-\Psi_4)\left[(\chi+\varepsilon_2-\zeta_2)^{\alpha}-\lambda\zeta_2^{\beta}\right] \\
&= U_{Z_2}(\Omega_2) + (1-\theta)w^{\mathrm{D}}(1-\Psi_2)\left[(\chi+\varepsilon_1-\zeta_2)^{\alpha}-\lambda\zeta_2^{\beta}\right] + \\
&\quad \theta w^{\mathrm{D}}(1-\Psi_4)\left[(\chi+\varepsilon_2-\zeta_2)^{\alpha}-\lambda\zeta_2^{\beta}\right] \quad\quad (4.58)
\end{aligned}
$$

此时,满足 $U_{\widetilde{Z}_2}(\Omega_1) \geqslant U_{\widetilde{Z}_2}(\Omega_2)$ 的条件是 $(1-\theta)w^{\mathrm{D}}(1-\Psi_2)\left[(\chi+\varepsilon_1-\zeta_2)^{\alpha}-\lambda\zeta_2^{\beta}\right] + \theta w^{\mathrm{D}}(1-\Psi_4)\left[(\chi+\varepsilon_2-\zeta_2)^{\alpha}-\lambda\zeta_2^{\beta}\right] \geqslant 0$,反之,$U_{\widetilde{Z}_2}(\Omega_1) < U_{\widetilde{Z}_2}(\Omega_2)$。综上所述,当参数满足式(4.55),式(4.56)以及 $(1-\theta)w^{\mathrm{D}}(1-\Psi_1)\left[(\chi+\varepsilon_1-\zeta_1)^{\alpha}-\lambda\zeta_1^{\beta}\right] + \theta w^{\mathrm{D}}(1-\Psi_3)\left[(\chi+\varepsilon_2-\zeta_1)^{\alpha}-\lambda\zeta_1^{\beta}\right] \geqslant 0$ 和 $(1-\theta)w^{\mathrm{D}}(1-\Psi_2)\left[(\chi+\varepsilon_1-\zeta_2)^{\alpha}-\lambda\zeta_2^{\beta}\right] + \theta w^{\mathrm{D}}(1-\Psi_4)\left[(\chi+\varepsilon_2-\zeta_2)^{\alpha}-\lambda\zeta_2^{\beta}\right] \geqslant 0$ 时,策略 $(\nu_1,\nu_1,\Omega_1,\Omega_1)$ 是有限理性贝叶斯纳什均衡策略。

---

**算法 4.2** APT 入侵阶段半自动化蜜罐攻防有限理性贝叶斯均衡策略获取方法

输入:$p_1,p_2,p_3,p_4,\alpha,\beta,af_1,\theta,af_2,af_3,af_4,m,n,\chi,\lambda,\varepsilon_1,\varepsilon_2,\gamma_1,\gamma_2,\rho,\delta,\zeta_1$ 和 $\zeta_2$

输出:有限理性贝叶斯纳什均衡策略 $(\nu_{ii},\nu_{ij},\Omega_{ji},\Omega_{jj})$

/* 寻找有限理性稳定策略 */

如果 $(1-\theta)w^{\mathrm{D}}(1-\Psi_1)\left[(\chi+\varepsilon_1-\zeta_1)^{\alpha}-\lambda\zeta_1^{\beta}\right] + \theta w^{\mathrm{D}}(1-\Psi_3)\left[(\chi+\varepsilon_2-\zeta_1)^{\alpha}-\lambda\zeta_1^{\beta}\right] \geqslant 0$ 同时 $(1-\theta)w^{\mathrm{D}}(1-\Psi_3)\left[(\chi+\varepsilon_1-\zeta_2)^{\alpha}-\lambda\zeta_2^{\beta}\right] + \theta w^{\mathrm{D}}(1-\Psi_4)\left[(\chi+\varepsilon_2-\zeta_2)^{\alpha}-\lambda\zeta_2^{\beta}\right] \geqslant 0$ 然后

如果式(4.55)成立然后

　　　　　　如果式(4.56)成立则选取策略 $(\nu_1, \nu_1, \Omega_1, \Omega_1)$

　　　　　　否则选取策略 $(\nu_1, \nu_2, \Omega_1, \Omega_1)$

　　　　如果式(4.55)不成立然后

　　　　　　如果式(4.56)成立则选取策略 $(\nu_2, \nu_1, \Omega_1, \Omega_1)$

　　　　　　否则选取策略 $(\nu_2, \nu_2, \Omega_1, \Omega_1)$

　　　　结束

　　结束

结束

如果 $(1-\theta)w^{D}(1-\Psi_1)[(\chi+\varepsilon_1-\zeta_1)^{\alpha}-\lambda\zeta_1^{\beta}]+\theta w^{D}(1-\Psi_3)[(\chi+\varepsilon_2-\zeta_1)^{\alpha}-\lambda\zeta_1^{\beta}]\geqslant 0$

同时 $(1-\theta)w^{D}(1-\Psi_3)[(\chi+\varepsilon_1-\zeta_2)^{\alpha}-\lambda\zeta_2^{\beta}]+\theta w^{D}(1-\Psi_4)[(\chi+\varepsilon_2-\zeta_2)^{\alpha}-\lambda\zeta_2^{\beta}]<0$

然后

　　如果式(4.55)成立然后

　　　　如果式(4.56)成立则选取策略 $(\nu_1, \nu_1, \Omega_1, \Omega_2)$

　　　　否则选取策略 $(\nu_1, \nu_2, \Omega_1, \Omega_2)$

　　如果式(4.55)不成立然后

　　　　如果式(4.56)成立则选取策略 $(\nu_2, \nu_1, \Omega_1, \Omega_2)$

　　　　否则选取策略 $(\nu_2, \nu_2, \Omega_1, \Omega_2)$

　　结束

结束

如果 $(1-\theta)w^{D}(1-\Psi_1)[(\chi+\varepsilon_1-\zeta_1)^{\alpha}-\lambda\zeta_1^{\beta}]+\theta w^{D}(1-\Psi_3)[(\chi+\varepsilon_2-\zeta_1)^{\alpha}-\lambda\zeta_1^{\beta}]< 0$

同时 $(1-\theta)w^{D}(1-\Psi_3)[(\chi+\varepsilon_1-\zeta_2)^{\alpha}-\lambda\zeta_2^{\beta}]+\theta w^{D}(1-\Psi_4)[(\chi+\varepsilon_2-\zeta_2)^{\alpha}-\lambda\zeta_2^{\beta}]\geqslant 0$

然后

　　如果式(4.55)成立然后

　　　　如果式(4.56)成立则选取策略 $(\nu_1, \nu_1, \Omega_2, \Omega_1)$

　　　　否则选取策略 $(\nu_1, \nu_2, \Omega_2, \Omega_1)$

　　如果式(4.55)不成立然后

　　　　如果式(4.56)成立则选取策略 $(\nu_2, \nu_1, \Omega_2, \Omega_1)$

　　　　否则选取策略 $(\nu_2, \nu_2, \Omega_2, \Omega_1)$

　　　　结束

　　结束

结束

如果 $(1-\theta)w^{D}(1-\Psi_1)[(\chi+\varepsilon_1-\zeta_1)^{\alpha}-\lambda\zeta_1^{\beta}]+\theta w^{D}(1-\Psi_3)[(\chi+\varepsilon_2-\zeta_1)^{\alpha}-\lambda\zeta_1^{\beta}]< 0$

同时 $(1-\theta)w^{D}(1-\Psi_3)[(\chi+\varepsilon_1-\zeta_2)^{\alpha}-\lambda\zeta_2^{\beta}]+\theta w^{D}(1-\Psi_4)[(\chi+\varepsilon_2-\zeta_2)^{\alpha}-\lambda\zeta_2^{\beta}]< 0$

然后

　　如果式(4.55)成立然后

　　　　如果式(4.56)成立则选取策略 $(\nu_1, \nu_1, \Omega_2, \Omega_2)$

　　　　否则选取策略 $(\nu_1, \nu_2, \Omega_2, \Omega_2)$

　　如果式(4.55)不成立然后

　　　　如果式(5.56)成立则选取策略 $(\nu_2, \nu_1, \Omega_2, \Omega_2)$

　　　　否则选取策略 $(\nu_2, \nu_2, \Omega_2, \Omega_2)$

　　　　结束

　　结束

结束

### 4.3.4　仿真验证与分析

本节通过仿真验证了 APT 入侵阶段基于前景理论的工控蜜罐静态有限理性攻防博弈模型中有限理性贝叶斯纳什均衡策略求解算法和最优防御策略的有效性,并讨论了不同工控蜜罐配置策略对收益的影响以及价值函数和权重函数中参数 $\alpha$,$\beta$,$\delta$ 和 $\rho$ 取值对有限理性贝叶斯纳什均衡策略的影响。除了假设能源电网的规模为 30 个节点外,其他参数假设与 4.2.5 节相同。

首先分析高、低交互半自动化蜜罐配置数量在完全理性下对于防御方和攻击方收益的影响。从图 4.12 可以看出,当高交互半自动化蜜罐数量增加时,防御策略 1 的收益不低于其他防御策略,因此假设防御策略 1 是严格优势策略。此外,防御策略 3 所带来的收益随着高交互半自动化蜜罐数量的增加与防御策略 1 所带来的收益越接近,这是由于当只有高交互半自动化蜜罐启动诱捕机制时相当于没有部署低交互半自动化蜜罐。从图 4.13 可以看出,当高交互半自动化蜜罐数量增加时,攻击策略 1 和攻击策略 3 的收益逐渐减少,而攻击策略 2 的收益逐渐增加。这是由于随着高交互半自动化蜜罐部署数量的增多,无论是 $N$ 日漏洞攻击还是零日漏洞攻击的成功率都有所下降,因此采用成本更高的零日漏洞攻击并不能带来更多的收益。

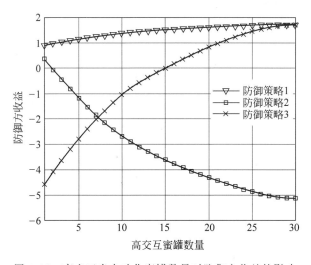

图 4.12　高交互半自动化蜜罐数量对防御方收益的影响

除了半自动化蜜罐配置策略分析外,接下来进一步分析 Prelec 权重函数和价值函数中参数 $\rho$,$\delta$,$\alpha$ 和 $\beta$ 取值对于有限理性贝叶斯纳什均衡策略选取的影响。为了简化计算,首先分析价值函数为完全理性且攻击方存在严格优势策略 $(\nu_1,\nu_1)$ 时,Prelec 权重函数中有限理性因子 $\rho$ 和 $\delta$ 对于攻防博弈双方有限理性贝叶斯纳什均衡策略选取的影响,结果见图 4.14。

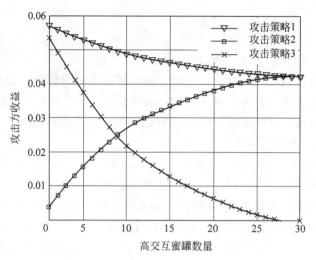

图 4.13    高交互半自动化蜜罐数量对攻击方收益的影响

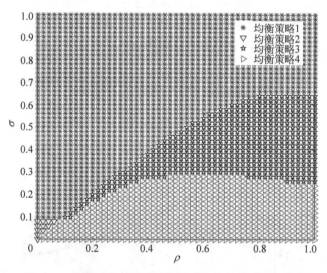

图 4.14    权重函数有限理性因子对均衡策略选取的影响

从图 4.14 可以看出,当防御方和攻击方处于完全理性状态即 $\delta=1$ 和 $\rho=1$ 时,策略 $(\nu_1,\nu_1,\Omega_1,\Omega_1)$ 为有限理性贝叶斯纳什均衡策略。随着有限理性因子 $\delta$ 和 $\rho$ 的变化,$(\nu_1,\nu_1,\Omega_1,\Omega_2)$,$(\nu_1,\nu_1,\Omega_2,\Omega_1)$ 和 $(\nu_1,\nu_1,\Omega_2,\Omega_2)$ 也会成为有限理性贝叶斯纳什均衡策略。这表明攻击方收益会由于防御方的有限理性行为变化而获得更高的收益。反之,半自动化蜜罐会由于其行为获得较低的防御收益。价值函数有限理性因子对均衡策略选取的影响见图 4.15。从图 4.15 可以看出,当防御方和攻击方处于完全理性状态即 $\alpha=1$ 和 $\beta=1$ 时,策略 $(\nu_1,\nu_1,\Omega_1,\Omega_1)$ 为有限理性贝叶斯纳什均衡策略。随着有限理性因子 $\alpha$ 和 $\beta$ 的变化,$(\nu_1,\nu_1,\Omega_2,\Omega_1)$ 和 $(\nu_1,\nu_1,\Omega_2,\Omega_2)$ 也会成为有限理性贝叶斯纳什均衡策略,这表明攻击方的收益会由于防御方的有限理性行为而提高,反之,半自动化蜜罐收益将降低。因此,如果半自动化蜜罐经过分析存在严格优势策略后,固定相关策略能够有效地提高防御方的收益。类似地,当攻击方为有限理性而防御方为完全理性时,其策略选取也会随有限理性因子的变化而发生改变。

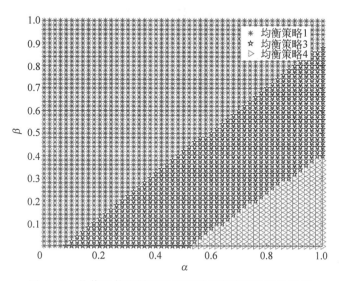

图 4.15　价值函数有限理性因子对均衡策略选取的影响

## 4.4　小结

本章介绍了信息物理系统 APT 入侵阶段工控蜜罐对抗 APT 漏洞利用入侵的攻防博弈过程,提出了基于资源约束的信息物理系统工控蜜罐静态攻防博弈模型和基于前景理论的能源电网工控蜜罐静态攻防博弈模型两个模型。

在基于资源约束的信息物理系统工控蜜罐静态攻防博弈模型中,信息物理系统节点数目和高低交互工控蜜罐数量是可观的,且防御方在配置蜜罐时受到蜜罐部署成本的约束。该模型分析了攻击方和防御方贝叶斯纳什均衡策略的存在条件并通过分析高低交互蜜罐利用率获得最优高低交互蜜罐配置策略,贝叶斯纳什均衡策略和最优蜜罐配置策略共同组成了防御方最优防御策略。最后,通过数值仿真对该模型进行了评估,证明了该模型能够有效地获得最优防御策略并提升工业互联网的防御能力。

在基于前景理论的能源电网工控蜜罐静态攻防博弈模型中,引入前景理论描述防御方和攻击方的有限理性行为。在此基础上,该模型分析并证明了有限理性贝叶斯纳什均衡策略的存在条件,获得了有限理性贝叶斯纳什均衡策略的获取方法,分析了有限理性因子对防御方和攻击方的收益影响。最后,通过在智能电网测试平台上进行数值仿真对该模型进行了评估,证明了利用该算法得出的防御策略能够在防御APT入侵攻击和确保能源网络正常收益之间取得均衡,为应对APT攻击和半自动化蜜罐最优防御策略的选择提供了决策参考。

# 参 考 文 献

[1]　LEVINE J,LABELLA R,OWEN H,et al. The use of honeynets to detect exploited systems across large enterprise networks［C］//IEEE Systems,Man and Cybernetics Society Information Assurance Workshop. IEEE,2003:92-99.

[2]　TIAN W,JI X,LIU W,et al. Defense strategies against network attacks in cyber-physical systems with analysis cost constraint based on honeypot game model［J］. Comput Mater Continua,2019,60(1):193-211.

[3]　TIAN W,JI X P,LIU W,et al. Honeypot game-theoretical model for defending against APT attacks with limited resources in cyber-physical systems［J］. ETRI Journal,2019,41(5):585-598.

[4]　TIAN W,JI X,LIU W,et al. Prospect theoretic study of honeypot defense against advanced persistent threats in power grid［J］. IEEE Access,2020,8:64075-64085.

[5]　KAHNEMAN D,TVERSKY A. Prospect theory:An analysis of decision under risk［M］//Handbook of the fundamentals of financial decision making:Part I. New Jersey:World Scientific,2013:99-127.

[6]　PRELEC D. The probability weighting function［J］. Econometrica,1998,66(3):497-527.

[7]　WANG K,DU M,YANG D,et al. Game-theory-based active defense for intrusion detection in cyber-physical embedded systems［J］. ACM Trans Embed Comput Syst,2016,16(1):1-21.

# 第 5 章

# 基于动态博弈的工控蜜罐攻防建模及分析

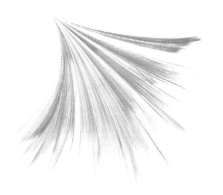

本章分析基于不完全信息动态博弈的工控蜜罐攻防过程,也可称作基于演化动态博弈的工控蜜罐攻防过程。根据第 3 章博弈理论的基础知识可知,在一个完全信息博弈中,参与者的行为、策略和收益函数均为公共信息;而在不完全信息博弈中,参与者的行为、策略和收益函数不都是公共信息。不完全信息静态博弈的典型例子是密封报价拍卖,由于参与者并不知晓其他参与者的价格且所有报价完成后同时打开不可修改,因此参与者的行为可看作同时进行的。除此以外,受到环境的影响以及参与者自身认知能力的限制,参与者的行为并不都是完全理性的,因此,有限理性因素也是博弈过程需要考虑的。

# 5.1 工控蜜罐动态博弈架构

工控蜜罐对抗网络攻击的攻防博弈过程可以被建模为基于不完全信息的工控蜜罐动态攻防博弈模型[1],该模型引入复制动力学规则将动态博弈模型细化为动态演化博弈模型。演化博弈研究的对象是群体,因此模型将工业互联网中的多个控制器系统视为防御群,每个控制器为单独的个体。由于不同个体可能会采取不同的防御策略,这也导致了不同个体在攻防博弈过程中收益的差异。类似地,可以假设针对每个个体都存在一个攻击方个体,所有攻击方个体组成了攻击方群体。随着演化的进行,攻防博弈双方在收益差异的驱动下会通过试错改进自身策略从而获得最优收益。

**定义 5.1**:APT 潜伏破坏阶段自动化蜜罐动态演化博弈模型可以用一个六元组来表示:$HEG \triangleq \langle A, D, F_A, F_D, u_A, u_D \rangle$。其中,$A$ 表示攻击方,$D$ 表示防御方,$F_A$ 表示攻击方的策略集合,$F_D$ 表示防御方的策略集合,$u_A$ 表示攻击方的收益,$u_D$ 表示防御方的收益。

APT 潜伏破坏阶段的自动化蜜罐动态博弈模型可根据六元组来进行描述,通过

$A$ 描述攻击方参与者的数量；通过 $D$ 描述防御方参与者的数量；通过 $F_A$ 表示攻击方的策略集合，包括攻击方式选取、攻击时间选取等；$F_D$ 表示防御方的策略集合，包括防御设备部署、防御方式选取、防御时间选取等；$u_A$ 表示攻击方的收益，例如社会影响、金钱等；$u_D$ 表示防御方的收益。

### 5.1.1 动态博弈攻防双方行为、策略和收益

在工控蜜罐动态演化博弈中，工控蜜罐防御方的策略集合由搜集数据、分析数据和做出反击等行为策略组成，他们的策略集合为 $F_D \in \{x, a, \cdots\}$，他们的收益为 $u_D \in \{U_x, U_a, \cdots\}$。网络攻击方的策略集合为 $F_A \in \{y, z, \cdots\}$，他们的收益为 $u_A \in \{U_y, U_z, \cdots\}$。防御方的收益由所有工控蜜罐的行为组成，表达式如式(5.1)所示：

$$u_D = U_x + U_a + \cdots \tag{5.1}$$

对应地，攻击方的收益由攻击者的行为组成，表达式如式(5.2)所示：

$$u_A = U_y + U_z + \cdots \tag{5.2}$$

### 5.1.2 动态博弈均衡策略分析

本节首先给出演化稳定策略的定义和存在条件[2]。假设工业互联网参与演化博弈的防御方有两个纯策略分别是 $Str_1$ 和 $Str_2$。当 $Str_1$ 是纯策略下的演化稳定策略时，如果出现一个极小的扰动 $\varepsilon$ 使得防御方从策略 $Str_1$ 转移到 $Str_2$，但采用 $Str_1$ 仍然具有更好的收益时，$Str_1$ 可以被认为是演化稳定策略并用式(5.3)表示。

$$u(Str_1, \varepsilon Str_1 + (1-\varepsilon) Str_2) > u(Str_2, \varepsilon Str_1 + (1-\varepsilon) Str_2) \tag{5.3}$$

根据文献[2]，混合策略演化稳定策略和纯策略演化稳定策略的存在条件分别如定理 5.1 和定理 5.2 所示：

**定理 5.1**：对于防御方群体 $\Gamma$，其中每个防御方的纯策略集合为 $Str_i$，$i = 1$，$2, \cdots, n$，则其混合策略有 $p$ 和 $q$ 以及收益矩阵 $A$，此时，策略混合策略 $p \in \mathbb{C}^n$ 是演化稳定策略当且仅当：

$$p^T A q > q^T A q \tag{5.4}$$

对于所有 $p \neq q \in \mathbb{C}^n$。

**定理 5.2**：对于防御方和攻击方群体 $\Gamma$ 和 $\Theta$，纯策略分别为 $Str_i$，$i = 1, 2, \cdots, n$ 和 $Str_j$，$i = 1, 2, \cdots, m$，收益矩阵分别为 $A$ 和 $B$。此时，当 $(p^*, q^*)$ 为演化稳定策略时，需同时满足 $p^{*T} A q^* > p^T A q^*$ 和 $q^{*T} B p^* > q^T B p^*$，其中 $p \in \mathbb{C}^n$，$q \in \mathbb{C}^m$，$p \neq p^*$ 且 $q \neq q^*$。这里的 $p$ 和 $q$ 分别表示 $\Gamma$ 和 $\Theta$ 中纯策略的概率分布。

根据文献[3]可知，当收益矩阵为非对称矩阵时不存在混合策略的演化稳定策略。

复制动力学方程[4]是用来表述参与博弈方根据收益变化而选择策略的非线性微分方程，由于具有简便和实际性被广泛应用于分析演化稳定过程。对于防御方 $\Gamma$

而言,其复制动力学方程可以表示为:

$$\dot{p}_i = p_i \left[ u(p_i, \boldsymbol{p} - \overline{u}) \right] \tag{5.5}$$

$$\overline{u} = \sum_{i=1}^{n} p_i u(p_i, \boldsymbol{p}) \tag{5.6}$$

其中,防御方可以通过比较自身收益与平均收益之间的差异来选择策略,对应的攻击方同理。

## 5.2 基于演化博弈的智能电网工控蜜罐动态攻防建模及分析

SDN 是由美国斯坦福大学 Clean State 研究组提出的一种新型网络架构,通过软件编程的形式定义和控制网络,并具有控制平面和转发平面分离及开放性可编程的特点[5]。如图 5.1 所示,与传统工业互联网结构相比,SDN 控制器可以对工业互联网的节点进行集中管理,这将极大地提高各节点服务器被控制的灵活性。在单次攻防过程中,攻击方入侵 SDN 控制器后将恶意程序接入并潜伏等待攻击方发动攻击指令。当攻击方发动攻击后,被恶意程序接入的控制器权限将被攻击方获取。当这

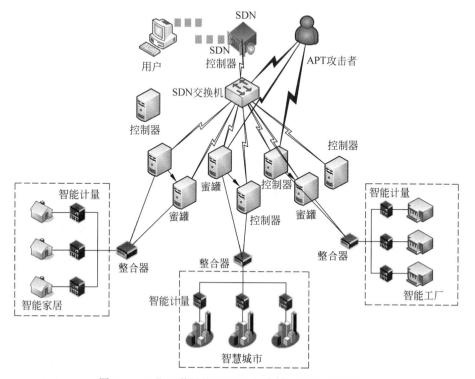

图 5.1　工业互联网基于 SDN 的蜜罐防御和 APT 攻击

些受攻击方控制的节点无法响应正常请求时,整个工业互联网的运行将会瘫痪。对于防御方而言,当控制器权限被夺走后,防御方将会利用防御机制分析攻击过程从而夺回控制器的权限。事实上,由于攻击方为了夺取控制器权限会采取多次攻击,且攻击手段通常是不相同的,因此防御方与攻击方的对抗过程是个动态持续性过程。蜜罐作为主动防御机制能够对未知的 APT 攻击进行分析从而帮助防御方夺回物理设备的控制权限,保护工业互联网安全。

### 5.2.1 攻防双方行为、策略和收益

基于前文对攻击场景的分析,在 APT 潜伏破坏阶段,自动化蜜罐动态演化博弈模型可以用一个六元组来表示:$HEG \triangleq \langle A,D,F_A,F_D,u_A,u_D \rangle$。其中:

(1) $A$ 表示攻击方,$D$ 表示防御方。

(2) $F_A = (\boldsymbol{y},\boldsymbol{z})$ 表示攻击方的策略集合,其中,$\boldsymbol{y} = [y_1,y_2,\cdots,y_{L+1}]^T$ 表示 APT 攻击潜伏的时间策略集合;$\boldsymbol{z} = [z_1,z_2,\cdots,z_{L+1}]^T$ 表示 APT 攻击破坏的时间策略集合。

(3) $F_D = (\boldsymbol{x},\boldsymbol{a})$ 表示防御方的策略集合,其中,$\boldsymbol{x} = [x_1,x_2,\cdots,x_L]^T$ 表示蜜罐搜集 APT 攻击数据的时间策略集合;$\boldsymbol{a} = [a_1,a_2,\cdots,a_L]^T$ 表示蜜罐分析 APT 攻击数据的时间策略集合。

(4) $u_A$ 表示攻击方的收益,$u_D$ 表示防御方的收益。

本章假设工业互联网中有 $S$ 个工业互联网节点控制器正受到攻击方的威胁。对于第 $i$ 个工业互联网节点控制器,$x^i$ 表示蜜罐搜集攻击方针对第 $i$ 个节点控制器攻击数据的时间;$a^i$ 表示蜜罐分析攻击方针对第 $i$ 个节点控制器攻击数据的时间;$y^i$ 表示攻击方针对第 $i$ 个节点控制器攻击潜伏的时间;$z^i$ 表示攻击方针对第 $i$ 个节点控制器完成攻击的时间。明显的是,$x^i > 0, a^i > 0$ 并且满足 $x^i = a^i + y^i + z^i$。在模型中,假设当攻击方对第 $i$ 个节点完成攻击行为后,该节点的控制权限将交给攻击方。当防御方利用蜜罐分析完数据后,节点控制权限将交还给防御方。

在本章中,使用 $a^i$ 和 $y^i$ 两个独立变量来分别表示防御方和攻击方的策略。此外为了获得最优防御策略,采用鲁棒性更强的演化稳定策略来代替纳什均衡策略,从而使得防御方和攻击方在动态博弈过程中都能够坚持自己的策略。为了分析演化稳定策略的存在条件,首先需对防御方和攻击方的收益进行建模。对于防御方而言,防御方的收益来自于两个部分:节点控制器正常工作的奖励和蜜罐诱捕 APT 攻击数据的奖励(由于蜜罐成本已经在 APT 入侵阶段考虑过了,因此在此阶段不考虑蜜罐成本)。对于攻击方而言,其收益由攻击方控制节点的奖励减去其攻击成本。因此,$C_i^A$ 表示攻击方对第 $i$ 个节点发动 APT 攻击的成本。由于攻击方和防御方均在抢夺工业互联网各节点的控制权限,$\min((y^i + z^i)/(a^i + y^i + z^i),1)$ 表示节点控制器被防御方控制的概率,此概率通常是事先未知的。由于攻击方可以选择只潜伏不破坏,因此 $L$ 表示博弈过程中攻击方选择攻击的次数。

防御方和攻击方的收益函数可分别由式(5.7)和式(5.8)表示：

$$u_\mathrm{D}(\boldsymbol{a},\boldsymbol{y}) = \sum_{i=1}^{S} \left( \sum_{l=0}^{L} P_l^i \min\left( \frac{y^i + z^i}{a^i + y^i + z^i}, 1 \right) R_\mathrm{D}(i) + a^i G_i \right)$$

$$= \sum_{i=1}^{S} \left( \sum_{l=0}^{L} P_l^i \min\left( \frac{y^i + \dfrac{l}{L}}{a^i + y^i + \dfrac{l}{L}}, 1 \right) R_\mathrm{D}(i) + a^i G_i \right) \tag{5.7}$$

$$u_\mathrm{A}(\boldsymbol{a},\boldsymbol{y}) = \sum_{i=1}^{S} \left( \left( 1 - \sum_{l=0}^{L} P_l^i \min\left( \frac{y^i + z^i}{a^i + y^i + z^i}, 1 \right) \right) R_\mathrm{A}(i) - C_i^\mathrm{A} \right)$$

$$= \sum_{i=1}^{S} \left( \left( 1 - \sum_{l=0}^{L} P_l^i \min\left( \frac{y^i + \dfrac{l}{L}}{a^i + y^i + \dfrac{l}{L}}, 1 \right) \right) R_\mathrm{A}(i) - C_i^\mathrm{A} \right) \tag{5.8}$$

式中，$[P_l^i]_{0 < l < L}$ 表示实际发动破坏的概率分布，其中，$P_l^i = Pr(z_i = l/L)$，$0 \leqslant l \leqslant L$ 和 $0 \leqslant i \leqslant S$。$R_\mathrm{D}(i)$ 表示节点 $i$ 正常工作的奖励，$R_\mathrm{A}(i)$ 表示攻击方控制节点 $i$ 时的奖励。$G_i$ 表示蜜罐分析攻击方数据的奖励。假设攻防双方采用混合策略进行博弈，则 $\rho$ 表示防御方的策略，$\sigma$ 表示攻击方的策略。详细参数见表5.1。

**表 5.1 本章符号描述**

| 符 号 | 描 述 |
|---|---|
| $S$ | 工业互联网节点的数目 |
| $x^i$ | 防御方搜集第 $i$ 个节点上攻击数据的时间 |
| $y^i$ | 攻击方针对第 $i$ 个节点控制器攻击潜伏的时间 |
| $a^i$ | 防御方分析攻击方针对第 $i$ 个节点控制器攻击数据的时间 |
| $z^i$ | 攻击方针对第 $i$ 个节点控制器完成攻击的时间 |
| $R_\mathrm{D}(i)$ | 工业互联网第 $i$ 个节点正常工作的奖励 |
| $R_\mathrm{A}(i)$ | 攻击方控制第 $i$ 个节点的奖励 |
| $G_i$ | 蜜罐分析攻击方数据的奖励 |
| $C_i^\mathrm{A}$ | 攻击方攻击第 $i$ 个节点的成本 |
| $\boldsymbol{a}(\boldsymbol{y})$ | 防御方(攻击方)的纯策略集合 |
| $\rho(\sigma)$ | 防御方(攻击方)的混合策略 |
| $\boldsymbol{J}$ | 雅可比矩阵 |
| $\boldsymbol{D}/\boldsymbol{A}$ | 防御方/攻击方的收益矩阵 |

## 5.2.2 演化稳定策略获取方法

在本章的模型中，防御方和攻击方的收益最大化可由式(5.9)表示

$$\max_{\boldsymbol{a}} u_\mathrm{D}(\boldsymbol{a},\boldsymbol{y}), \max_{\boldsymbol{y}} u_\mathrm{A}(\boldsymbol{a},\boldsymbol{y}) \tag{5.9}$$

式中，$\boldsymbol{a}=[a_1,a_2,\cdots,a_L]^T$，$\boldsymbol{y}=[y_1,y_2,\cdots,y_{L+1}]^T$，$a^i\in\boldsymbol{a}$，$y^i\in\boldsymbol{y}$，$0<a^i\leqslant1$ 且 $0<y^i\leqslant1$。

为了简化博弈过程，本节以工业互联网中第 $i$ 个节点和 $L$ 次攻击过程为例进行分析。此时，式(5.7)和式(5.8)可以简化为式(5.10)和式(5.11)。

$$u_D(a^i,y^i)=\sum_{l=0}^{L}P_l\min\left(\frac{Ly^i+l}{La^i+Ly^i+l},1\right)R_D+a^iG \tag{5.10}$$

$$u_A(a^i,y^i)=\left(1-\sum_{l=0}^{L}P_l\min\left(\frac{Ly^i+l}{La^i+Ly^i+l},1\right)\right)R_A-C^A \tag{5.11}$$

尽管攻防博弈双方的策略空间是非对称的，由于纯策略是混合策略的特殊形式，因此本节仍然采用混合策略对攻防双方的策略进行表述。防御方混合策略是 $\boldsymbol{a}$ 中的各种纯策略的随机选取过程，用 $[\rho_i]_{1\leqslant i\leqslant L}$ 表示。同理，攻击方混合策略是 $\boldsymbol{y}$ 中各种纯策略的随机选取过程，用 $[\sigma_j]_{1\leqslant j\leqslant L+1}$ 表示。此外，防御方(攻击方)的各纯策略收益 $pd_{i,j}$($pa_{i,j}$)组成的收益矩阵见表5.2。

表 5.2　收益矩阵

| D/A | $y_1=0$ | $y_2=\dfrac{1}{L}$ | $\cdots$ | $y_{L+1}=1$ |
|---|---|---|---|---|
| $a_1=\dfrac{1}{L}$ | $(pd_{1,1},pa_{1,1})$ | $(pd_{1,2},pa_{1,2})$ | $\cdots$ | $(pd_{1,L+1},pa_{1,L+1})$ |
| $a_2=\dfrac{2}{L}$ | $(pd_{2,1},pa_{2,1})$ | $(pd_{2,2},pa_{2,2})$ | $\cdots$ | $(pd_{2,L+1},pa_{2,L+1})$ |
| $\cdots$ | $\cdots$ | $\cdots$ | $\cdots$ | $\cdots$ |
| $a_L=1$ | $(pd_{L,1},pa_{L,1})$ | $(pd_{L,2},pa_{L,2})$ | $\cdots$ | $(pd_{L,L+1},pa_{L,L+1})$ |

显然，由于该收益矩阵是非对称的，因此，模型一定不存在混合策略的演化稳定策略。接着，通过式(5.12)、式(5.13)、式(5.14)和式(5.15)分析复制动力学方程以便验证模型是否存在纯策略下的演化稳定策略。

$$\hat{\sigma}_j=\sigma_j(u_A(\boldsymbol{a},y_i)-\bar{u}_A) \tag{5.12}$$

$$\begin{aligned}\bar{u}_A=&\sigma_1(\rho_1pa_{1,1}+\rho_2pa_{2,1}+\cdots+\rho_Lpa_{L,1})+\\&\sigma_2(\rho_1pa_{1,2}+\rho_2pa_{2,2}+\cdots+\rho_Lpa_{L,2})+\cdots+\\&\sigma_{L+1}(\rho_1pa_{1,L+1}+\rho_2pa_{2,L+1}+\cdots+\rho_Lpa_{L,L+1})\end{aligned} \tag{5.13}$$

$$\hat{\rho}_j=\rho_j(u_D(a_i,\boldsymbol{y})-\bar{u}_D(\boldsymbol{a},\boldsymbol{y})) \tag{5.14}$$

$$\begin{aligned}\bar{u}_D=&\rho_1(\sigma_1pd_{1,1}+\sigma_2pd_{1,2}+\cdots+\sigma_{L+1}pd_{1,L+1})+\\&\rho_2(\sigma_1pd_{2,1}+\sigma_2pd_{2,2}+\cdots+\sigma_{L+1}pd_{2,L+1})+\cdots+\\&\rho_L(\sigma_1pd_{L,1}+\sigma_2pd_{L,2}+\cdots+\sigma_{L+1}pa_{L,L+1})\end{aligned} \tag{5.15}$$

式中，$\hat{\sigma}_i$ 表示攻击方的策略选取倾向；$\hat{\rho}_i$ 表示防御方的策略选取倾向。

由于收益矩阵为非对称矩阵，因此，演化稳定策略只可能是纯策略。本节使用

$2L-1$ 个独立变量 $\rho_1,\rho_2,\cdots,\rho_{L-1},\sigma_1,\sigma_2,\cdots,\sigma_{L-1}$ 和 $\sigma_L$ 来表示纯策略的概率分布,其中 $\rho_L$ 和 $\sigma_{L+1}$ 可以用 $\rho_1+\rho_2+\cdots+\rho_L=1$ 和 $\sigma_1+\sigma_2+\cdots+\sigma_{L+1}=1$ 表示。至此,所有潜在的演化稳定策略总结可以见表5.3。

**表 5.3　潜在演化稳定策略列表**

| 序　号 | 潜在演化稳定策略 $(\rho_1,\cdots,\rho_{L-1},\sigma_1,\cdots,\sigma_L)$ | 等价策略 $(\rho_1,\cdots,\rho_L,\sigma_1,\cdots,\sigma_{L+1})$ |
|---|---|---|
| 1 | $(0,\cdots,0,0,\cdots,0)$ | $(0,\cdots,1,0,\cdots,0,1)$ |
| $\cdots$ | $\cdots$ | $\cdots$ |
| $L(L+1)$ | $(1,\cdots,0,0,\cdots,1)$ | $(1,\cdots,0,0,\cdots,1,0)$ |

**第一步:求解渐近稳定策略**

为了验证攻防博弈双方所选策略是否为渐近稳定策略,通常可以使用雅可比矩阵特征值的负定性来进行验证。如果所选策略为渐近稳定策略,则所有特征值需全为负。式(5.10)和式(5.11)所对应的雅可比矩阵可由式(5.16)表示。

$$J=\begin{bmatrix} \dfrac{\partial\hat{\rho}_1}{\partial\rho_1} & \cdots & \dfrac{\partial\hat{\rho}_1}{\partial\rho_L} & \dfrac{\partial\hat{\rho}_1}{\partial\sigma_1} & \cdots & \dfrac{\partial\hat{\rho}_1}{\partial\sigma_{L+1}} \\ \vdots & \vdots & \vdots & \vdots & \vdots & \vdots \\ \dfrac{\partial\hat{\rho}_L}{\partial\rho_1} & \cdots & \dfrac{\partial\hat{\rho}_L}{\partial\rho_L} & \dfrac{\partial\hat{\rho}_L}{\partial\sigma_1} & \cdots & \dfrac{\partial\hat{\rho}_L}{\partial\sigma_{L+1}} \\ \dfrac{\partial\hat{\sigma}_1}{\partial\rho_1} & \cdots & \dfrac{\partial\hat{\sigma}_1}{\partial\rho_L} & \dfrac{\partial\hat{\sigma}_1}{\partial\sigma_1} & \cdots & \dfrac{\partial\hat{\sigma}_1}{\partial\sigma_{L+1}} \\ \vdots & \vdots & \vdots & \vdots & \vdots & \vdots \\ \dfrac{\partial\hat{\sigma}_{L+1}}{\partial\rho_1} & \cdots & \dfrac{\partial\hat{\sigma}_{L+1}}{\partial\rho_L} & \dfrac{\partial\hat{\sigma}_{L+1}}{\partial\sigma_1} & \cdots & \dfrac{\partial\hat{\sigma}_{L+1}}{\partial\sigma_{L+1}} \end{bmatrix} \tag{5.16}$$

**引理 5.1**:在所有纯策略中,防御方和攻击方的策略对 $(\sigma_1=1,\rho_L=1)$ 是有条件的渐近稳定策略。

**证明**:为了验证防御方和攻击方的策略对 $(\sigma_1=1,\rho_L=1)$ 是渐近稳定策略,将式(5.16)进行重写:

$$J=\begin{bmatrix} J_1 & \cdots & 0 & 0 & \cdots & 0 \\ \vdots & \vdots & \vdots & \vdots & \vdots & \vdots \\ 0 & \cdots & J_{L-1} & 0 & \cdots & 0 \\ \sigma_1A_1 & \cdots & \sigma_1A_{L-1} & J_L & \cdots & -\sigma_1u_A(\boldsymbol{a},y_L) \\ 0 & \cdots & 0 & 0 & \cdots & 0 \\ \vdots & \vdots & \vdots & \vdots & \vdots & \vdots \\ 0 & \cdots & 0 & 0 & \cdots & J_{2L-1} \end{bmatrix} \tag{5.17}$$

式中,$J_k=pd_{k,i}-pd_{L,i}$,$J_L=-pa_{i,1}$ 且 $J_{L+1}=pa_{i,j}-pa_{i,1}$($1\leqslant i,j,k\leqslant L-1$)。

显然,该雅可比矩阵式(5.17)中的特征值为 $J_1,\cdots,J_{L-1},J_L,\cdots,J_{2L-1}$。当攻击方的收益 $pa_{i,j}$ 随着 $j$ 增加而降低时,$J_{L+j}<0$。当防御方的收益随着蜜罐搜集 APT 行为的时间增加而降低时,$J_k<0$。此时,所有特征值均为负数,即该策略为渐近稳定策略。

第二步:求解演化稳定策略

在获取了渐近稳定策略后,通过定理 5.2 进一步验证它是否满足演化稳定策略的条件。因此,演化稳定策略即最优防御策略的获取过程可以通过算法 5.1 进行描述。

---

**算法 5.1** APT 潜伏破坏阶段蜜罐攻防博弈演化稳定策略获取方法

---

输入:$S,R_A,R_D,C^A,L,a,y,J,\rho$ 和 $\sigma$

输出:演化稳定策略

  如果 H 策略的雅可比行列式中的特征值均为负然后

    标记策略 H 为渐近稳定策略

  否则

    跳出

    如果策略 H 满足定理 5.2 然后

      选取策略 H 为演化稳定策略

    否则

    跳出

  结束

结束

---

## 5.2.3　仿真验证与分析

本节构建了一个基于智能电网的 SDN 测试平台来评估模型的性能,通过仿真验证了 APT 潜伏破坏阶段基于自动化蜜罐的动态攻防演化博弈模型最优防御策略的求解算法和最优防御策略的有效性。首先给出仿真环境参数设置,然后是仿真结果。

### 1. 参数设置

如图 5.2 所示,在 OpenFlow 网络中构建了一个 SDN 测试台实验,并在真实服务器中部署蜜罐。在 SDN 测试平台中,通过 1 个交换机和 6 个路由器部署了 30 个服务器,其中服务器代表的就是控制器。交换机是 CISCO(SG250-10P-K9-CN),有 8 个端口。上行端口速率和下行端口速率均为 1000Mbps,容量为 14.88Mbps。路由器是 TPLINK(TL-R483G),它有 4 个 LAN 端口和 1 个 WAN 端口。路由器与服务器之间的传输速率为 1000Mbps。服务器的请求(应答)长度为 1000byte,服务器每个周期的请求(应答)长度为 6(12)s。

为了简化运算,本节中假设攻防博弈双方控制智能电网节点控制器的奖励相等即 $R_A(i)=R_D(i)$,同时为了描述攻防博弈双方控制智能电网中各节点的奖励,本节采用

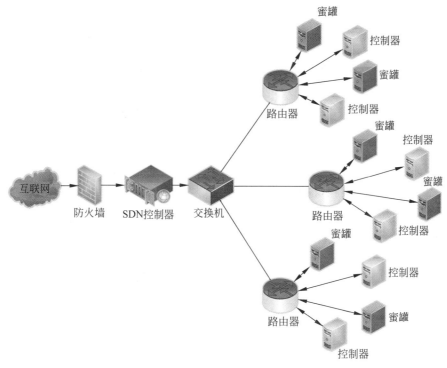

图 5.2 SDN 测试平台

文献[6]中提出的节点电中心度来进行表示,其中节点 $i$ 的电中心度可由式(5.18)表示:

$$R_A(i) = R_D(i) = \mu C_{be}(i) + (1-\mu)E_i \tag{5.18}$$

式中,$E_i$ 表示特征向量中心度,$C_{be}(i)$ 表示电介中心度,$\mu$ 表示两个指标(即电介中心度和特征向量中心度)在电中心度中的权重的分布系数。$E_i$ 和 $C_{be}(i)$ 可通过文献[6]进行定义。

$$E_i = e_i = \frac{1}{Q} \sum_{j \in M(i)} e_j = \frac{1}{Q} \sum_{j=1}^{U} O_{kj} e_j \tag{5.19}$$

式中,$M(i)$ 表示与节点 $i$ 直接相连的节点集合,$U$ 表示整个智能电网中的节点数量,$Q$ 是一个常数表示,可以用向量表示法写成特征向量方程 $Ox = Qx$。

$$C_{be}(i) = \frac{B_e(i)}{\sum\limits_{k \in G, j \in S} \sqrt{O_k O_j}} \tag{5.20}$$

式中,$O_k$ 表示发电机 $k$ 的额定发电有功功率,$O_j$ 表示实际或者峰值功率,此外,$B_e(i)$ 可由式(5.21)表示。

$$B_e(i) = \sum_{k \in G, j \in S} \sqrt{O_k O_j} B_{e,kj}(i)$$

$$B_{e,kj}(i) = \begin{cases} \dfrac{1}{2}\sum_M |I_{kj}(M,i)|, & i \neq k,j \\ 1, & i = k,j \end{cases} \tag{5.21}$$

式中,$B_{e,kj}(i)$ 是节点 $i$ 通过节点对 $(k,j)$ 注入单位电流的电介电性,$I_{kj}(M,i)$ 是当下由"发电机-负荷"节点对 $(k,j)$ 的机组注入的电流。

此外,$\mu$ 是表示两个指标权重的分配系数,该系数可以根据文献[7]中两个指标的统计特征得到。

$$\mu = \frac{\mathrm{avg}(C_{be})/\mathrm{var}(C_{be})}{\mathrm{avg}(C_{be})/\mathrm{var}(C_{be}) + \mathrm{avg}(E)/\mathrm{var}(E)} \tag{5.22}$$

这里,为了简化计算过程,根据文献[6],本节设置发电机节点 $i$ 的注入电流为 1,将负载节点 $j$ 的注入电流设置为 $-1$,以此计算并获得每个节点的电介电性,同时权重分配系数设置为 $\mu = 0.741$。

此外,分别通过攻击方攻击 2 次($L=2$)和攻击 3 次($L=3$)对本章模型进行评估。当 $L=2$ 时,假设蜜罐分析数据的奖励、APT 攻击成本和攻击时长的概率分布分别设置为:$G=1.3, C^A=0.1, P_0=0.2, P_1=0.5$ 和 $P_2=0.3$。当 $L=3$ 时,假设蜜罐分析数据的奖励、APT 攻击成本和攻击时长概率分布为:$G=0.2, C^A=0.2,$ $P_0=0.3, P_1=0.2, P_2=0.1$ 和 $P_3=0.4$。

**2. 数值仿真**

本节首先计算了 30 个控制器的节点价值(见表 5.4),其次根据攻防双方收益函数得到攻击方和防御方的收益矩阵,进而通过分析雅可比行列式中特征值的负定性获取渐近稳定策略,再次通过定理 5.2 和相图来检验渐近稳定策略是否为演化稳定策略。最后,本节通过比较本章模型和贪婪模型[8]的防御性能验证了最优防御策略的有效性。

表 5.4　SDN 中 30 个节点的价值

| 节点序号 | 价值 | 节点序号 | 价值 | 节点序号 | 价值 |
|---|---|---|---|---|---|
| 1 | 0.1521 | 11 | 0.0009 | 21 | 0.2515 |
| 2 | 0.2686 | 12 | 0.2837 | 22 | 0.3096 |
| 3 | 0.0885 | 13 | 0.1003 | 23 | 0.1640 |
| 4 | 0.2859 | 14 | 0.0734 | 24 | 0.2136 |
| 5 | 0.0626 | 15 | 0.3150 | 25 | 0.1349 |
| 6 | 0.3970 | 16 | 0.0982 | 26 | 0.0276 |
| 7 | 0.1154 | 17 | 0.1262 | 27 | 0.2395 |
| 8 | 0.1122 | 18 | 0.0939 | 28 | 0.1607 |
| 9 | 0.1351 | 19 | 0.1057 | 29 | 0.0421 |
| 10 | 0.3751 | 20 | 0.1036 | 30 | 0.0550 |

如表 5.4 所示,通过式(5.18)、式(5.19)和式(5.20)能够计算得到攻防双方控制节点控制器的奖励。考虑 5.2 节是针对单节点演化稳定策略的优化,本节用平均节点价值来表示被攻击方攻击的节点控制器的奖励。

(1) $L = 2$

当 $L = 2$ 时,攻防博弈双方的收益矩阵和攻防博弈双方混合策略对应的雅可比矩阵特征值见表 5.5 和表 5.6。

表 5.5　$L = 2$ 时,APT 潜伏破坏阶段收益矩阵

| $d_{i,j}, a_{i,j}$ | $y_0$ | $y_1$ | $y_2$ |
|---|---|---|---|
| $a_1$ | 0.1057, 0.0033 | 0.0907, 0 | 0.0691, 0 |
| $a_2$ | 0.2003, 0.0117 | 0.1903, 0 | 0.172, 0 |

表 5.6　$L = 2$ 时,纯策略特征值

| $(\rho_1, \sigma_1, \sigma_2)$ | 特征值 | 相应策略 |
|---|---|---|
| $(0, 0, 0)$ | $-1, -0.1, 1.01$ | $(0, 1, 0, 0, 1)$ |
| $(0, 0, 1)$ | $-0.099, -3, 0.012$ | $(0, 1, 0, 1, 0)$ |
| $(0, 1, 0)$ | $-0.09, -1.012, -2.01$ | $(0, 1, 1, 0, 0)$ |
| $(1, 0, 0)$ | $-1, 0.103, 1$ | $(1, 0, 0, 0, 1)$ |
| $(1, 1, 0)$ | $0.095, -1, -2$ | $(1, 0, 1, 0, 0)$ |
| $(1, 0, 1)$ | $0.099, -3, 0.003$ | $(1, 0, 0, 1, 0)$ |

如表 5.5 所示,由于攻防博弈收益矩阵为非对称矩阵,因此不存在混合策略的演化稳定策略。如表 5.6 所示,策略$(0,0,0)$、$(0,0,1)$、$(1,0,0)$、$(1,1,0)$、$(1,0,1)$所对应的特征值并不满足负定性,因此这些策略并非渐近稳定策略。然后,进一步分析策略$(0,1,0)$,该策略表示的是防御方策略为$(0,1)$,攻击方策略为$(1,0,0)$。由于策略$(0,1,0)$的全部特征值满足负定性,因此该策略是渐近稳定策略。最后,通过定理 5.2 来检验策略$(0,1,1,0,0)$是否满足演化稳定策略的条件,并通过图 5.3 来模拟攻击方和防御方的收益演化过程。

如图 5.3 所示,随机选取 5 种不同的初始策略$(\rho_1, \sigma_1, \sigma_2)$点来分析攻击方和防御方的收益演化过程。实验结果表明,随着演化的进行,攻击方的收益趋向于 0.0117 而防御方的收益趋向于 0.1978,这证明了$(0,1,0)$是渐近稳定策略。

此外,根据定理 5.2,验证渐近稳定策略$(0,1,0)$是否为演化稳定策略。对于防御方,当$[0 \quad 1]Dy^{\mathrm{T}} > aDy^{\mathrm{T}}$时,经过代数简化,可以得到$(0.0496y_1 + 0.0996y_2 + 0.1029y_3)a_1 > 0$ 是防御方演化稳定策略的存在条件。类似地,对于攻击方,$[1 \quad 0 \quad 0]Aa^{\mathrm{T}} > yAa^{\mathrm{T}}$ 恒成立。根据以上分析,可以通过相图来获得攻防博弈双方的策略演化过程。

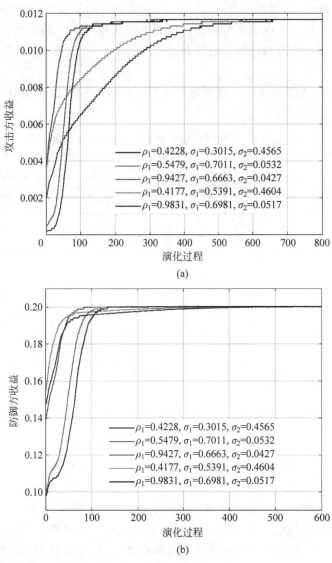

图 5.3    $L=2$ 时，攻击方和防御方的收益演化过程
(a) 攻击方的收益演化过程；(b) 防御方的收益演化过程

如图 5.4 所示，相图显示了防御方和攻击方策略演化的过程。其中，无论防御方的初始策略起点在哪，最终均倾向于选择策略(0,1)，这表明防御方倾向于利用蜜罐同时对攻击方数据进行搜集和分析。类似地，无论攻击方的初始策略起点在哪，最终均倾向于选择策略(1,0,0)，这表明攻击方倾向于入侵节点后立刻发动攻击而不是潜伏一段时间。至此，策略(0,1)即 $a_2=1$,w.p1 被认为是防御方的演化稳定策略即最优防御策略。

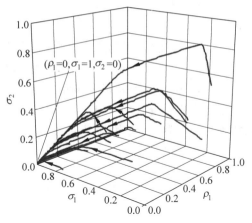

图 5.4　$L=2$ 时，攻击方和防御方的策略变化相图

（2）$L=3$

当 $L=3$ 时，攻防博弈双方的收益矩阵和攻防博弈双方混合策略对应的雅可比矩阵特征值见表 5.7 和表 5.8。

表 5.7　$L=3$ 时，APT 潜伏破坏阶段收益矩阵

| $d_{i,j}, a_{i,j}$ | $y_0$ | $y_1$ | $y_2$ | $y_3$ |
|---|---|---|---|---|
| $a_1$ | 0.0762,0.0033 | 0.0839,0 | 0.0817,0 | 0.0795,0 |
| $a_2$ | 0.1292,0.0067 | 0.1353,0.0017 | 0.1381,0 | 0.1359,0 |
| $a_3$ | 0.1833,0.0089 | 0.1878,0.0022 | 0.1911,−0.0033 | 0.1922,0 |

表 5.8　$L=3$ 时，纯策略特征值

| $(\rho_1, \rho_2, \delta_1, \delta_2, \delta_3)$ | 特征值 | 相应策略 |
|---|---|---|
| (0,0,0,0,0) | −0.12,−0.06,−0.003,0.002,0.01 | (0,0,1,0,0,0,1) |
| (0,0,1,0,0) | −0.01,−1.11,−0.05,−0.007,−0.01 | (0,0,1,1,0,0,0) |
| (0,0,0,1,0) | −0.1,−0.002,−0.05,0.007,−0.006 | (0,0,1,0,1,0,0) |
| (0,0,0,0,1) | −0.11,−0.05,0.003,0.01,0.006 | (0,0,1,0,0,1,0) |
| (1,0,0,0,0) | −0.08,0.06,0.003,0,0 | (1,0,0,0,0,0,1) |
| (0,1,0,0,0) | −0.14,−0.05,0.006,−0.002,0 | (0,1,0,0,0,0,1) |
| (0,1,1,0,0) | −0.006,−0.13,−0.053,−0.008,−0.007 | (0,1,0,1,0,0,0) |
| (1,0,1,0,0) | −0.003,−0.07,0.05,−0.003−0.003 | (1,0,0,1,0,0,0) |
| (0,1,0,1,0) | 0.002,−0.14,−0.05,0.008,0.002 | (0,1,0,0,1,0,0) |
| (1,0,0,1,0) | −0.08,0,0.05,0.003,0 | (1,0,0,0,1,0,0) |
| (0,1,0,0,1) | −0.14,−0.06,0,0.007,−0.002 | (0,1,0,0,0,1,0) |
| (1,0,0,0,1) | −0.08,0.06,0,0.003,0 | (1,0,0,0,0,1,0) |

如表 5.7 所示，由于攻防博弈收益矩阵为非对称矩阵，因此不存在混合策略的演

化稳定策略。如表 5.8 所示,策略$(0,0,0,0,0)$,$(0,0,0,1,0)$,$(0,0,0,0,1)$,$(1,0,0,0,0)$,$(0,1,0,0,0)$,$(0,1,0,1,0)$,$(1,0,0,1,0)$,$(0,1,0,0,1)$,$(1,0,0,0,1)$和$(1,0,1,0,0)$所对应的特征值并不满足负定性,因此这些策略并非渐近稳定策略。然后,进一步分析策略$(0,0,1,0,0)$发现,该策略表示防御方策略为$(0,0,1)$而攻击方策略为$(1,0,0,0)$。由于策略$(0,0,1,0,0)$的全部特征值满足负定性,因此该策略是渐近稳定策略。最后,通过定理 5.2 来检验策略$(0,0,1,0,0)$是否是演化稳定策略,除此以外,通过图 5.5 来模拟攻击方和防御方的收益演化过程也可以判断该策略是否为演化稳定策略。

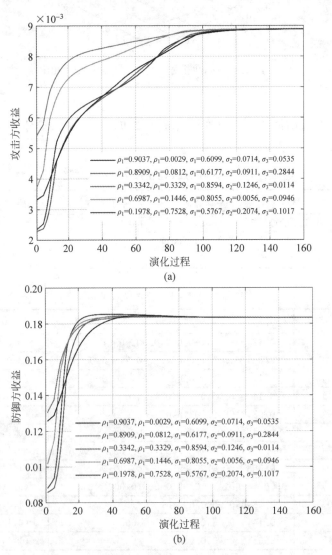

图 5.5   $L=3$ 时,攻击方和防御方的收益演化过程

(a) 攻击方的收益演化过程;(b) 防御方的收益演化过程

如图 5.5 所示,随机选取 5 种不同的初始策略 $(\rho_1,\rho_2,\sigma_1,\sigma_2,\sigma_3)$ 来推演攻击方和防御方的收益演化过程。实验结果表明,随着演化的进行,攻击方的收益趋向于 $0.0084$ 而防御方的收益趋向于 $0.1837$,这证明了策略 $(0,0,1,0,0)$ 是渐近稳定策略。

此外,根据定理 5.2,渐近稳定策略 $(0,0,1,0,0)$ 等价于 $\rho_1=0,\rho_2=0,\rho_3=1$, $\delta_1=1,\delta_2=0,\delta_3=0,\delta_4=0$。对于防御方而言,当 $[0\ \ 0\ \ 1]D\boldsymbol{y}^{\mathrm{T}}>\boldsymbol{a}D\boldsymbol{y}^{\mathrm{T}}$ 时,经过代数简化,可以得到 $(0.0067y_2+0.0122y_3)a_1+0.005a_2y_2>0$ 是防御方演化稳定策略的存在条件。类似地,对于攻击方而言 $[1\ \ 0\ \ 0\ \ 0]A\boldsymbol{x}^{\mathrm{T}}>\boldsymbol{y}A\boldsymbol{x}^{\mathrm{T}}$ 恒成立。根据以上分析可以通过相图来获得攻防博弈双方的策略演化过程。

如图 5.6 所示,相图显示了防御方和攻击方策略演化的过程。如图 5.6(a) 所示,无论防御方的初始策略起点在哪,最终均倾向于选择策略 $(0,0,1)$,这表明防御方

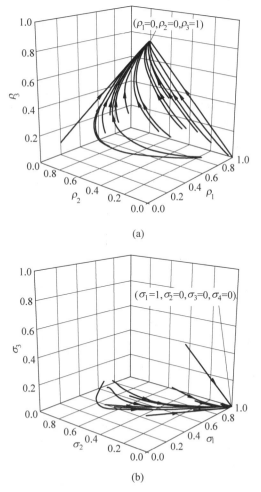

(a)

(b)

图 5.6　$L=3$ 时,攻击方和防御方策略变化相图

(a) 攻击方策略演化过程;(b) 防御方的策略演化过程

倾向于利用蜜罐同时对攻击方的数据进行搜集和分析。类似地,如图5.6(b)所示,无论攻击方的初始策略起点在哪,最终均倾向于选择策略$(1,0,0,0)$,这表明攻击方倾向于入侵节点后立刻发动攻击而不是潜伏一段时间。至此,策略$(0,0,1)$即$a_3=1$,w.p1被认为是防御方的演化稳定策略即最优防御策略。

在获取了最优防御策略以后,本节将模型获得的最优防御策略与贪婪策略进行了对比,结果如图5.7和图5.8所示。通过与贪婪策略模型的比较,发现本章模型所获得的最优防御策略能够提高防御方的收益。其中,从单个节点的收益来看,本章模型的最优防御策略与贪婪策略的最大收益差为2.7632。对多个节点的攻防博弈而言,随着节点数量的增加,本章算法可以为防御方带来更多的收益且能够进一步拉开与贪婪策略的收益差,这表明本章模型获得的最优防御策略能够有效地提高工业互联网自动化蜜罐的防御性能。

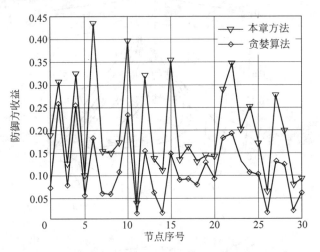

图5.7　单个节点本章算法与贪婪算法的防御效果对比

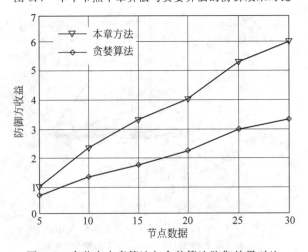

图5.8　多节点本章算法与贪婪算法防御效果对比

## 5.3 基于前景理论的工控半自动化蜜罐动态攻防建模及分析

与自动化蜜罐类似,除了 APT 入侵阶段外,分析 APT 潜伏破坏阶段半自动化蜜罐和攻击方之间的动态攻防博弈过程也具有十分重要的现实意义。在此阶段,攻击方多次对工业互联网 SDN[9]中的控制器进行控制权夺取,防御方利用半自动化蜜罐持续进行防御并夺回控制权限。与 5.2 节类似,在此攻防博弈过程中,攻防博弈双方的行为都是在不断演化的。与 5.2 节不同,攻击方和防御方的行为是有限理性行为,为了描述攻防博弈双方的有限理性行为,本章引入前景理论[10]这一经典有限理性描述理论来进行描述。

### 5.3.1 攻击方行为、策略和收益

基于前文对攻击场景的分析,APT 潜伏破坏阶段自动化蜜罐动态演化博弈模型可以用一个六元组来表示:$HEBG \triangleq \langle \tilde{A}, \tilde{D}, F_{\tilde{A}}, F_{\tilde{D}}, u_{\tilde{A}}, u_{\tilde{D}} \rangle$。其中:

(1) $\tilde{A}$ 表示攻击方,$\tilde{D}$ 表示防御方。

(2) $F_{\tilde{A}} = (\boldsymbol{y}, \boldsymbol{z})$ 表示攻击方的策略集合,其中,$\boldsymbol{y} = [y_1, y_2, \cdots, y_{L+1}]^{\mathrm{T}}$ 表示 APT 攻击潜伏的时间策略集合;$\boldsymbol{z} = [z_1, z_2, \cdots, z_{L+1}]^{\mathrm{T}}$ 表示 APT 攻击破坏的时间策略集合。

(3) $F_{\tilde{D}} = (\boldsymbol{x}, \boldsymbol{a})$ 表示防御方的策略集合,其中,$\boldsymbol{x} = [x_1, x_2, \cdots, x_L]^{\mathrm{T}}$ 表示蜜罐搜集 APT 攻击数据的时间策略集合;$\boldsymbol{a} = [a_1, a_2, \cdots, a_L]^{\mathrm{T}}$ 表示蜜罐分析 APT 攻击数据的时间策略集合。

(4) $u_{\tilde{A}}$ 表示攻击方的收益;$u_{\tilde{D}}$ 表示防御方的收益。

与 5.2 节类似,使用 $a^i$ 和 $y^i$ 两个独立变量分别表示防御方和攻击方的策略。与 5.2 节不同的是,本章采用前景理论来描述半自动化博弈过程中防御方和攻击方在有限理性下的决策行为。与 4.2 节类似,本章通过价值函数和权重函数来描述攻击方和防御方的行为偏好。其中,价值函数由式(4.36)表示。与 4.2 节不同,本章的 Prelec 权重函数描述的是演化过程中的攻防博弈双方混合策略概率分布,表达式由式(5.23)表示:

$$w(\tau_g) = \exp\{-(-\ln\tau_g)^{\zeta}\} \tag{5.23}$$

式中,$\tau_g$ 表示演化过程中攻防博弈双方混合策略的概率;$\zeta$ 表示有限理性因子,此处表示的是客观攻防博弈双方概率分布的"扭曲"(distortion)而不是主观攻防博弈双方概率分布。

因此,防御方和攻击方的收益函数可由式(5.24)和式(5.25)表示:

$$u_{\widetilde{D}}(\boldsymbol{a},\boldsymbol{y}) = \sum_{i=1}^{S}\left(\sum_{l=0}^{L}P_l^i\min\left(\frac{y^i+z^i}{a^i+y^i+z^i},1\right)R_{\mathrm{D}}(i)^\alpha+a^iG_i^\alpha\right)$$

$$= \sum_{i=1}^{S}\left(\sum_{l=0}^{L}P_l^i\min\left(\frac{y^i+\dfrac{l}{L}}{a^i+y^i+\dfrac{l}{L}},1\right)R_{\mathrm{D}}(i)^\alpha+a^iG_i^\alpha\right) \tag{5.24}$$

$$u_{\widetilde{A}}(\boldsymbol{a},\boldsymbol{y}) = \sum_{i=1}^{S}\left(\left(1-\sum_{l=0}^{L}P_l^i\min\left(\frac{y^i+z^i}{a^i+y^i+z^i},1\right)\right)R_{\mathrm{A}}(i)^\beta-\lambda C_{\mathrm{A}}^\beta\right)$$

$$= \sum_{i=1}^{S}\left(\left(1-\sum_{l=0}^{L}P_l^i\min\left(\frac{y^i+\dfrac{l}{L}}{a^i+y^i+\dfrac{l}{L}},1\right)\right)R_{\mathrm{A}}(i)^\beta-\lambda C_{\mathrm{A}}^\beta\right) \tag{5.25}$$

式中,$[P_l^i]_{0<l<L}$ 表示实际发动破坏的概率分布,其中,$P_l^i = Pr(z_i=l/L)$,$0\leqslant l\leqslant L$ 和 $0\leqslant i\leqslant S$;$R_{\mathrm{D}}(i)$ 表示节点 $i$ 正常工作的奖励;$R_{\mathrm{A}}(i)$ 表示攻击方控制节点 $i$ 时的奖励;$G_i$ 表示蜜罐分析攻击方数据的奖励;假设攻防双方采用混合策略进行博弈,则 $\rho$ 表示防御方的策略,$\sigma$ 表示攻击方的策略。本章详细的参数描述与表 5.1 一致。

## 5.3.2　有限理性演化稳定策略获取方法

与 5.2.2 节类似,本章采用演化博弈来描述攻防双方策略的变化趋势,并期望获得最优防御策略即演化稳定策略。演化稳定策略的求解过程可以分为两步:①求解复制动力学方程下的渐近稳定策略;②验证渐近稳定策略是否为演化稳定策略。在本章的模型中,防御方和攻击方的最大化收益可由式(5.26)表示

$$\max_{\boldsymbol{a}} u_{\widetilde{D}}(\boldsymbol{a},\boldsymbol{y}),\max_{\boldsymbol{y}} u_{\widetilde{A}}(\boldsymbol{a},\boldsymbol{y}) \tag{5.26}$$

式中,$\boldsymbol{a}=[a_1,a_2,\cdots,a_L]^{\mathrm{T}}$,$\boldsymbol{y}=[y_1,y_2,\cdots,y_{L+1}]^{\mathrm{T}}$,$a^i\in\boldsymbol{a}$,$y^i\in\boldsymbol{y}$,$0<a^i\leqslant 1$ 且 $0<y^i\leqslant 1$。

为了简化博弈过程,本节以工业互联网中一个节点和 $N$ 次攻击过程为例,此时,式(5.24)和式(5.25)可以简化为式(5.27)和式(5.28)。

$$u_{\widetilde{D}}(a^i,y^i) = \sum_{l=0}^{N}P_l\min\left(\frac{Ly^i+l}{La^i+Ly^i+l},1\right)R_{\mathrm{A}}^\alpha+a^iG^\alpha \tag{5.27}$$

$$u_{\widetilde{A}}(a^i,y^i) = \left(1-\sum_{l=0}^{L}P_l\min\left(\frac{Ly^i+l}{La^i+Ly^i+l},1\right)\right)R_{\mathrm{A}}^\beta-\lambda C_{\mathrm{A}}^\beta \tag{5.28}$$

尽管攻防博弈双方的策略空间是非对称的,由于纯策略是混合策略的特殊形式,因此本节仍然采用混合策略对攻防双方的策略进行表述。防御方混合策略 $\boldsymbol{a}$ 中的各种纯策略的有限理性随机选取过程用 $\tilde{\rho}$ 表示。同理,攻击方混合策略 $\boldsymbol{y}$ 中各种纯策略的有限理性随机选取过程用 $\tilde{\sigma}$ 表示。此外,防御方(攻击方)的有限理性纯策略收益 $bpd_{i,j}(bpa_{i,j})$ 组成的收益矩阵可见表 5.9。

表 5.9　收益矩阵

| D/A | $y_1=0$ | $y_2=\dfrac{1}{L}$ | ... | $y_{L+1}=1$ |
|---|---|---|---|---|
| $a_1=\dfrac{1}{L}$ | $(bpd_{1,1},bpa_{1,1})$ | $(bpd_{1,2},bpa_{1,2})$ | ... | $(bpd_{1,L+1},bpa_{1,L+1})$ |
| $a_2=\dfrac{2}{L}$ | $(bpd_{2,1},bpa_{2,1})$ | $(bpd_{2,2},bpa_{2,2})$ | ... | $(bpd_{2,L+1},bpa_{2,L+1})$ |
| ... | ... | ... | ... | ... |
| $a_L=1$ | $(bpd_{L,1},bpa_{L,1})$ | $(bpd_{L,2},bpa_{L,2})$ | ... | $(bpd_{L,L+1},bpa_{L,L+1})$ |

显然,由于该收益矩阵是非对称的,根据定理 5.2 可知,模型一定不存在混合策略的有限理性演化稳定策略。接着,通过式(5.29),式(5.30),式(5.31)和式(5.32)分析复制动力学方程以验证模型是否存在纯策略下的渐近稳定策略。

$$\tilde{\sigma}_j=w(\sigma_j)(u_{\tilde{A}}(\boldsymbol{a},y_i)-\bar{u}_{\tilde{A}}) \tag{5.29}$$

$$\begin{aligned}\bar{u}_{\tilde{A}}=&w(\sigma_1)(w(\rho_1)bpa_{1,1}+w(\rho_2)bpa_{2,1}+\cdots+w(\rho_L)bpa_{L,1})+\\&w(\sigma_2)(w(\rho_1)bpa_{1,2}+w(\rho_2)bpa_{2,2}+\cdots+w(\rho_L)bpa_{L,2})+\cdots+\\&w(\sigma_{L+1})(w(\rho_1)bpa_{1,L+1}+w(\rho_2)bpa_{2,L+1}+\cdots+\\&w(\rho_L)bpa_{L,L+1})\end{aligned} \tag{5.30}$$

$$\tilde{\rho}_j=w(\rho_j)(u_{\tilde{D}}(a_i,\boldsymbol{y})-\bar{u}_{\tilde{D}}) \tag{5.31}$$

$$\begin{aligned}\bar{u}_{\tilde{D}}=&w(\rho_1)(w(\sigma_1)bpd_{1,1}+w(\sigma_2)bpd_{1,2}+\cdots+w(\sigma_{L+1})bpd_{1,L+1})+\\&w(\rho_2)(w(\sigma_1)bpd_{2,1}+w(\sigma_2)bpd_{2,2}+\cdots+w(\sigma_{L+1})bpd_{2,L+1})+\cdots+\\&w(\rho_N)(w(\sigma_1)bpd_{L,1}+w(\sigma_2)bpd_{L,2}+\cdots+\\&w(\sigma_{L+1})bpa_{L,L+1})\end{aligned} \tag{5.32}$$

式中,$\tilde{\sigma}_i$ 表示攻击方的有限理性策略选取倾向;$\tilde{\rho}_i$ 表示防御方的有限理性策略选取倾向。

与 5.2.2 节类似,本节使用 $2L-1$ 个独立变量 $w(\rho_1),w(\rho_2),\cdots,w(\rho_{L-1})$,$w(\sigma_1),w(\sigma_2),\cdots,w(\sigma_{L-1})$ 和 $w(\sigma_L)$ 来表示纯策略的概率分布,其中 $w(\rho_L)$ 和 $w(\sigma_{L+1})$ 可以用 $w(\rho_1)+w(\rho_2)+\cdots+w(\rho_L)=1$ 和 $w(\sigma_1)+w(\sigma_2)+\cdots+w(\sigma_{L+1})=1$ 分别表示。至此,所有渐近稳定策略即潜在的演化稳定策略总结见表 5.10。

表 5.10　潜在演化稳定策略列表

| 序号 | 渐近稳定策略 $(w(\rho_1),\cdots,w(\rho_{L-1}),\cdots,w(\sigma_L))$ | 等价策略 $(w(\rho_1),\cdots,w(\rho_L),w(\sigma_1),\cdots,w(\sigma_{L+1}))$ |
|---|---|---|
| 1 | $(0,\cdots,0,\cdots,0)$ | $(0,\cdots,1,0,\cdots,0,1)$ |
| ... | ... | ... |
| $L(L+1)$ | $(1,\cdots,0,\cdots,1)$ | $(1,\cdots,0,0,\cdots,1,0)$ |

与 4.3 节类似,有限理性演化稳定策略的求解过程可以分为两步。

第一步：求解有限理性渐近稳定策略

为了获得有限理性渐近稳定策略，其收益矩阵的雅可比行列式中所有特征值均需为负。本节将表 5.9 中有限理性收益矩阵的雅可比行列式通过式(5.33)进行表示。

$$
J = \begin{bmatrix}
\dfrac{\partial \tilde{\rho}_1}{\partial \rho_1} & \cdots & \dfrac{\partial \tilde{\rho}_1}{\partial \rho_L} & \dfrac{\partial \tilde{\rho}_1}{\partial \sigma_1} & \cdots & \dfrac{\partial \tilde{\rho}_1}{\partial \sigma_{L+1}} \\
\vdots & \vdots & \vdots & \vdots & \vdots & \vdots \\
\dfrac{\partial \tilde{\rho}_L}{\partial \rho_1} & \cdots & \dfrac{\partial \tilde{\rho}_L}{\partial \rho_L} & \dfrac{\partial \tilde{\rho}_L}{\partial \sigma_1} & \cdots & \dfrac{\partial \tilde{\rho}_L}{\partial \sigma_{L+1}} \\
\dfrac{\partial \tilde{\sigma}_1}{\partial \rho_1} & \cdots & \dfrac{\partial \tilde{\sigma}_1}{\partial \rho_L} & \dfrac{\partial \tilde{\sigma}_1}{\partial \sigma_1} & \cdots & \dfrac{\partial \tilde{\sigma}_1}{\partial \sigma_{L+1}} \\
\vdots & \vdots & \vdots & \vdots & \vdots & \vdots \\
\dfrac{\partial \tilde{\sigma}_{L+1}}{\partial \rho_1} & \cdots & \dfrac{\partial \tilde{\sigma}_{L+1}}{\partial \rho_L} & \dfrac{\partial \tilde{\sigma}_{L+1}}{\partial \sigma_1} & \cdots & \dfrac{\partial \tilde{\sigma}_{L+1}}{\partial \sigma_{L+1}}
\end{bmatrix}
\tag{5.33}
$$

**引理 5.2**：与引理 5.1 类似，在本章模型的所有有限理性纯策略中，攻防双方的策略对$(\sigma_1 = 1, \rho_L = 1)$是渐近稳定策略的物理意义是防御方同时搜集和分析攻击数据，攻击方不潜伏而直接发动攻击。

证明：为了验证防御方和攻击方的策略对$(\sigma_1 = 1, \rho_L = 1)$是渐近稳定策略，以$\dfrac{\partial \tilde{\rho}_1}{\partial \rho_1}$为例并写出其表达式。

$$
\begin{aligned}
\frac{\partial \tilde{\rho}_i}{\partial \rho_i} &= \frac{\partial w(\rho_i)}{\partial \rho_i}\left[u_{\tilde{D}}(a_i, y) - \bar{u}_{\tilde{D}}(a, y)\right] + w(\rho_i)\frac{\partial\left[u_{\tilde{D}}(a_i, y) - \bar{u}_{\tilde{D}}(a, y)\right]}{\partial \rho_i} \\
&= \frac{\zeta(-\ln x)^{\zeta-1}}{x}e^{-(-\ln x)^\zeta}\left[u_{\tilde{D}}(a_i, y) - \bar{u}_{\tilde{D}}(a, y)\right] + \\
&\quad \frac{-\zeta(-\ln x)^{\zeta-1}}{x}e^{-2(-\ln x)^\zeta}\left[w(\sigma_i)bpd_{i,1} + \cdots + w(\sigma_{L+1})bpd_{i,L+1}\right]
\end{aligned}
\tag{5.34}
$$

其中，当策略对为$(\sigma_1 = 1, \rho_L = 1)$且 $i = 1$ 时，$\dfrac{\partial \tilde{\rho}_1}{\partial \rho_1} = bpd_{1,1} - bpd_{L,1}$，其他的矩阵元素可以同理获得，因此雅可比矩阵式(5.33)可以改写为式(5.35)：

$$
J = \begin{bmatrix}
J_1 & \cdots & 0 & 0 & \cdots & 0 \\
\vdots & \vdots & \vdots & \vdots & \vdots & \vdots \\
0 & \cdots & J_{L-1} & 0 & \cdots & 0 \\
w(\sigma_1)A_1 & \cdots & w(\sigma_1)A_{L-1} & J_N & \cdots & -w(\sigma_1)u_A(a, y_L) \\
0 & \cdots & 0 & 0 & \cdots & 0 \\
\vdots & \vdots & \vdots & \vdots & \vdots & \vdots \\
0 & \cdots & 0 & 0 & \cdots & J_{2L-1}
\end{bmatrix}
\tag{5.35}
$$

其中，$J_k=bpd_{k,i}-bpd_{L,i}$，$J_L=-bpa_{i,1}$ 且 $J_{L+1}=bpa_{i,j}-bpa_{i,1}$（$1\leqslant i,j,k\leqslant L-1$）。有限理性雅可比行列式(5.35)的特征值为 $J_1,\cdots,J_{L-1},J_L,\cdots,J_{2L-1}$。如果当攻击方的有限理性收益 $bpa_{i,j}$ 随着 $j$ 增加而降低时，$J_{L+j}<0$ 恒成立。当防御方的有限理性收益随着半自动化蜜罐搜集 APT 攻击的时间增加而降低时，$J_k<0$ 也恒成立。因此，所有特征值 $J_1,\cdots,J_{L-1},J_L,\cdots,J_{2L-1}$ 满足均为负数的条件，即策略对 $(\sigma_1=1,\rho_L=1)$ 为渐近稳定策略。

同理，在获得渐近稳定策略后，本节可以通过算法 5.1 来证明渐近稳定策略是否为演化稳定策略。

### 5.3.3　仿真验证与分析

本节构建了一个与 5.2.3 节相同 SDN 测试平台（如图 5.2 所示）来评估模型的性能，测试平台的参数设置与 5.2.3 节一致。通过仿真验证了 APT 潜伏破坏阶段基于半自动化蜜罐的动态有限理性演化博弈模型最优防御策略的求解算法和最优防御策略的有效性。本节首先分析了 Prelec 权重函数中不同有限理性因子 $\zeta$ 对完全理性下基于期望收益理论(EUT)的混合策略的演化过程影响。然后，分析了模型中价值函数的有限理性因子 $\alpha,\beta$ 和 $\lambda$ 对防御方和攻击方的收益影响，并与 EUT 进行了比较。

对于 Prelec 权重函数，本节假设有限理性因子取值为：$\zeta=0.8$ 和 $\zeta=0.4$，并将二者进行比较，其中 $\zeta=0.8$ 和 $\zeta=0.4$ 表示攻防博弈双方会高估小概率并低估大概率。此外，本节假设半自动化蜜罐分析交互数据的奖励、攻击成本和两次攻击时长的概率分布设置如下：$G=1.3$，$C=0.1$，$P_0=0.2$，$P_1=0.5$ 和 $P_2=0.3$。与 5.2.3 节类似，为了简化运算，本节假设攻防博弈双方控制智能电网节点控制器的奖励相等，即 $R_A(i)=R_D(i)$。同时为了描述攻防博弈双方控制智能电网中各节点的奖励，本节采用 5.2.3 节中的节点中心度来进行表示。

本节首先计算完全理性 EUT 和不同 Prelec 权重函数有限理性因子下雅可比行列式的特征值，并根据特征值的负定性来获取渐近稳定策略。如表 5.11 所示，当采用 EUT 的纯策略时，策略$(0,0,0)$，$(0,0,1)$，$(1,0,0)$，$(1,1,0)$ 和 $(1,0,1)$ 并不是渐近稳定策略，因为这些策略都存在特征值非负的情形。其中，策略$(0,1,0)$（即防御方的策略为$(0,1)$而攻击方的策略为$(1,0,0)$）满足所有特征值为负的要求。因此，该策略为渐近稳定策略，也是潜在的演化稳定策略。当 $\zeta=0.8$ 时，策略 $(0,0,0)$，$(0,0,1)$，$(1,0,0)$，$(1,1,0)$ 和 $(1,0,1)$ 并不是渐近稳定策略，因为这些策略不满足所有特征值为负的条件。与 EUT 类似，当 $\zeta=0.8$ 时，策略$(0,1,0)$满足所有特征值为负的要求。因此，该策略为渐近稳定策略，也是潜在的演化稳定策略。当 $\zeta=0.4$ 时，所有策略都不满足特征值为负的条件，因此，当 $\zeta=0.4$ 时不存在渐近稳定策略。接着，通过算法 5.1 来验证这些渐近稳定策略是否为演化稳定策略。为了直观地看出攻防博弈双方是否存在演化稳定策略,可通过相图来表示,见图 5.9~图 5.11。

表 5.11　纯策略特征值

| $(\rho_1,\sigma_1,\sigma_2)$ | EUT | $\zeta=0.8$ | $\zeta=0.4$ | 对应策略 |
|---|---|---|---|---|
| $(0,0,0)$ | $-1,-0.1,1.01$ | $-0.1,1,-0.99$ | $-0.5,7,4$ | $(0,1,0,0,1)$ |
| $(0,0,1)$ | $-0.099,-3,0.012$ | $-0.09,0.02,-2.9$ | $-0.5,4,-1.5$ | $(0,1,0,1,0)$ |
| $(0,1,0)$ | $-0.09,-1.012,-2.01$ | $-0.09,-1,-2$ | $-0.4,-0.17,2.7$ | $(0,1,1,0,0)$ |
| $(1,0,0)$ | $-1,0.103,1$ | $0.1,1,-0.99$ | $0.13,6.9,4.1$ | $(1,0,0,0,1)$ |
| $(1,1,0)$ | $0.095,-1,-2$ | $0.09,-1,-2$ | $0.1,-0.1,2.7$ | $(1,0,1,0,0)$ |
| $(1,0,1)$ | $0.099,-3,0.003$ | $0.09,0.007,-3$ | $0.1,4,-1.5$ | $(1,0,0,1,0)$ |

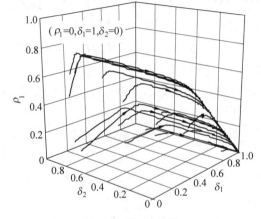

图 5.9　EUT 相图

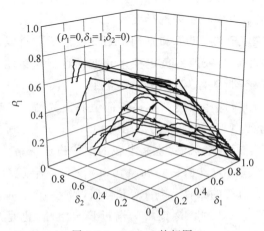

图 5.10　$\zeta=0.8$ 的相图

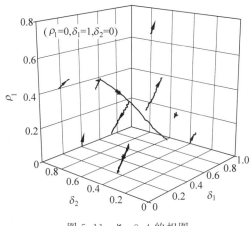

图 5.11　$\zeta=0.4$ 的相图

如图 5.9 所示,EUT 相图显示了防御方和攻击方策略演化的过程。其中,无论防御方的初始策略起点在哪,最终均倾向于选择策略$(0,1)$,这表明防御方倾向于利用蜜罐同时对攻击方的数据进行搜集和分析工作。类似地,无论攻击方的初始策略起点在哪,最终均倾向于选择策略$(1,0,0)$,这表明攻击方倾向于入侵节点后立刻发动攻击而不是潜伏一段时间。至此,策略$(0,1)$即 $a_2=1$,w.p1 被认为是防御方的演化稳定策略即最优防御策略。

如图 5.10 所示,当 $\zeta=0.8$ 时,相图显示了防御方和攻击方策略演化的过程。其中,无论防御方的初始策略起点在哪,最终均倾向于选择策略$(0,1)$,这表明防御方倾向于利用蜜罐同时对攻击方的数据进行搜集和分析工作。类似地,无论攻击方的初始策略起点在哪,最终均倾向于选择策略$(1,0,0)$,这表明攻击方倾向于入侵节点后立刻发动攻击而不是潜伏一段时间。至此,策略$(0,1)$即 $a_2=1$,w.p1 被认为是防御方的演化稳定策略即最优防御策略。

如图 5.11 所示,当 $\zeta=0.4$ 时,相图显示了防御方和攻击方策略演化的过程。其中,无论防御方和攻击方的初始策略起点在哪,最终都会收敛。这验证了上文根据特征值得出的结论,即当 $\zeta=0.4$ 时不存在渐近稳定策略,也就更不可能存在演化稳定策略。

除了相图外,本节通过攻击方和防御方的收益演化过程进一步验证了演化稳定策略的有效性。

如图 5.12 所示,攻击方的收益在 EUT 和 $\zeta=0.8$ 时会最终趋于稳定,而在 $\zeta=0.4$ 时无法趋于稳定。类似地,如图 5.13 所示,防御方的收益在 EUT 和 $\zeta=0.8$ 时会最终趋于稳定,而在 $\zeta=0.4$ 时无法趋于稳定。这表明当防御方不能保持理性时会低估其真实收益,随着理性程度的降低甚至无法保持稳定的策略决策。

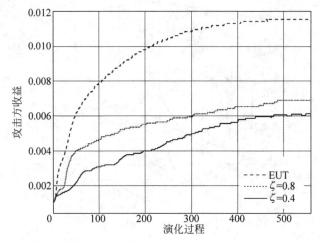

图 5.12　不同 ζ 下攻击方的演化收益

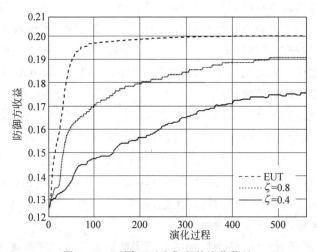

图 5.13　不同 ζ 下防御方的演化收益

　　此外,本节分析了价值函数中有限理性因子 $\lambda$, $\alpha$ 和 $\beta$ 对于攻防博弈双方决策的影响。首先分析损失厌恶因素 $\lambda$ 对攻防博弈双方决策的影响,如图 5.14 和图 5.15所示,随着演化过程的进行,攻击方和防御方的收益最终趋于稳定。然而,对于攻击方而言,随着非理性程度的增加,攻击方会低估其收益甚至认为其攻击获得的奖励低于其成本从而不发动攻击。对于防御方,无论损失厌恶因素 $\lambda$ 如何变化,防御方的收益都最终趋于相同。

　　图 5.16 分析了防御方风险态度系数 $\alpha$ 对于防御方收益的影响。可以发现,随着演化过程的进行,防御方的收益逐渐增加并最终趋于稳定。然而,随着防御方风险态度系数 $\alpha$ 的降低,防御方的有限理性收益增大。这表明随着防御方逐渐低估其攻防

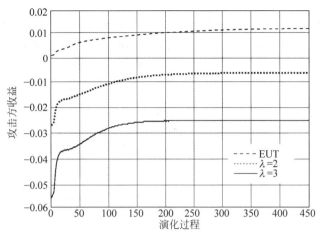

图 5.14  不同 λ 下攻击方的演化收益

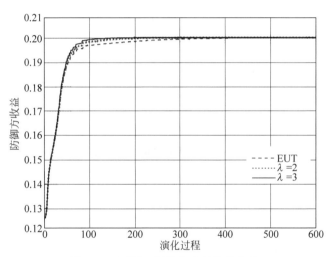

图 5.15  不同 λ 下防御方的演化收益

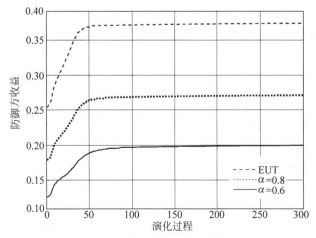

图 5.16  不同 α 下防御方的演化收益

博弈过程中存在的安全风险,防御方会乐观高估其实际收益。此外,本节还分析了攻击方风险态度系数 $\beta$ 对于攻击方收益的影响,如图 5.17 所示,随着演化过程的进行,攻击方的收益呈上升趋势并最终趋于稳定。然而,随着攻击方风险态度系数 $\beta$ 的降低,攻击方的有限理性收益降低。这表明随着攻击方逐渐低估其攻防博弈过程中存在的安全风险,攻击方会谨慎低估其实际收益。

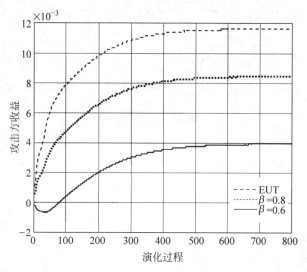

图 5.17　不同 $\beta$ 下攻击方的演化收益

## 5.4　小结

本章分析了软件定义网络背景下 APT 潜伏破坏阶段蜜罐攻防博弈过程,提出了基于自动化蜜罐的动态攻防演化博弈模型和基于半自动化蜜罐的动态攻防演化博弈模型。在基于自动化蜜罐的动态攻防演化博弈模型中,利用复制动力学方程获得了防御方和攻击方的渐近稳定策略。此外,通过验证渐近稳定策略符合演化稳定策略的条件获得了防御方的最优防御策略。理论分析表明,攻击方会选择入侵后直接发动攻击而不是潜伏等待一段时间,而防御方会选择同时搜集和分析攻击数据。仿真结果表明,在 SDN 测试平台中理论分析的演化稳定策略与最优防御策略是一致的。此外,通过与贪婪策略对比,基于自动化蜜罐的动态攻防演化博弈模型获取的最优防御策略能够提高防御方自动化蜜罐的收益,从而进一步保护工业互联网的安全。在基于半自动化蜜罐的动态攻防演化博弈中,通过利用价值函数和 Prelec 权重函数来描述防御方和攻击方的有限理性决策行为,分析了防御方和攻击方的演化稳定策略的求解方法。最后,本章在 SDN 测试平台上通过数值仿真对模型进行了评估,验证了模型的合理性和有效性。本章内容为有限理性条件下的半自动化蜜罐攻防对抗研究提供了可行的模型方法以及理论支持。

# 参 考 文 献

[1] TIAN W,DU M,JI X,et al. Honeypot detection strategy against advanced persistent threats in industrial internet of things：A prospect theoretic game[J]. IEEE Internet of Things Journal,2021,8(24)：17372-17381.

[2] ABASS A A A,XIAO L,MANDAYAM N B,et al. Evolutionary game theoretic analysis of advanced persistent threats against cloud storage[J]. IEEE Access,2017,5：8482-8491.

[3] SANDHOLM W H. Population games and deterministic evolutionary dynamics [J]// Handbook of Game Theory with Economic Applications. 2015,4(1)：703-778.

[4] NIYATO D, HOSSAIN E. Dynamics of network selection in heterogeneous wireless networks：An evolutionary game approach[J]. IEEE Transactions on Vehicular Technology, 2009,58(4)：2008-2017.

[5] TIAN C,MUNIR A,LIU A X,et al. OpenFunction：An extensible data plane abstraction protocol for platform-independent software-defined middleboxes [J]. IEEE/ACM Transactions on Networking,2018,26(3)：1488-1501.

[6] LIU B,LI Z,CHEN X,et al. Recognition and vulnerability analysis of key nodes in power grid based on complex network centrality[J]. IEEE Transactions on Circuits and Systems II：Express Briefs,2017,65(3)：346-350.

[7] NEWMAN M E J. Analysis of weighted networks [J]. Physical Review E, 2004, 70(5)：056131.

[8] YOUSEFVAND M,MANDAYAM N B. Learning end-user behavior for optimized bidding and user/network association [J]. IEEE Transactions on Cognitive Communications and Networking,2020,7(3)：845-855.

[9] KREUTZ D,RAMOS F M V,VERISSIMO P E,et al. Software-defined networking：A comprehensive survey[J]. Proceedings of the IEEE,2014,103(1)：14-76.

[10] KAHNEMAN D,TVERSKY A. Prospect theory：An analysis of decision under risk[M]// Handbook of the fundamentals of financial decision making：Part I. New Jersey：World Scientific,2013：99-127.

# 第 6 章

# 基于博弈的工控蜜罐攻防策略优化

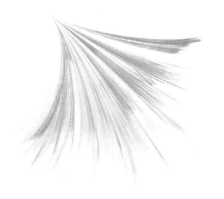

# 6.1 基于纳什均衡的工控蜜罐攻击策略优化分析

随着信息、通信、控制、计算技术与传统电网的深度融合,智能电网作为一个关键的基础设施,本质上是一个信息物理系统(cyber-physical system,CPS)[1],在过去几十年中形成并得到了极大的发展[2]。智能计量、无线连接以及与其他基础设施的集成为电网提供了灵活的控制和方便的管理。尽管高级自治系统为电网运行带来了便利,但它也为网络安全威胁打开了大门[3-6]。自治微电网是智能电网的重要组成部分,为一些无法接入公共电网的地区提供持续、可靠和可持续的电力供应,成为了网络攻击的主要目标。本节以微电网 CPS 为场景,介绍其工业控制系统蜜罐部署及攻防交互情况,并进行攻击策略优化分析。

## 6.1.1 微电网控制系统蜜罐模型

通常,微电网是一个低压网络,包含本地分布式发电(distributed generation,DG)、本地负载、能量存储等,可以在并网模式和孤岛模式下运行[7]。在本章中,重点关注孤岛微电网,它更依赖于控制系统,因此容易受到网络攻击。孤岛微电网通常为分层控制体系结构,由一级、二级和三级控制组成[8]。然而,从 CPS 的角度来看,微网格系统也可以分为两层:信息层和物理层。信息层由控制系统(中央控制器(central controller,CC)、微源控制器(microsource controller,MC)等)和通信网络组成;物理层由各种微源组成,如 DG、本地负载、能量存储等。这两层由传感器和执行器连接。传感器测量物理量,如电流、电压和微电源的功率。传感器信号通过通信网络传输到控制系统。在接收到来自传感器的信号后,控制系统进行计算和决策,并向微源发出控制指令,微源响应控制指令。上述步骤形成了一个信息物理闭环过程。

为了防御恶意攻击,为每个控制器配置了一个蜜罐来欺骗攻击者。蜜罐主动暴露漏洞,以便攻击者能够将其识别为"微网控制器",并对蜜罐而不是真正的微网控制器发起攻击。为了更清楚地说明具有蜜罐部署的微电网的 CPS 体系结构,假设控制系统由一个 CC、三个 MC 组成,物理层由三个微源组成:两个 DG 和一个储能单元(energy storage, ES)。每个微源都有传感器(sensor, S)和执行器(actuator, A)。考虑了两种 DG,分别为柴油发电机组(diesel generator, DSG)和风力发电机组(wind turbine generator, WTG)[9-11],分别用 DG1 和 DG2 表示。同时,蓄电池储能系统(battery storage, BS)[12]被用作储能系统,用 DG3 表示。

微电网系统通常由多个微源、ES 和负载组成,统称为"物理组件",在本章的其余部分,将各种控制器称为"信息组件"。由于蜜罐会主动暴露漏洞以吸引攻击,从而达到隐藏真实控制器的目的,因此在下文中,如果没有特殊说明,提到的信息组件均仅指蜜罐。形式上,包含 $M$ 个蜜罐和 $N$ 个物理组件的微电网系统的状态可以表示为一个向量 $S = (SC, SP)$,其中,$SC = (sc_1, \cdots, sc_M)$ 是蜜罐状态向量,$sc_m \in \{0, 1\}$,$m \in \{1, \cdots, M\}$ 表示蜜罐 $m$ 的状态,$sc_m = 1$ 表示蜜罐 $m$ 被破坏(如蜜罐被识别、渗透等),而 $sc_m = 0$ 则表示蜜罐工作状态良好;$SP = (sp_1, \cdots, sp_N)$ 是物理组件状态向量,$sp_n \in \{0, 1\}$,$n \in \{1, \cdots, N\}$ 表示信息组件 $n$ 的状态,$sp_n = 1$ 表示物理组件 $n$ 被破坏(如控制器被渗透,蜜罐被识别等),而 $sp_n = 0$ 则表示物理组件工作状态良好。

## 6.1.2　攻防交互建模与分析

### 1. 攻防交互建模

首先分析围绕信息物理微电网控制系统的攻防过程。从攻击者的角度来看,攻击者从信息层发起攻击,试图造成物理层损失。例如,获得 MC 控制权的攻击者可以关闭相应的发电机,并由于功率平衡约束导致微电网系统甩负荷甚至整体崩溃。与传统的网络攻击或者物理攻击不同,攻击者从信息层的 MC 发起攻击,而负载损失发生在物理层。微电网系统的攻击过程可分为入侵和破坏两个步骤。成功入侵微电网控制网络后,攻击者潜伏并收集必要的系统信息(如系统拓扑、控制原理等),设计攻击策略(如选择攻击对象)并发起攻击(如关闭发电机),以最大化其收益。同时,防御者可以采取措施来防御系统。例如,他们可能会通过补丁定期更新 MC 或 CC 中的防御软件,或部署新的安全设备以防止入侵或中断。在本章中,防御者则是通过部署蜜罐以吸引攻击,并对捕获的攻击进行分析用于攻击溯源等目的。

基于以上分析,以博弈论为工具,将整个微电网蜜罐攻防交互过程建模为如下双人单次非合作博弈。

**定义 6.1**:微电网蜜罐攻防博弈模型可以用三元组表示为 $MHG = (\mathcal{N}, (\mathcal{S}_i)_{i \in \mathcal{N}}, (u_i)_{i \in \mathcal{N}})$,其中:

(1) $\mathcal{N} = \{A, D\}$ 为攻防参与者集合,其中 $A$ 和 $D$ 分别表示攻击方和防御方;

(2) $S_A$ 和 $S_D$ 分别为攻击方和防御方的可选择策略集合;

（3）$u_i:\mathcal{S}\to\mathbb{R}$ 是参与者 $i$ 的效用函数，$\mathcal{S}=S_A\times S_D$ 是攻击方和防御方可选策略集合的笛卡儿积。

微电网蜜罐攻防交互过程可以用博弈树[13]来描述，如图 6.1 所示。

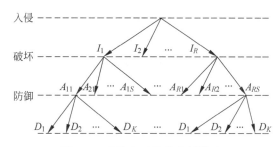

图 6.1　攻防交互的博弈树描述

对攻击方而言，攻击可以分为入侵和破坏两个阶段。假设在入侵阶段有 $R$ 种策略，则入侵策略集可表示为 $\mathcal{I}=\{I_1,\cdots,I_R\}$。入侵策略集中每个元素为 $I_r=(i_{r_1},i_{r_2},\cdots,i_{r_M})$，其中 $i_{r_m}\in\{0,1\}$，$i_{r_m}=1$ 表示攻击方入侵了蜜罐 $m$。为了便于描述，定义某攻击策略向量 $\boldsymbol{v}=(v_1,v_2,\cdots,v_M)$ 的攻击指标集为 $\mathrm{supp}(\boldsymbol{v})=\{i\,|\,v_i\neq 0\}$。此外，假设攻击方在破坏阶段有 $S_r$ 种攻击策略，表示为 $\mathcal{A}_r=\{A_{r_1},A_{r_2},\cdots,A_{r_{S_r}}\}$。破坏策略集中每个元素 $A_{r_s}\in\mathcal{A}_r$，$A_{r_s}=(a_{r_{s1}},a_{r_{s2}},\cdots,a_{r_{sN}})$，其中，$a_{r_{sn}}\in\{0,1\}$，$a_{r_{sn}}=1$ 表示攻击方对物理组件 $n$ 发起了攻击。

对防御方而言，类似地，假设防御方有 $K$ 种不同的蜜罐防御部署策略，则防御策略集可表示为 $\mathcal{D}=\{D_1,D_2,\cdots,D_K\}$。对于每个元素 $D_k\in\mathcal{D}$，$D_k=\{d_{k_1},d_{k_2},\cdots,d_{k_M}\}$，其中，$d_{k_m}=1$ 表示在信息组件 $m$ 处部署了蜜罐防御措施。

**2. 防御策略分析**

防御方通过部署蜜罐系统引诱、捕获、分析和溯源攻击，实现对微电网控制系统的保护。假设每个真实控制器可以通过部署蜜罐加以隐藏，根据每个信息组件和物理组件的重要性，可以采取不同的防御策略。

根据 6.1.2.1 的分析，对于示例的微电网系统，防御者共有 $K=2^M=16$ 种防御策略，如表 6.1 所示。特别地，防御策略 $(0,0,0,0)$ 表示防御方不防御（ND），即不部署蜜罐，或者虽部署了蜜罐但没有开启高级功能，仅起到隐藏真实控制器的作用。

表 6.1　示例微电网系统防御策略

| 行　动 | 防御策略 $D_k$(CC,DSG,WTG,BS) |
|---|---|
| D | $(1,0,0,0),(1,1,0,0),(1,0,1,0),(1,0,0,1),(1,1,1,0),(1,1,0,1),(1,0,1,1),(1,1,1,1),(0,1,0,0),(0,0,1,0),(0,0,0,1),(0,1,1,0),(0,1,0,1),(0,0,1,1),(0,1,1,1)$ |
| ND | $(0,0,0,0)$ |

### 3. 攻击策略分析

攻击过程包括入侵阶段和破坏阶段。在本节中,将分别对它们进行详细分析。

首先对攻击的入侵阶段进行分析,并估计攻击者成功侵入系统并在发起破坏之前不被发现的可能性。成功渗透后,攻击者有两个主要策略:立即对物理系统发起破坏或不发起破坏(潜伏以收集更多信息或等待合适的机会)。将发起破坏之前的时间称为入侵时间 $t$。众所周知,随着入侵时间的增加,攻击者可以获得更多有用的信息来增加破坏成功的概率,但被防御系统捕获检测到的概率也会增加。基于这一事实,被检测概率(或简称检测概率)与入侵时间 $t$ 的函数关系可以表示为 $q(t)$。一般来说,检测概率函数满足以下 3 个条件:

(1) $q(0)=q_0 \geqslant 0$,$q_0$ 是初始检测概率;

(2) $q(t)$ 是严格增的凹函数(也称上凸函数);

(3) $\lim\limits_{t \to \infty} q(t)=q_f \leqslant 1$,$q_f$ 是检测概率的上界。

对于示例微电网系统,攻击者需要通过相关的控制器来破坏目标物理组件。一般来说,CC 拥有较高优先级和控制权限,并且可以控制其他 3 个 MC。因此,如果 $C_1$ 的入侵成本低于 $C_2$,$C_3$ 和 $C_4$ 的入侵总成本,攻击者一般会选择直接入侵 $C_1$,而不去入侵 $C_2$,$C_3$ 和 $C_4$;反之亦然。因此,攻击方的入侵策略共有 7 种,如表 6.2 所示。

表 6.2　示例微电网系统入侵策略

| 入侵策略编号 | 入侵策略 $I_r(C_1,C_2,C_3,C_4)$ |
|:---:|:---:|
| 1 | $(0,0,0,1)$ |
| 2 | $(0,0,1,0)$ |
| 3 | $(0,0,1,1)$ |
| 4 | $(0,1,0,0)$ |
| 5 | $(0,1,0,1)$ |
| 6 | $(0,1,1,0)$ |
| 7 | $(0,1,1,1)$或 $(1,0,0,0)$ |

对于检测概率 $q(t)$,采用了如下具体形式的函数。事实上,也可以替换成其他符合前述条件的函数。

$$q(t)=q_f-\frac{2(q_f-q_0)}{1+e^{\mu t}} \tag{6.1}$$

式中,$\mu$ 是一个与检测性能或防御强度相关的可调参数。

在破坏阶段,攻击者有两种主要策略:对物理组件发起攻击(A)或不进行攻击(NA)。因此,对于示例微电网系统共存在 8 种可能的攻击破坏策略,如表 6.3 所示。

表 6.3　示例微电网系统攻击破坏策略

| 行　　动 | 防御策略 $D_k$ (CC, DSG, WTG, BS) |
|---|---|
| A | $(0,0,1),(0,1,0),(0,1,1),(1,0,0),(1,0,1),(1,1,0),(1,1,1)$ |
| NA | $(0,0,0)$ |

目标物理组件破坏成功的概率(或简称破坏概率)受以下两个因素影响：

（1）入侵时间 $t$。入侵时间越长，攻击方可以收集到更多关于微电网系统的信息，这有助于提高破坏概率。

（2）与目标物理组件相对应的信息组件是否受到保护，即是否部署有蜜罐系统并开启功能。如果信息组件受到保护，则难以收集发动攻击所需的信息，从而降低了破坏概率。

基于上述因素(2)，假设从被入侵的采取防御策略 $D_k$ 信息组件 $m$，对目标物理组件 $n$ 发起攻击并成功破坏的概率为 $p_{mn}^k$，表达式如下：

$$p_{mn}^k(t) = d_{km} p_{mn}^{\mathrm{D}}(t) + (1 - d_{km}) p_{mn}^{\mathrm{ND}}(t) \tag{6.2}$$

式中，$d_{km}$ 是描述信息组件 $m$ 是否部署防御策略 $D_k$ 的二元指示变量，$p_{mn}^{\mathrm{D}}(t)$ 和 $p_{mn}^{\mathrm{ND}}(t)$ 分别表示信息组件 $m$ 在有防御和无防御情况下对物理组件 $n$ 发起攻击并破坏的概率。为了表述和研究的方便，$p_{mn}^{\mathrm{D}}(t)$ 和 $p_{mn}^{\mathrm{ND}}(t)$ 采用如下函数形式：

$$
\begin{aligned}
p_{mn}^{\mathrm{D}}(t) &= p_{mn,\mathrm{f}}^{\mathrm{D}} - \frac{2(p_{mn,\mathrm{f}}^{\mathrm{D}} - p_{mn,0}^{\mathrm{D}})}{1 + \mathrm{e}^{\delta_m^{\mathrm{D}} t}} \\
p_{mn}^{\mathrm{ND}}(t) &= p_{mn,\mathrm{f}}^{\mathrm{ND}} - \frac{2(p_{mn,\mathrm{f}}^{\mathrm{ND}} - p_{mn,0}^{\mathrm{ND}})}{1 + \mathrm{e}^{\delta_m^{\mathrm{ND}} t}}
\end{aligned}
\tag{6.3}
$$

式中，$p_{mn,0}^{\mathrm{D}}, p_{mn,\mathrm{f}}^{\mathrm{D}}, p_{mn,0}^{\mathrm{ND}}, p_{mn,\mathrm{f}}^{\mathrm{ND}}$ 分别表示信息组件 $m$ 在有防御和无防御情况下在 $t=0$ 和 $t \to \infty$ 时能够成功攻击破坏物理组件 $n$ 的概率；$\delta_m^{\mathrm{D}}, \delta_m^{\mathrm{ND}}$ 分别是信息组件 $m$ 有防御和无防御情况下相关的参数。需要指出的是，假设了破坏概率的具体函数形式并不会影响所提方法的通用性。

**4. 攻防效用分析**

在攻防博弈过程中，攻击方的主要目标是找到最优的攻击策略，使其收益最大化。另一方面，防御方试图找到最优的防御策略来最大化他们的收益。

在入侵阶段，假设防御方采取了防御策略 $D_k$，攻击方采取了入侵策略 $I_r$，那么攻击方的损益可表示为

$$payoff_k^r(t) = [1 - q_k^r(t)] \int_0^t B_k^r(\tau)\mathrm{d}\tau + [1 - q_k^r(0)] B_0^r - b_k^r t - C_k^r \tag{6.4}$$

式中，$q_k^r(t), B_k^r(t), B_0^r, b_k^r, C_k^r$ 分别表示在采取策略组合 $(D_k, I_r)$ 时检测概率、入侵阶段收益速率、入侵即时收益、收集信息成本速率和入侵成本。攻击者的损益模型基于第一性原理，包含 4 项：第 1 项表示在成功入侵且未被检测到的情况下随时间 $t$ 的收集信息的收益；第 2 项表示成功入侵的即时收益；第 3 项表示随时间 $t$ 的收集

信息的成本；第 4 项表示入侵成本。它们共同构成了攻击者的损益，准确地描述了攻击者在入侵阶段和后续信息收集阶段的成本和收益。

在破坏阶段，假设防御方未改变策略，即采取与入侵阶段相同的防御策略 $D_k$，并且攻击者在入侵策略 $I_r$ 之后采取破坏策略 $A_{r_s}$，则攻击者的损益可以表示为

$$payoff_k^{r_s}(t) = \sum_{j \in \text{supp}(A_{r_s})} \left\{ 1 - \prod_{h \in \Omega(j) \bigcap \text{supp}(I_r)} [1 - p_{h,j}^k(t)] \right\} B_j - C_k^{r_s} \tag{6.5}$$

式中，$C_k^{r_s}$ 为采取策略组合 $(D_k, A_{r_s})$ 时的攻击成本；$\Omega(j)$ 表示能够攻击到物理组件 $j$ 的信息组件集合，是由信息-物理交互拓扑结构决定的；$B_j$ 是破坏物理组件 $j$ 的收益，在智能电网中可能是损失的负荷量等。

综上所述，当攻防双方采取策略组合 $(D_k, (I_r, A_{r_s}))$ 时，总损益可以表示为

$$payoff_{k,r_s}(t) = payoff_k^r(t) + [1 - q_k^r(t)] payoff_k^{r_s}(t) \tag{6.6}$$

### 6.1.3 攻击策略优化

攻击方的目标是最大化其损益，这取决于防御策略 $D_k$、入侵策略 $I_r$、入侵时间 $t$ 以及破坏策略 $A_{r_s}$。首先研究入侵时间的选择，然后分析不同攻击策略组合下的损益。

从前文分析可知：一方面，攻击方的入侵时间越长，能够收集到的系统信息越多，从而可以提高破坏成功率；另一方面，随着入侵时间的增加，被检测到的概率也会增大。因此，选择合适的入侵时间对于实现成功的破坏是非常重要的。分别考虑无成本约束和有成本约束两种情况下的入侵时间选择问题。

无成本约束的最优入侵时间选择意味着攻击方具有无限的攻击资源。最优入侵时间 $t^*$ 可以通过求解如下无约束优化问题获得：

$$t_u^*(k, r_s) = \underset{t}{\arg\max}\, payoff_{k,r_s}(t) \tag{6.7}$$

有成本约束的最优入侵时间选择，需要在最大化损益和有限的攻击成本之间进行平衡。有约束的最优入侵时间可以通过求解如下有约束优化问题获得：

$$t_c^*(k, r_s) = \underset{t}{\arg\max}\, payoff_{k,r_s}(t)$$
$$\text{s.t. } b_k^r t + C_k^r + C_k^{r_s} \leqslant C_{\text{attack}} \tag{6.8}$$

式中，$C_{\text{attack}}$ 为受约束的攻击成本的上界。

为了方便，在不至于引起误解的情况下，在下文中省略上面两式中的下标 c 或 u，并且将 $k$ 和 $r_s$ 作为新的下标，写成统一的形式 $t_{k,r_s}^*$。

攻击方的损益不仅取决于其入侵和破坏策略，也取决于防御方的防御策略。一个 APT 攻击者可以通过社会工程学等手段探测防御策略，从而选择最优的攻击策略（包括入侵策略和破坏策略）以最大化损益。

如果攻击者能够确定防御策略 $D_k$，那么相应的最优攻击策略 $(I_r, A_{r_s})_k^*$ 可以通过求解下面的优化问题得到：

$$(I_r, A_{r_s})_k^* = \arg\max_{I_r, A_{r_s}} payoff_{k, r_s}(t_{k, r_s}^*) \tag{6.9}$$

如果攻击者无法确定具体的防御策略,而仅知道防御策略集上的概率分布,概率质量函数表示为 $\boldsymbol{p} = (p_1, p_2, \cdots, p_K)$,其中,$p_k$ 是防御者从防御策略集 $\mathcal{D}$ 中选择防御策略 $D_k$ 的概率,且满足完备性,即 $\sum_{k=1}^{K} p_k = 1$。此时,攻击者采取攻击策略组合 $(I_r, A_{r_s})$ 的总损益可以进一步表示为

$$payoff_{r_s}(t) = \sum_{k=1}^{K} p_k \cdot payoff_{k, r_s}(t) \tag{6.10}$$

在这种情况下,最优入侵时间和攻击策略是耦合的,无法独立进行求解。因此,将最优入侵时间处理成最优攻击策略的一部分,则相应的无约束和有约束的最优攻击策略 $(I_r, A_{r_s}, t)^*$ 可以分别通过求解如下优化问题得到:

$$(I_r, A_{r_s}, t)_u^* = \arg\max_{I_r, A_{r_s}, t} payoff_{r_s}(t) \tag{6.11}$$

$$(I_r, A_{r_s}, t)_c^* = \arg\max_{I_r, A_{r_s}, t} payoff_{r_s}(t)$$

$$\text{s. t.} \quad \sum_{k=1}^{K} p_k (b_k^r t + C_k^r + C_k^{r_s}) \leqslant C_{\text{attack}} \tag{6.12}$$

## 6.1.4　仿真分析

在本节中,将首先对示例微电网系统进行参数化,然后进行详细分析,以验证所提出方法的有效性。

防御策略集合上的概率分布可以通过历史数据统计或其他社会工程方法来探测,假设 $\boldsymbol{p} = (0.10, 0.10, 0.10, 0.20, 0.20, 0.20, 0.05, 0.05)$。对于检测概率 $q(t)$,假设 DSG、WTG 和 BS 对应蜜罐的检测初始概率和最终概率 $(q_0, q_f)$ 分别为 $(0.3, 0.95)$、$(0.1, 0.70)$ 和 $(0.2, 0.85)$;防御强度相关参数对 DSG、WTG 和 BS 分别为 $\mu_1 = 0.08$、$\mu_2 = 0.02$ 和 $\mu_3 = 0.05$。类似地,在有防御情况下,破坏概率相关参数 $(p_0^D, p_f^D)$ 对 DSG、WTG 和 BS 分别为 $(0.15、0.65)$、$(0.35、0.90)$ 和 $(0.15、0.80)$;在无防御情况下,破坏概率相关参数 $(p_0^{ND}, p_f^{ND})$ 则分别为 $(0.35、0.85)$、$(0.65、0.95)$ 和 $(0.50、0.90)$。防御强度相关的参数分别为 $\delta_1^D = 0.02$、$\delta_2^D = 0.05$、$\delta_3^D = 0.03$、$\delta_1^{ND} = 0.04$、$\delta_2^{ND} = 0.07$ 和 $\delta_3^{ND} = 0.05$。成功破坏 DSG、WTG 和 BS 可获得的收益为 $(B_1, B_2, B_3) = (90, 30, 60)$。假设初始入侵成本为 5,之后以单位时间 0.003 的速率增加,入侵收益为 $v(1 - 2/(1 + \exp(s \cdot t)))$,其中,$v$ 是入侵阶段可以获得的最大收益,在仿真中设定为 20,$s$ 是调节收益率的参数,仿真中设为 0.03。假设每个组件的破坏成本为 5。

首先分析蜜罐防御系统的检测性能,以及在有防御和无防御情况下的破坏性能。防御系统的检测性能仿真结果如图 6.2 所示。显然,随着入侵时间的增加,检测概率从初始值增长至最终值,并且增长速率与防御强度正相关。

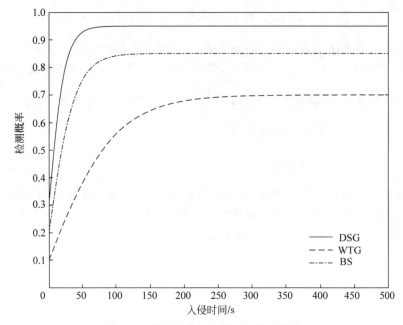

图 6.2    检测概率与入侵时间关系曲线

破坏概率的仿真曲线如图 6.3 所示,其中虚线和实线分别表示信息组件在无防御和有防御情况下的破坏概率。不难发现,随着入侵时间的增加,破坏概率增加,信息组件无防御时的破坏概率高于有防御的情况。然而,检测概率和破坏概率是一对

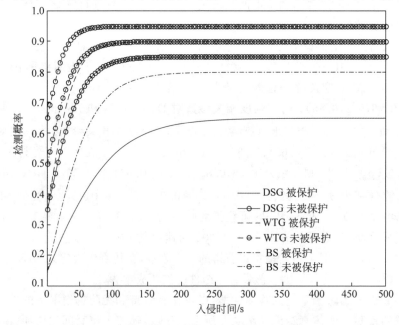

图 6.3    破坏概率与入侵时间关系曲线

天然矛盾,这使得寻找攻击和防御双方的最优策略具有挑战性。

不同攻击策略下的总损益曲线随入侵时间的变化如图6.4所示。其中,不同的曲线颜色和类型代表不同的策略。很容易发现,每种策略下的总损益均随着入侵时间的增加而先增加后减少,这是因为攻击者可以获得的损益随着入侵时间的增加趋于系统的价值极限,而入侵成本却在不断增长。因此,对于每种策略,都存在一个对应于最大收益(maximum payoff,MP)的最优投入时间,最优攻击策略则为对应于最大 MP 的策略。

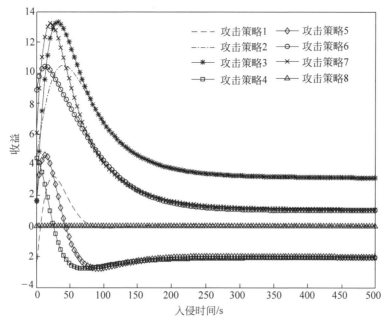

图 6.4　总损益与入侵时间关系曲线

## 6.2　基于合作博弈的工控蜜罐防御策略优化分析

前文是对工业互联网中蜜罐对抗 APT 攻击过程的防御策略研究。考虑到工业互联网中多蜜罐协同参与 APT 防御的问题,为了激励各节点部署的蜜罐汇聚日志数据,提出了基于合约博弈的工控蜜罐日志数据汇聚激励模型[14]。该模型能够在信息不对称的情况下鼓励各工业互联网各节点部署的蜜罐诚实地分享日志数据,提高工业互联网的防御效率。通过数值仿真,验证了该模型的有效性。

### 6.2.1　基于合约博弈的工控蜜罐日志数据汇聚激励模型构建

在工业互联网的防御机制中,蜜罐作为一种主动防御机制是提高工业互联网防御能力的重要组成部分。然而,工业互联网中各节点通常并不会将其部署的蜜罐捕获到的日志数据汇聚给中央控制节点。为了鼓励工业互联网中的节点主动提供日志数据,本章提出了一种基于合约博弈的工业互联网蜜罐日志数据汇聚激励模型。如图 6.5 所示,在工业互联网中,中央控制节点因为其核心地位通常是攻击方重点攻击的目标。为了提高工业互联网收益和防御效率,中央控制节点希望各节点能够主动分享日志数据。

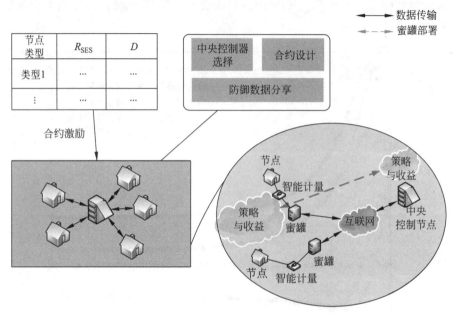

图 6.5　工业互联网蜜罐日志数据汇聚激励模型

　　模型由 1 个中央控制节点和 $S$ 个工业互联网节点(简称节点)组成,每个节点均部署一个蜜罐。传统工业互联网的日志数据是中央控制节点从安全零售商处购买获得的。为了增加日志数据获取的多途径性,中央控制节点鼓励它控制下的各节点诱捕网络攻击,生成防御日志并分享日志数据给中央控制节点。尽管鼓励各节点主动分享日志数据给中央控制节点是理论可行的,但蜜罐捕获的实际日志数据是各节点的私有信息。因此中央控制节点和各节点之间存在信息不对称性[15],而各节点为了获得更多的收益可能会欺骗中央控制器节点[16-18]。为了解决欺骗问题,本章设计了一种基于真实日志数据-奖励 $(R_{\text{Node}}(D),D)$ 捆绑合约。其中,$R_{\text{Node}}$ 表示节点从中央控制节点获得的奖励,$D$ 表示蜜罐捕获的真实日志数据。此外,为了鼓励蜜罐多分享防御日志数据,$R_{\text{Node}}$ 与 $D$ 呈正相关。

**1. 节点模型**

　　本节通过各节点有效日志数据的贡献来定义各节点的类型。由于 $R_{\text{Node}} \propto D$,高类型节点更有意愿分享其捕获的日志数据。将本章模型中的 $S$ 个节点根据类型按照升序排序并通过 $T_i$ 进行表述:$T_1 < \cdots < T_i < \cdots < T_S$。其中,$(R_{\text{Node}_i},D_i)$ 表示

节点类型 $i$ 的合约。由于节点类型是私有信息,需通过历史经验获得节点 $i$ 的分布概率 $q_i\left(\sum_{i=1}^{S} q_i = 1\right)$ 。

根据节点类型差异,中央控制节点提供不同的合约。各个节点可以选择是否接受中央控制节点提供的合约。如果节点拒绝接受中央控制节点提供的合约,模型认为它接受了一个特殊的合约即 $(R_{\text{Node}}(0),0)$ ,其中, $R_{\text{Node}}(0)=0$ 。节点类型 $i$ 的收益可以由式(6.13)表示:

$$U_{\text{Node}}(i) = T_i v(R_{\text{Node}_i}) - Y(D_i) - C_h \qquad (6.13)$$

式中, $v(R_{\text{Node}})$ 表示奖励函数并满足条件 $v'(R_{\text{Node}}) > 0$ ; $Y(D_i)$ 表示节点分享真实日志数据的成本函数(包含分享真实日志数据消耗的能源和时间等)且满足 $Y'(D_i) > 0$ ; $C_h$ 表示节点蜜罐的启动防御成本。为了简化模型,假设所有节点部署的都是同一种标准工控蜜罐系统。与其他防御机制不同,蜜罐系统部署在不同节点会模拟不同节点的网络环境,因此,该假设是合理的。

**2. 中央控制节点模型**

中央控制节点此前获得的日志数据通常是从安全供应商那里购买的。由于安全供应商需要盈利,因此中央控制器节点会付出更多的费用。当从各节点购买日志数据的成本低于从安全供应商处购买的价格时,中央控制节点会选择从节点处购买日志数据。与从安全供应商处花费现金购置不同,从节点处购买的费用可以通过提供防御策略等形式来抵扣。由于单个节点的日志数据有限,中央控制节点通常会从多个节点购买日志数据。

当中央控制节点从类型 $i$ 节点处购买日志数据时,其收益由式(6.14)表示:

$$U_{\text{CC}}(i) = E(D_i) - \kappa R_{\text{Node}_i} \qquad (6.14)$$

式中, $\kappa$ 表示中央控制节点购置日志数据的成本系数; $E(D_i)$ 表示有效的日志数据带来的经济价值; $R_{\text{Node}_i}$ 表示中央控制节点的成本。由于中央控制节点选择从节点处购置日志数据的前提是收益为正,即 $E(D_i) - \kappa R_{\text{Node}_i} > 0$ 。否则,中央控制节点没必要从节点处购买日志数据。当模型中全部节点都分享日志数据时,中央控制节点的收益由式(6.15)表示:

$$U_{\text{CC}} = \sum_{i=1}^{S} q_i (E(D_i) - \kappa R_{\text{Node}_i}) \qquad (6.15)$$

**3. 工业互联网收益**

根据文献[19],工业互联网收益是中央控制节点的收益和各节点收益的总和。本节假设各节点类型符合均匀分布,则工业互联网收益可由式(6.16)表示:

$$\Pi = \sum_{i=1}^{S} \left[ T_i v(R_{\text{Node}_i}) + E(D_i) - Y(D_i) - \kappa R_{\text{Node}_i} - C_h \right] \qquad (6.16)$$

本章的详细参数信息见表6.4。

**表 6.4　工控蜜罐日志数据汇聚激励模型参数**

| 符　号 | 描　述 |
|:---:|:---|
| $S$ | 节点数量 |
| $R_{\text{Node}_i}$ | 节点 $i$ 的价值 |
| $D$ | 有效日志数据 |
| $T_i$ | 节点 $i$ 的类型 |
| $q_i$ | 节点属于 $i$ 类型的概率 |
| $C_{\text{h}}$ | 节点启动蜜罐的成本 |
| $\kappa$ | 中央控制节点成本系数 |
| $U_{\text{CC}}$ | 中央控制节点收益 |
| $U_{\text{SES}}$ | 节点收益 |

### 6.2.2　工控蜜罐日志数据汇聚激励合约最优策略求解

为了提高工业互联网的收益和防御效率,本节首先推导工控蜜罐日志数据汇聚激励合约的可行性约束条件,其次对合约进行优化,并研究了节点类型在离散和连续情况下的最优合约。最后,本节提出了工业互联网处理实际问题的最优策略算法。

**1. 工控蜜罐日志数据汇聚激励模型的可行性约束条件**

为了激励各节点汇聚日志数据,工控蜜罐日志数据汇聚激励模型需满足定义6.2 的约束[20]。

**定义 6.2**:个体理性(individual rationality,IR)约束,节点选择的合约需保证其收益非负。

$$U_{\text{Node}}(i) = T_i v(R_{\text{Node}_i}) - Y(D_i) - C_{\text{h}} \geqslant 0 \qquad (6.17)$$

各节点获得的奖励必须能够弥补它汇聚日志数据的成本。否则,各节点不会选择汇聚日志数据,即执行合约 $(R_{\text{Node}}(0), 0)$。

当类型 $i$ 节点选择了中央控制节点提供给类型节点的合约 $(R_{\text{SES}_j}, D_j) j$ 时,类型 $i$ 节点的收益为:

$$U_{\text{Node}}^j(i) = T_i v(R_{\text{Node}_j}) - Y(D_j) - C_{\text{h}}, \quad i,j \in \{1, \cdots, S\}, \quad i \neq j \qquad (6.18)$$

正如前文提到的,本章期望设计一种合约即类型 $i$ 的节点必将倾向于选择 $(R_{\text{SES}_i}, D_i)$ 而不是其他类型的合约。换句话说,类型 $i$ 节点只有选取其对应的合约 $(R_{\text{SES}_i}, D_i)$ 才能获得最大的收益。根据文献[20],满足这一约束的合约称为自我披露合约,自我披露合约的定义如定义6.3 所示。

**定义 6.3**:激励相容性(incentive compatible,IC)约束,各节点必须选择与其类型对应的合约,即:

$$T_i v(R_{\text{Node}_i}) - Y(D_i) - C_{\text{h}} \geqslant T_i v(R_{\text{Node}_j}) - Y(D_j) - C_{\text{h}} \qquad (6.19)$$

个体理性约束和激励相容性约束是保证合约激励相容性所需的基本条件。除了个体理性约束和激励相容性约束之外，合约还须满足以下几个条件。

**引理 6.1**：对于任何可行的合约 $(R_{\text{Node}}, D)$，$R_{\text{Node}_i} > R_{\text{Node}_j}$ 当且仅当 $T_i > T_j$，与此同时 $R_{\text{Node}_i} = R_{\text{Node}_j}$ 当且仅当 $T_i = T_j$。

**证明**：通过式(6.19)来证明此引理，首先证明充分性即当 $T_i > T_j$ 时，$R_{\text{Node}_i} > R_{\text{Node}_j}$。根据激励相容性约束可以得到

$$T_i v(R_{\text{Node}_i}) - Y(D_i) - C_h \geqslant T_i v(R_{\text{Node}_j}) - Y(D_j) - C_h \tag{6.20}$$

$$T_j v(R_{\text{Node}_j}) - Y(D_j) - C_h \geqslant T_j v(R_{\text{Node}_i}) - Y(D_i) - C_h \tag{6.21}$$

其中 $i, j \in \{1, \cdots, S\}$，$i \neq j$，将式(6.20)和式(6.21)相加可得

$$T_i v(R_{\text{Node}_i}) + T_j v(R_{\text{Node}_j}) \geqslant T_j v(R_{\text{Node}_i}) + T_i v(R_{\text{Node}_j})$$

$$T_i v(R_{\text{Node}_i}) - T_j v(R_{\text{Node}_i}) \geqslant T_i v(R_{\text{Node}_j}) - T_j v(R_{\text{Node}_j})$$

$$v(R_{\text{Node}_i})(T_i - T_j) \geqslant v(R_{\text{Node}_j})(T_i - T_j) \tag{6.22}$$

当 $T_i > T_j$，必然存在 $T_i - T_j > 0$，此时式(6.22)中的不等式左右两侧同时约去 $T_i - T_j$，可以得到 $v(R_{\text{Node}_i}) > v(R_{\text{Node}_j})$。然后，通过 $v(R_{\text{Node}})$ 的定义可知，$v(R_{\text{Node}})$ 是随 $R_{\text{Node}}$ 增加的严格增函数。因此，$v(R_{\text{Node}_i}) > v(R_{\text{Node}_j})$ 在 $i, j \in \{1, \cdots, N\}$，$i \neq j$ 下成立，从而充分性可证。

在证明充分性后，接着证明必要性，即当 $R_{\text{Node}_i} > R_{\text{Node}_j}$ 时则 $T_i > T_j$。与之前的证明过程类似，根据激励相容性约束可以得到

$$T_i v(R_{\text{Node}_i}) + T_j v(R_{\text{Node}_j}) \geqslant T_j v(R_{\text{Node}_i}) + T_i v(R_{\text{Node}_j})$$

$$T_i v(R_{\text{Node}_i}) - T_i v(R_{\text{Node}_j}) \geqslant T_j v(R_{\text{Node}_i}) - T_j v(R_{\text{Node}_j})$$

$$T_i(v(R_{\text{Node}_i}) - v(R_{\text{Node}_j})) \geqslant T_j(v(R_{\text{Node}_i}) - v(R_{\text{Node}_j})) \tag{6.23}$$

其中，$R_{\text{Node}_i} > R_{\text{Node}_j}$ 且 $v(R_{\text{Node}})$ 是随着 $R_{\text{Node}}$ 增加的严格增函数，显然，$v(R_{\text{Node}_i}) > v(R_{\text{Node}_j})$ 是恒成立的。因此，式(6.23)中的不等式两侧同时约去 $v(R_{\text{Node}_i}) - v(R_{\text{Node}_j})$ 后可以得到 $T_i > T_j$。

综上所述，证明了 $R_{\text{Node}_i} > R_{\text{Node}_j}$ 当且仅当 $T_i > T_j$，因此，可以同理证明 $R_{\text{Node}_i} = R_{\text{Node}_j}$ 当且仅当 $T_i = T_j$。

此外，根据引理 6.1 很容易得到 $R_{\text{Node}_i} < R_{\text{Node}_j}$ 当且仅当 $T_i < T_j$ 成立。简言之，高类型的节点必然能比低类型的节点获得更多的奖励，反之亦然。考虑到 $T_1 < \cdots < T_i < \cdots < T_S$，进一步可以得到 $R_{\text{Node}_1} < \cdots < R_{\text{Node}_i} < \cdots < R_{\text{Node}_S}$。此属性可以用定义 6.4 表示。

**定义 6.4**：单调性，对于任何可行的合约 $(R_{\text{Node}}, D)$，奖励 $R_{\text{Node}}$ 满足

$$0 < R_{\text{Node}_1} < \cdots < R_{\text{Node}_i} < \cdots < R_{\text{Node}_S} \tag{6.24}$$

单调性表明高类型的节点与低类型节点相比更乐意分享日志数据给中央控制节点。考虑到合约单调性特征，可以得到如下命题。

**命题 6.1**：$R_{\text{Node}}$ 作为一个随类型增加的严格增函数，分享的真实日志数据 $D$ 满

足如下条件

$$0 < D_1 < \cdots < D_i < \cdots < D_S \tag{6.25}$$

命题 6.1 表明激励兼容合约需要向分享更多真实日志数据的节点提供更高的奖励,反之亦然。

**引理 6.2**:对于任何可行的合约$(R_{\text{Node}}, D)$,每种类型的节点收益均满足

$$0 < U_{\text{Node}}(1) < \cdots < U_{\text{Node}}(i) < \cdots < U_{\text{Node}}(S) \tag{6.26}$$

**证明**:根据定义 6.4 和命题 6.1 可知,如果工业互联网中的节点想要获得更多的奖励,它必须提供更多的真实日志数据给中央控制节点,即$R_{\text{Node}_i} > R_{\text{Node}_j}$ 和 $D_i > D_j$ 是同时存在的。当 $T_i > T_j$ 时,存在

$$U_{\text{Node}}(i) = T_i v(R_{\text{Node}_i}) - Y(D_i) - C_h$$
$$\geqslant T_i v(R_{\text{Node}_j}) - Y(D_j) - C_h (\text{IC}) \tag{6.27}$$
$$> T_j v(R_{\text{Node}_j}) - Y(D_j) - C_h = U_{\text{Node}}(j)$$

因此,当 $T_1 < \cdots < T_i < \cdots < T_S$ 时,可得 $0 < U_{\text{Node}}(1) < \cdots < U_{\text{Node}}(i) < \cdots < U_{\text{Node}}(S)$。

总而言之,工业互联网中更高类型的节点比更低类型的节点能够获得更多的收益,根据兼容激励性约束和两个引理可以获得如下结论:

(1)如果一个高类型节点选择了中央控制节点为低类型节点提供的合约,则该高类型节点收到的奖励就减少,伴随而来的是高类型节点的收益降低。

(2)如果一个低类型节点选择了中央控制节点为高类型节点提供的合约,则受限于其捕获的日志数据,该低类型节点并不能向中央控制节点提供足够的日志数据。因此,低类型节点需从其他途径购置合约规定的日志数据,这导致它实际从中央控制节点得到的奖励不能补偿成本。

综上所述,对于工业互联网各节点,当且仅当它选择与它类型对应的合约时才能获得最大收益。

**2. 最优合约获取**

本节将最优合约获取的过程分为离散和连续两种类型进行分析。

1)离散类型

由于中央控制节点和各节点之间存在信息不对称,中央控制节点所掌握的信息是各节点与不同类型对应的概率分布关系。本节试图优化中央控制节点的收益,并提高防御资源使用效率。因此,该优化问题可以用式(6.28)表示。

式(6.28)(a)和式(6.28)(b)分别表示独立理性约束和兼容激励性约束,式(6.28)(c)表示单调性约束。虽然该优化问题不是一个凸优化问题,但是仍然可以通过以下步骤来解决。

$$\max_{(R_{\text{Node}}, D)} \sum_{i=1}^{S} q_i (E(D_i) - \kappa R_{\text{Node}_i})$$

s. t.

(a) $T_i v(R_{\text{Node}_i}) - Y(D_i) - C_{\text{h}} \geqslant 0$

(b) $T_i v(R_{\text{Node}_i}) - Y(D_i) - C_{\text{h}} \geqslant T_i v(R_{\text{Node}_j}) - Y(D_j) - C$     (6.28)

(c) $0 < D_1 < \cdots < D_i < \cdots < D_S$

$i, j \in \{1, \cdots, S\}, \quad i \neq j$

第一步:减少独立理性约束

在式(6.28)中一共需要满足 $S$ 个独立理性约束条件。然而,根据类型的单调性特征 $T_1 < \cdots < T_i < \cdots < T_S$,可以获得

$$T_i v(R_{\text{Node}_i}) - Y(D_i) - C_{\text{h}} \geqslant T_i v(R_{\text{Node}_1}) - Y(D_1) - C_{\text{h}}$$
$$\geqslant T_1 v(R_{\text{Node}_1}) - Y(D_1) - C_{\text{h}} \geqslant 0 \tag{6.29}$$

此时,当类型 1 的节点满足独立理性约束时,其余的独立理性约束将自动保持不变。因此,通过保留第一个独立理性约束可以减少其他独立理性约束。

第二步:减少兼容激励性约束

类型 $i$ 节点和类型 $j, j \in \{1, \cdots, i-1\}$ 节点之间的兼容激励性约束可以称为向下激励约束(downward incentive constraints,DIC)。具体来说,$i$ 型和 $i-1$ 型的向下激励约束称之为局部向下激励约束(local downward incentive constraints,LDICs)。同理,本章将类型 $i$ 节点和类型 $j, j \in \{i+1, \cdots, S\}$ 节点之间的兼容激励性约束称为向上激励约束(upward incentive constraints,UIC),$i$ 型和 $i+1$ 型的向上激励约束称为局部向上激励约束(local upward incentive constraints,LUICs)。这里首先证明向下激励约束。

证明:由于工业互联网节点一共有 $S$ 种类型,因此一共存在 $S(S-1)$ 个兼容激励性约束。为了不失一般性,这里考虑三种类型的节点: $T_{i-1} < T_i < T_{i+1}$ 以及两种局部向下约束:

$$T_{i+1} v(R_{\text{Node}_{i+1}}) - Y(D_{i+1}) - C_{\text{h}} \geqslant T_{i+1} v(R_{\text{Node}_i}) - Y(D_i) - C_{\text{h}} \tag{6.30}$$

$$T_i v(R_{\text{Node}_i}) - Y(D_i) - C_{\text{h}} \geqslant T_i v(R_{\text{Node}_{i-1}}) - Y(D_{i-1}) - C_{\text{h}} \tag{6.31}$$

根据引理 6.1,式(6.30)和式(6.31)可以变换为

$$T_{i+1} v(R_{\text{Node}_{i+1}}) - Y(D_{i+1}) \geqslant T_{i+1} v(R_{\text{Node}_i}) - Y(D_i)$$
$$\geqslant T_{i+1} v(R_{\text{Node}_{i-1}}) - Y(D_{i-1}) \tag{6.32}$$

因此,类型 $i$ 节点的兼容激励性约束与类型 1 节点的兼容激励性约束一致,并可以向下扩散至类型 1 节点,从而证明所有向下激励约束满足:

$$T_{i+1} v(R_{\text{Node}_{i+1}}) - Y(D_{i+1}) - C_{\text{h}}$$
$$\geqslant T_{i+1} v(R_{\text{Node}_{i-1}}) - Y(D_{i-1}) - C_{\text{h}}$$
$$\geqslant \cdots$$
$$\geqslant T_{i+1} v(R_{\text{Node}_1}) - Y(D_1) - C_{\text{h}}, \quad S > i \geqslant 1 \tag{6.33}$$

为了简化上述性质,用式(6.34)表示:

$$T_i v(R_{\text{Node}_i}) - Y(D_i) - C_h \geqslant T_i v(R_{\text{Node}_j}) - Y(D_j) - C_h, \quad S > i > j \geqslant 1$$

$$(6.34)$$

证明完向下激励约束后,接着证明向上激励约束。

**证明:** 根据 $R_{\text{Node}_{i+1}} > R_{\text{Node}_i} > R_{\text{Node}_{i-1}}$,可以得到以下两个具有兼容激励约束的局部向上激励约束。

$$T_{i-1} v(R_{\text{Node}_{i-1}}) - Y(D_{i-1}) - C_h \geqslant T_{i-1} v(R_{\text{Node}_i}) - Y(D_i) - C_h \quad (6.35)$$

$$T_i v(R_{\text{Node}_i}) - Y(D_i) - C_h \geqslant T_i v(R_{\text{Node}_{i+1}}) - Y(D_{i+1}) - C_h \quad (6.36)$$

同理,根据引理 6.1 将式(6.35)和式(6.36)转化为式(6.37),进而得到式(6.38)。

$$T_{i-1} v(R_{\text{Node}_{i-1}}) - Y(D_{i-1}) \geqslant T_{i-1} v(R_{\text{Node}_i}) - Y(D_i)$$

$$\geqslant T_{i-1} v(R_{\text{Node}_{i+1}}) - Y(D_{i+1}) \quad (6.37)$$

$$T_i v(R_{\text{Node}_i}) - Y(D_i) - C_h$$

$$\geqslant T_i v(R_{\text{Node}_j}) - Y(D_j) - C_h \quad (6.38)$$

根据单调性约束,所有的局部向上激励约束都可以被约化,反之,所有的局部向下激励约束也都可以被约化。

第三步:减少约束条件获得最优合约

在减少了向上激励性约束和向下激励性约束条件限制后,式(6.28)转化为式(6.39)

$$\max_{(R_{\text{Node}}, D)} \sum_{i=1}^{S} q_i \left( E(D_i) - \kappa R_{\text{Node}_i} \right)$$

s. t.

(a) $T_1 v(R_{\text{Node}_1}) - Y(D_1) - C_h = 0$

(b) $T_i v(R_{\text{Node}_i}) - Y(D_i) - C_h = T_i v(R_{\text{Node}_{i-1}}) - Y(D_{i-1}) - C_h$ $\quad(6.39)$

(c) $0 < D_1 < \cdots < D_i < \cdots < D_S$

$i \in \{1, \cdots, S\}$

为了获得最优合约,根据文献[22],可以先在没有单调性约束下对松弛问题进行形式化求解,然后再考虑采用拉格朗日乘子的标准程序。最后再检验这个松弛问题的解是否满足单调性条件。在这个最优合约中,由于中央控制节点需要尽可能地节省成本,因此最优合约倾向于为最高类型节点提供最多的正收益。当工业互联网中只存在两个节点时,那么中央控制节点将为高类型节点提供正收益,而为低类型节点提供零收益。在一般情况下,除最低类型的节点外,所有类型的节点都将获得正收益[23]。

2)连续类型

现实中工业互联网中的节点可以是无限多个,因此,本节将节点类型分布通过连续性类型概率密度函数(PDF)$f(T)$进行表示,其累积分布函数 $F(T)$ 在区间 $[\underline{T}, \overline{T}]$

上。中央控制节点提供给各节点的合约可以用$(R_{\text{Node}}(T),D(T))$表示。与离散类型类似,$R_{\text{Node}}(T)$和$D(T)$是单调增函数。此外,当节点不提供日志数据给中央控制节点时,$R_{\text{Node}}(T)=0$且$D(T)=0$。此时,合约的优化问题由式(6.40)表述。

$$\max_{\{R_{\text{Node}}(T),D(T)\}} \int_{\underline{T}}^{\overline{T}} [E(D(T))-\kappa R_{\text{Node}}(T)] f(T)\mathrm{d}T$$

s. t.

(a) $Tv(R_{\text{Node}}(T))-Y(D(T))-C_{\text{h}} \geqslant 0$          (6.40)

(b) $Tv(R_{\text{Node}}(T))-Y(D(T)) \geqslant Tv(R_{\text{Node}}(\hat{T}))-Y(D(\hat{T}))$

$T,\hat{T} \in [\underline{T},\overline{T}]$

其中,式(6.40)(a)和式(6.40)(b)分别表示独立理性约束和兼容激励性约束。与离散性类型类似,连续性类型也通过三步来获得最优合约。

第一步:减少独立理性约束

由于式(6.40)(b)成立,可以获得

$$Tv(R_{\text{Node}}(T))-Y(D(T))-C_{\text{h}}$$
$$\geqslant Tv(R_{\text{Node}}(\underline{T}))-Y(D(\underline{T}))-C_{\text{h}} \qquad (6.41)$$
$$\geqslant \underline{T}v(R_{\text{Node}}(\underline{T}))-Y(D(\underline{T}))-C_{\text{h}}$$

此时,如果$\underline{T}$满足式(6.41)(a)中的条件,则所有$T$都将主动满足独立理性约束。所以可以将式(6.41)简化为式(6.42)

$$\underline{T}v(R_{\text{Node}}(\underline{T}))-Y(D(\underline{T}))-C_{\text{h}} \geqslant 0 \qquad (6.42)$$

第二步:减少兼容激励性约束

本章使用引理6.3来显示单调性约束和局部兼容激励性约束并以此减少兼容激励性约束。

**引理6.3**:兼容激励性约束可以用单调性约束和局部兼容激励性约束来表示

(1) 单调性约束

$$\frac{\mathrm{d}R_{\text{Node}}(T)}{\mathrm{d}T} \geqslant 0 \qquad (6.43)$$

(2) 局部兼容激励性约束

$$Tv'(R_{\text{Node}}(T))\frac{\mathrm{d}R_{\text{Node}}(T)}{\mathrm{d}T}=Y'(D(T))D'(T), \quad T \in [\underline{T},\overline{T}] \qquad (6.44)$$

**证明**:根据引理6.1和定义6.4,可以很容易得到单调性约束。接着,通过矛盾证明局部兼容激励性。首先,假设单调性约束和局部激励相容性约束成立,兼容激励性约束不成立。此时,至少存在一个$\hat{T}$不满足兼容激励性约束。

$$0 \leqslant Tv(R_{\text{Node}}(T))-Y(D(T))-C_{\text{h}} < Tv(R_{\text{Node}}(\hat{T}))-Y(D(\hat{T}))-C_{\text{h}}$$

$$(6.45)$$

与此同时,将式(6.45)中 $[T,\hat{T}]$ 进行积分可以获得

$$\int_T^{\hat{T}} \left[ Tv'(R_{\text{Node}}(x)) \frac{dR_{\text{Node}}(x)}{dx} - Y'(D(x))D'(x) \right] dx > 0 \quad (6.46)$$

根据式(6.44),可以得到 $Tv'(R_{\text{Node}}(T)) \dfrac{dR_{\text{Node}}(T)}{dT} - Y'(D(T))D'(T) = 0$。

如果 $T < x < \hat{T}$ 则 $T \dfrac{dv(R_{\text{Node}}(x))}{dx} \leqslant x \dfrac{dv(R_{\text{Node}}(x))}{dx}$,以此可以进一步获得

$$\int_T^{\hat{T}} \left[ Tv'(R_{\text{Node}}(x)) \frac{dR_{\text{Node}}(x)}{dx} - Y'(D(x))D'(x) \right] dx < 0 \quad (6.47)$$

此时,矛盾出现。同理,当 $T > \hat{T}$ 时,另一个矛盾出现。综上所述,单调性约束和局部激励相容性约束保证了节点的激励相容性约束。

第三步:减少约束条件获得最优合约

本章将连续性类型下中央控制节点的最优合约表述如下

$$\max_{\{R_{\text{Node}}(T), D(T)\}} \int_{\underline{T}}^{\overline{T}} \left[ E(D(T)) - \kappa R_{\text{Node}}(T) \right] f(T) dT$$

s. t.

(a) $\underline{T}v(R_{\text{Node}}(\underline{T})) - Y(D(\underline{T})) - C_h \geqslant 0$

(b) $\dfrac{dR_{\text{Node}}(T)}{dT} \geqslant 0$ $\qquad\qquad\qquad\qquad\qquad (6.48)$

(c) $Tv'(R_{\text{Node}}(T)) \dfrac{dR_{\text{Node}}(T)}{dT} = Y'(D(T))D'(T)$

$\qquad T \in [\underline{T}, \overline{T}]$

与离散性类型类似,式(6.48)(a)和式(6.48)(c)分别表示独立理性约束和兼容激励性约束,式(6.48)(b)是单调性约束。最优合约的获取过程也类似于离散性类型。首先忽略单调性条件,求解带独立理性约束和兼容激励性约束的松弛问题。然后,检验这个松弛问题的解是否满足单调性条件。

**3. 最优策略获取算法应用**

通过求解最优合约问题,中央控制节点可以为工业互联网中的各节点提供最优合约。该合约能够激励各节点蜜罐主动提供真实日志数据给中央控制节点。为了在实际的工业互联网中实现所提出的方法,首先获取合约博弈的初始信息。具体谈判过程如下:

第一阶段,节点将通过蜜罐诱捕搜集到的日志数据信息告知中央控制节点,中央控制节点将分析节点所提供的网络攻击类型以及日志数据的价值。如果中央控制节点认可节点提供的日志数据,中央控制节点将向该节点提供一份合约,通过评估合约,节点将反馈是否愿意传输日志数据,收到节点的反馈后,中央控制节点将与接受反馈的节点签订合约。如果所有节点均拒绝合约,中央控制节点将只能从安全零售

商处购买日志数据。

第二阶段,当节点与中央控制节点签订合约后,节点将与中央控制节点建立连接以传递日志数据。如果节点提供的日志数据有效,中央控制节点将根据合约给予节点奖励。否则,"已雇佣"的节点将不会得到任何奖励。将此过程通过算法6.1进行总结,该算法给出了理论模型的实现步骤。

---

**算法 6.1** 合约执行过程

---

输入:$C_h$,$S$,$q$,$T$,$\kappa$ 和 $D$

1. 提供合约

当中央控制节点接收到节点对于日志数据的描述后

  中央控制节点分析其数据信息是否有价值

  如果日志数据有价值

    中央控制节点提供合约($R_{Node}$,$D$)给节点;

    中央控制节点接受节点的反馈(同意或者不同意)。

  反之

    中央控制节点从安全零售商处购买日志数据。

  结束

结束

2. 执行合约

当节点同意接受中央控制节点提供的合约

  节点提供日志数据给中央控制节点;

  中央控制节点验证日志数据有效性。

  如果日志数据有效

    中央控制节点提供奖励给节点

  反之

    节点得不到任何奖励;

    中央控制节点从安全零售商处购买日志数据。

  结束

结束

---

## 6.2.3 仿真分析

本节构造了一个测试平台来评估基于合约博弈的工控蜜罐日志汇聚激励模型的有效性,如图6.6所示。本节首先评估合约协议的可行性,然后分析蜜罐日志汇聚后的防御性能。

假设节点数量为$S=30$,且每个节点已经部署了蜜罐。在试验台上,每个节点的有效日志数据通过互联网直接传输到中央控制节点,网络规模为$300m\times300m$,有效日志数据的需求长度为1000byte,每周期需求为6s。响应长度为1000byte,每个周期的答案为12s。网关到路由器的传输速率为0.6Gbys,路由器到网关的传输速率是100Mbps。此外,路由器到智能电表的传输速率为0.4Mbps,智能电表到路由器的传输速率为0.64Mbps。具体的测试平台参数见表6.5。

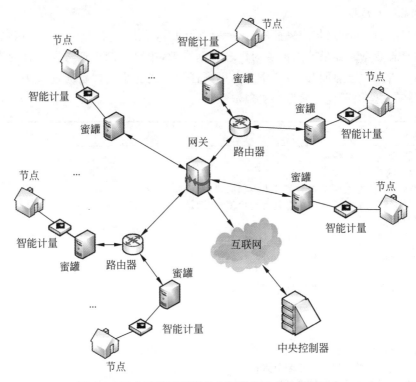

图 6.6 工业互联网蜜罐日志汇聚激励合约测试平台

**表 6.5 测试平台参数**

| 参　　数 | 值 |
| --- | --- |
| 节点数量 | 30 |
| $\lambda$ | 0.6 |
| $\beta$ | 5 |
| $s$ | 1 |
| $\kappa$ | 0.05 |
| 节点概率分布 | 均匀分布 |
| 网关到路由器传输速率 | 0.6Gbps |
| 路由器到网关传输速率 | 100Mbps |
| 智能计量到路由器传输速率 | 0.64Mbps |
| 路由器到智能计量传输速率 | 0.4Mbps |
| 请求长度 | 1000byte |
| 请求周期 | 6s |
| 响应长度 | 1000byte |
| 响应时间 | 5ms |
| 对比模型 | NIA 激励机制,LC 激励机制 |

为了验证模型的有效性,将激励模型与现有的其他激励机制进行比较。将基于合约博弈的工控蜜罐日志数据汇聚激励机制与现有两种激励机制:信息对称条件下的最优合约(no information asymmetry,NIA)和线性定价(linear pricing,LC)[24]进行对比。对于 NIA,中央控制节点与各节点之间信息透明,因此,该激励机制是理论上最理想情形也是本章模型的上限。对于 LC,中央控制节点与各节点之间信息不对称,中央控制节点根据节点分享的日志数据提供线性奖励。与本章模型不同,LC 并不会根据节点类型不同而提供额外奖励。为了简化计算难度,节点类型假设服从均匀分布即 $q_i = 1/S$,成本函数假设为 $Y(D_i) = D_i^\lambda + \beta$,价值函数假设为 $E(D_i) = s *D_i$。此外,在实际场景中,北京国基华电开发的蜜罐系统(GJSec-POT/V3.0)部署在石龙水电站、大唐耒阳电厂等各种发电场所的电厂中,因此部署蜜罐在技术上是可行的。

**1. 合约可行性**

工业互联网各节点是否接受合约取决于分享数据的成本。如图 6.7 所示,随着分享数据成本的增加,节点的收益由正变负。现实中,当节点收益为负时,该节点一定不会分享日志数据也不会接受合约。具体来说,当 $\lambda \leqslant 1.5$ 时,则类型 10 的节点收益为正,节点将接受合约。反之,如果 $\lambda > 1.5$,类型 10 的节点的收益为负,这表明类型 10 的节点将拒绝合约。同理,当 $\lambda \leqslant 1.7$ 时,类型 20 和类型 25 的节点将接受合约。相反,当 $\lambda > 1.7$ 时,类型 20 和类型 25 的节点将拒绝合约。

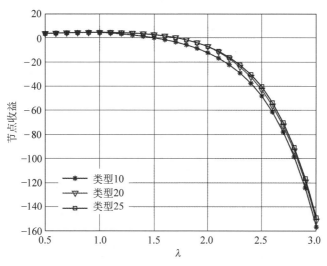

图 6.7　分享数据成本对节点收益的影响

此外,将基于合约博弈的工控蜜罐日志数据汇聚激励机制与信息对称激励机制和线性定价激励机制的不同类型节点的有效日志数据和相应奖励进行了比较。从图 6.8(a)可以发现,对于三种激励机制,各节点的防御贡献随着其类型的增加而增加。然而,这三种激励机制的区别在于,在信息对称和线性定价的激励机制下,日志数据是一种线性函数,而本章模型是与节点类型相关的凹函数。对比三种激励机制可以发现,信息对称合约能够激励节点提供最大的日志数据,其次是本章提出的基于合约博弈的工控蜜罐日志数据汇聚激励机制,而信息需求最低的线性定价激励机制则提供了最少的日志数据。此外,图 6.8(b)所示的奖励变化趋势证明了本章的假设,即奖励与节点类型增加是严格递增函数。

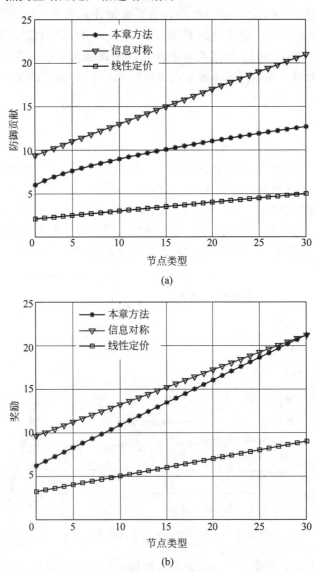

图 6.8　工控蜜罐日志数据汇聚激励模型的可行性和最优合约

(a) 节点防御贡献; (b) 节点奖励; (c) 蜜罐日志数据激励机制下各节点的最优合约

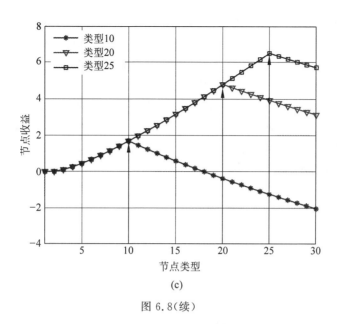

图 6.8(续)

如图 6.8（c）所示，评估了模型中最优合约的激励相容性，从类型 10 节点、类型 20 节点和类型 25 节点选择中央控制节点为各节点提供的所有合约可以发现：当且仅当节点选择了与其对应的合约时，该节点才能获取最大的收益。因此，各节点会主动如实地告诉中央控制节点其实际防御贡献，因为较高类型的节点可以较为容易地获得较低类型节点的最大收益。此外，类型 10 节点、类型 20 节点和类型 25 节点的收益趋势证实了 $U_{10} \leqslant U_{20} \leqslant U_{25}$ 并与引理 6.2 的结论一致。

**2. 基于合约博弈的工控蜜罐日志数据汇聚激励模型性能仿真**

为了评估基于合约博弈的工控蜜罐日志数据汇聚激励模型的性能，本节研究了不同参数对中央控制节点、节点和工业互联网收益的影响。

如图 6.9 所示，节点类型越高，中央控制节点、节点和工业互联网的收益越高，这与合约理论分析出的单调性是一致的。在图 6.9(a)中，由于中央控制节点完全清楚各节点所能提供的日志数据，在信息对称下，中央控制节点将获得最大收益。除此以外，本章提出的基于合约博弈的工控蜜罐日志数据汇聚激励机制比线性定价激励机制可以使得中央控制节点获得更高的收益。然而，虽然基于合约博弈的工控蜜罐日志数据汇聚激励机制可以防止各节点隐藏其真实类型，但其具体的日志数据仍然无法被中央控制节点得知。因此，中央控制节点只试图在信息不对称下实现更大的收益且其收益上限是信息对称激励机制的收益。与此同时，当采用线性定价机制作为激励机制时，由于该激励机制并没有额外激励高类型节点分享日志数据，因此中央控制节点获得的收益更少，这表明高类型节点并不乐意分享日志数据。在图 6.9(b)中，比较了 30 个节点的收益变化趋势，证明了模型的单调性，即节点的类型越高，节点的收益越高。此外,在信息对称激励机制下,不管各节点的类型是高还是低,各节点的收益始终为 0,这是由于中央控制节点为了使其收益最大化必将尽可能降低成本。总地来说,各节点类型较低时可以从线性定价激励机制下获得更高的收益。反之,对于一些高类型节点,它们可以从基于合约博弈的工控蜜罐日志数据汇聚激励机制中获得比线性定价激励机制更高的收益。如图 6.9(c)所示,在信息对称激励机制和基于合约博弈的激励机制下,最高类型节点在工业互联网收益中具有相同的收益值。这一结果与 6.2 节中得出的结论是一致的,即最高类型的节点是公共信息,因此不存在信息不对称。

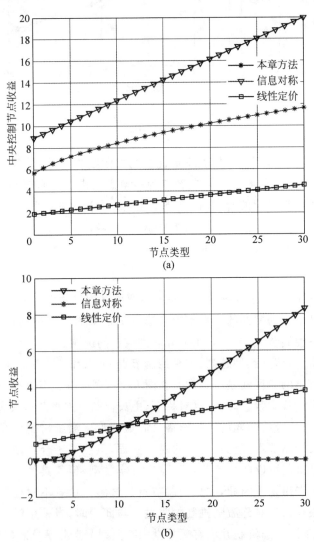

图 6.9  节点类型对中央控制节点,节点和工业互联网收益的影响

(a) 中央控制节点的收益;(b) 节点收益;(c) 工业互联网收益

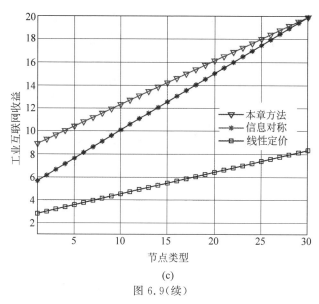

(c)

图 6.9(续)

本节通过仿真验证了基于合约博弈的工控蜜罐日志数据汇聚激励机制能够提高工业互联网防御效率的结论。如图 6.10 所示,与线性定价激励机制相比,该模型能够大幅提高防御效率并接近理想上限,即信息对称激励机制。同时,当节点类型越高时,工业互联网在单位成本下的防御效率越高。此外,最高类型的节点获得的是最优厚的合约,这与之前的结论一致。

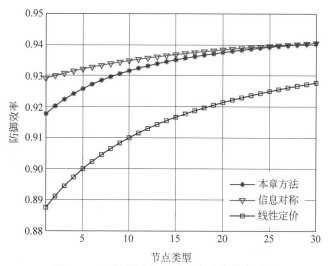

图 6.10 不同激励机制下节点防御效率对比

通过节点数量变化进一步验证模型的有效性。如图 6.11 所示,随着节点类型的增加,中央控制节点、节点和工业互联网的收益也将随之增加。与前文结论类似,在信息对称激励机制下,中央控制节点能够得到最高的收益。在本章模型下,中央控制节点能够得到较高的收益。在线性定价激励机制下,中央控制节点得到的收益最低。如图 6.11(b)所示,不管信息对称下的节点类型如何变化,节点收益始终为 0,这是因为中央控制节点为了使其收益最大化必将尽可能降低成本。总的来说,当节点数量较少时可以通过线性定价激励机制获得更高的收益。反之,当节点数量较多时,受本章模型激励,高类型节点更乐于分享日志数据,因此节点能够获得比线性定价激励机制更高的收益。此外,如图 6.11(c)所示,在信息对称激励机制下,工业互联网能够得到最高的收益。在本章模型下,工业互联网能够得到较高的收益。而在线性定价激励机制下,工业互联网得到的收益最低。

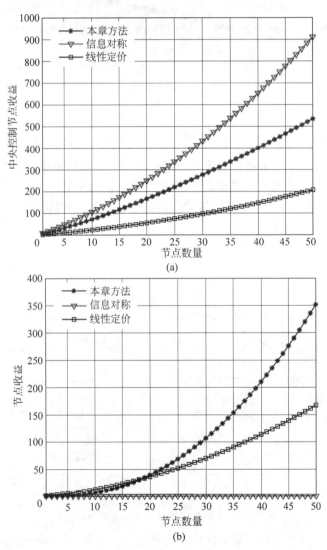

图 6.11　节点数量对中央控制节点、节点和工业互联网收益的影响

(a) 中央控制节点收益;(b) 节点收益;(c) 工业互联网收益

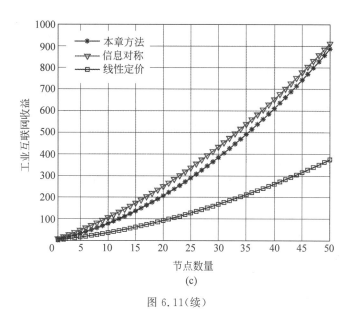

图 6.11(续)

## 6.3 小结

本章分析了智能电网背景下工控蜜罐攻防博弈过程,提出了基于纳什均衡的工控蜜罐攻击策略优化分析和基于合作博弈的工控蜜罐防御策略优化分析。在基于纳什均衡工控蜜罐攻击策略优化分析中,利用混合策略优化攻击行为。仿真表明,在仿真测试平台中理论分析的最优攻击策略与理论分析是一致的。在基于合约博弈的工控蜜罐防御策略优化分析中,通过分析攻防对抗双方的信息不对称性构建了诚性合约来描述防御方的决策行为,分析了最优合约求解方法。最后,本章在仿真测试平台上通过数值仿真对合约模型进行了评估,验证了模型的合理性和有效性。本章内容为智能电网背景下的工控蜜罐攻防对抗研究提供了可行的模型方法以及理论支持。

## 参 考 文 献

[1] JOHANSSON J,HASSEL H. Modelling,simulation and vulnerability analysis of interdependent technical infrastructures［M］//Risk and Interdependencies in Critical Infrastructures. London:Springer,2012:49-65.

[2] GU Y,LI W,HE X. Frequency-coordinating virtual impedance for autonomous power management of DC microgrid[J]. IEEE Transactions on Power Electronics,2014,30(4):2328-2337.

[3] MAAMAR A,BENAHMED K. A hybrid model for anomalies detection in AMI system combining *K*-means clustering and deep neural network[J]. Comput Mater Continua,2019,

60(1)：15-39.

[4] WANG W,LU Z. Cyber security in the smart grid：Survey and challenges[J]. Computer Networks,2013,57(5)：1344-1371.

[5] FARRA J A, HAMMAD E, AL DAOUD A, et al. A game-theoretic analysis of cyber switching attacks and mitigation in smart grid systems[J]. IEEE Transactions on Smart Grid, 2015,7(4)：1846-1855.

[6] ROBINSON M, JONES K, JANICKE H. Cyber warfare：Issues and challenges [J]. Computers & Security,2015,49：70-94.

[7] LIU B,ZHUO F,ZHU Y,et al. System operation and energy management of a renewable energy-based DC micro-grid for high penetration depth application[J]. IEEE Transactions on Smart Grid,2014,6(3)：1147-1155.

[8] GUERRERO J M,VASQUEZ J C,MATAS J,et al. Hierarchical control of droop-controlled AC and DC microgrids-A general approach toward standardization[J]. IEEE Transactions on Industrial Electronics,2010,58(1)：158-172.

[9] JI X P,LIU Q J,LIU Z,et al. Coordinated control and power management of diesel-PV-battery in hybrid stand-alone microgrid system[J]. The Journal of Engineering,2019(18)：5245-5249.

[10] MOTEVASEL M,SEIFI A R. Expert energy management of a micro-grid considering wind energy uncertainty[J]. Energy Conversion and Management,2014,83：58-72.

[11] YU R,LIU Z,WANG J,et al. Analysis and application of the spatio-temporal feature in wind power prediction[J]. Computer Systems Science and Engineering,2018,33(4)：267-274.

[12] WANG D,GE S,JIA H,et al. A demand response and battery storage coordination algorithm for providing microgrid tie-line smoothing services[J]. IEEE Transactions on Sustainable Energy,2014,5(2)：476-486.

[13] HUANG S,ZHOU C J,YANG S H,et al. Cyber-physical system security for networked industrial processes[J]. International Journal of Automation and Computing,2015,12(6)：567-578.

[14] TIAN W,DU M,JI X,et al. Contract-based incentive mechanisms for honeypot defense in advanced metering infrastructure[J]. IEEE Transactions on Smart Grid, 2021, 12(5)：4259-4268.

[15] ZHANG R,ZHU Q. FlipIn：A Game-Theoretic Cyber Insurance Framework for Incentive-Compatible Cyber Risk Management of Internet of Things [J]. IEEE Transactions on Information Forensics and Security,2019,15：2026-2041.

[16] ZHANG Y,SONG L,SAAD W,et al. Contract-based incentive mechanisms for device-to-device communications in cellular networks [J]. IEEE Journal on Selected Areas in Communications,2015,33(10)：2144-2155.

[17] ZHANG K,MAO Y,LENG S,et al. Incentive-driven energy trading in the smart grid[J]. IEEE Access,2016,4：1243-1257.

[18] ZHANG B,JIANG C,YU J L,et al. A contract game for direct energy trading in smart grid [J]. IEEE Transactions on Smart Grid,2016,9(4)：2873-2884.

[19] KANG J,XIONG Z,NIYATO D,et al. Incentive mechanism for reliable federated learning：A joint optimization approach to combining reputation and contract theory[J]. IEEE Internet

of Things Journal,2019,6(6): 10700-10714.

[20] CHEN Z, NI T, ZHONG H, et al. Differentially private double spectrum auction with approximate social welfare maximization[J]. IEEE Transactions on Information Forensics and Security,2019,14(11): 2805-2818.

[21] SAAD W, HAN Z, POOR H V, et al. Game-theoretic methods for the smart grid: An overview of microgrid systems,demand-side management,and smart grid communications [J]. IEEE Signal Processing Magazine,2012,29(5): 86-105.

[22] YI C,ALFA A S,CAI J. An incentive-compatible mechanism for transmission scheduling of delay-sensitive medical packets in e-health networks[J]. IEEE Transactions on Mobile Computing,2015,15(10): 2424-2436.

[23] JIN H,SUN G,WANG X,et al. Spectrum trading with insurance in cognitive radio networks [C]//2012 Proceedings IEEE INFOCOM. IEEE,2012: 2041-2049.

[24] ZHANG Y. Contract theory framework for wireless networking[D]. Texas: University of Houston,2016.

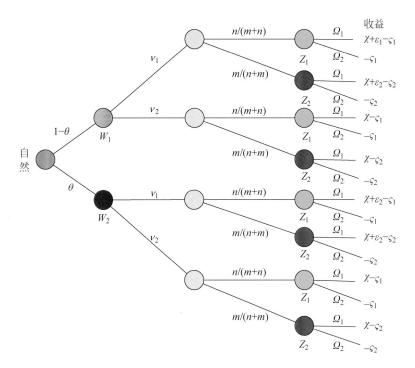

图 4.1　防御方视角的博弈树

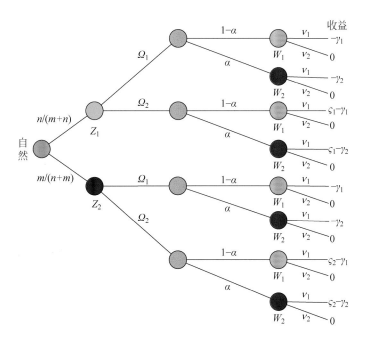

图 4.2　攻击方视角的博弈树

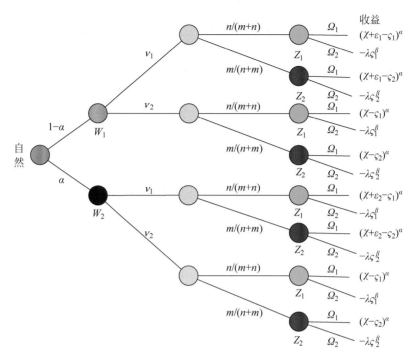

图 4.10　防御方视角下有限理性博弈树

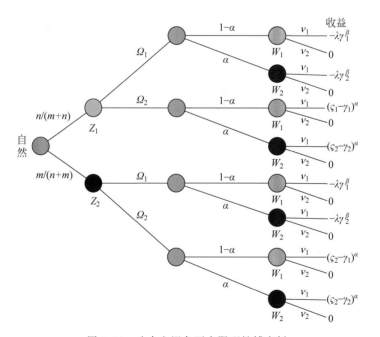

图 4.11　攻击方视角下有限理性博弈树

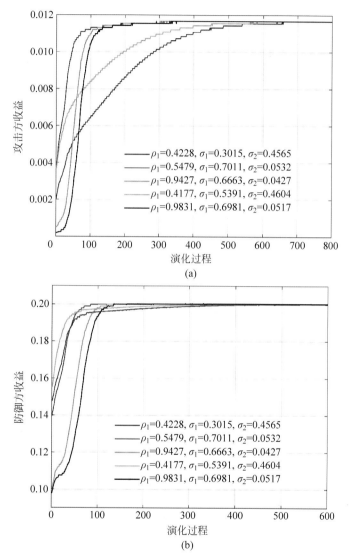

图 5.3　L＝2 时，攻击方和防御方的收益演化过程

（a）攻击方的收益演化过程；（b）防御方的收益演化过程

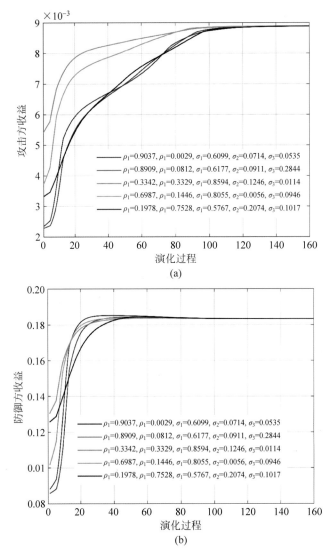

图 5.5 *L*＝3 时，攻击方和防御方的收益演化过程

（a）攻击方的收益演化过程；（b）防御方的收益演化过程